本书获得北京市教育委员会
北京高校青年英才支持计划的资助

■ 大学数学系列教学用书 ■

Linear Algebra and Applications

线性代数及其应用

肖滢◎编著

$$|v\rangle = \sum_i a_i |v_i\rangle$$

$$\begin{bmatrix} a_{11} & a_{12} & \cdots & a_{1n} \\ a_{21} & a_{22} & \cdots & a_{2n} \\ \vdots & \vdots & & \vdots \\ a_{m1} & a_{m2} & \cdots & a_{mn} \end{bmatrix}$$

$$\langle v|w\rangle$$

$$|w\rangle\langle v|$$

$$x_1\boldsymbol{\alpha}_1 + x_2\boldsymbol{\alpha}_2 + \cdots + x_n\boldsymbol{\alpha}_n = \mathbf{b}$$

$$A|v_j\rangle = \sum_i A_{ij}|w_i\rangle$$

$$\mathbf{Ax} = \mathbf{b}$$

中国政法大学出版社

2019・北京

图书在版编目（CIP）数据

线性代数及其应用/肖滢编著. —北京:中国政法大学出版社，2019.8
ISBN 978-7-5620-9134-9

Ⅰ. ①线… Ⅱ. ①肖… Ⅲ. ①线性代数 Ⅳ. 0151.2

中国版本图书馆CIP数据核字(2019)第163739号

书　名	线性代数及其应用 XIANXING DAISHU JIQI YINGYONG
出版者	中国政法大学出版社
地　址	北京市海淀区西土城路 25 号
邮寄地址	北京 100088 信箱 8034 分箱　邮编 100088
网　址	http://www.cuplpress.com (网络实名：中国政法大学出版社)
电　话	010-58908435(第一编辑部) 58908334(邮购部)
承　印	固安华明印业有限公司
开　本	720mm × 960mm 1/16
印　张	13
字　数	233 千字
版　次	2019 年 8 月第 1 版
印　次	2019 年 9 月第 1 次印刷
印　数	1 ~ 3000 册
定　价	38.00 元

前　言

线性代数是一门基础数学课程，其基本概念、理论和方法都具有较强的逻辑性、抽象性和广泛的实用性。线性代数是描述和研究量子系统、经济金融系统等的强有力工具。不仅如此，它的理论已经渗透到了许多应用型学科分支中，例如运筹学、数据图像处理、线性网络分析、人工智能、量子信息、量子力学、博弈论、金融数学等。在物理、理论化学、工程技术、国民经济、生物技术、航天、计算机、多媒体网络等领域中都有着极其广泛的应用。

对于以前的教材，有的学生在学习完线性代数课程后唯一留下的印象是"行列式""矩阵""线性方程组"。作为一线教学的教师必须要对此深入思考，通过引导学生学习，我们到底要将什么样的线性代数思想深深地印刻在学生心里？撰写本书的主要出发点是突出线性代数关于空间、线性空间、欧氏空间以及线性变换的思想，把对向量空间的所有学习和研究看做是一种研究实操范例，进而引导学生从"大格局"看待矩阵、线性方程组，甚至是导数、傅里叶级数。

第 1 章介绍研究对象"向量"及其线性运算。有了元素，自然就会出现集合——向量组。基于线性运算，自然而然地给出线性组合、线性表示、线性相关/线性无关、最大无关组与秩的基本概念以及基本性质。随后构建线性空间、基、坐标和线性变换的概念，这一部分配备有大量例题，以便学生通过不同的研究对象/元素和运算去感受带有运算的集合——"空间"这个全新概念，既抽象又实际。从现实教学效果来看，学生先掌握这些知识的难度远低于先学习"行列式"，而且基于中学已有的 3 维空间基础，学生们更容易接受 n 维线性空间的概念。

第 2 章介绍矩阵，它是整个线性代数中极具重量的概念。本书从线性映射的角度引出矩阵结构，从向量组线性表示的角度来看矩阵的基本运算。与大多数线性代数教材不同，本书将行列式看做是方阵的一种特殊运算，淡化"抽象的行列式"概念，避开过于繁琐的行列式计算。放在章节中讲述，更强调其基本概念及性质，体现行列式作为工具的价值，弱化学生对行列式计算技巧的过分关注。

第 3 章专门介绍各种特殊矩阵性质及计算——对角矩阵、对称矩阵、伴随矩阵、可逆矩阵、分块矩阵和初等矩阵。每一种特殊矩阵又可以通过线性空间和线性映射来了解它的特性。然后再介绍矩阵的秩，并将此秩（矩阵的秩）与彼秩（向量组的秩）关联起来观察。

第 4 章我们将向量组和矩阵作为工具，进一步认识并研究线性方程组的解。同时，从空间的角度来看线性方程组的解集合，相应地，再从线性方程组的角度来认识线性空间。

第 5 章通过内积、正交的概念，引入欧式空间，当建立起标准正交基时，不仅可以让学生更好地理解笛卡尔坐标系，还可以从欧氏空间的角度来学习傅里叶级数。对于内积和欧式空间，我们建议在教学实践中多举例且分析透，从而可以进一步通过特征值和特征向量将一个空间“切割”成若干个子空间。

第 6 章主要讨论了线性代数的常规应用。在多元二次函数领域——二次型以及正定二次型的应用，在金融数学领域——投资组合中的应用，在人文社会科学领域——人口模型及预测中的应用，还有在密码学中的简单应用。

在编撰过程中，我们努力尝试突出以下几点：

1. 用空间和运算来构建线性代数，树立起研究线性空间/欧氏空间和线性映射的大格局思路，使得整个学习研究过程成为一种研究范例。

2. 尽可能多地利用其他学科或是学习者熟知的知识作为例子，来解释抽象的线性代数概念。

3. 尽量以“问题驱动”，使整个内容围绕解决问题展开，以“问题”和“解决问题”将线性代数的内容构成一个整体。

4. 尽可能多地选择具有应用背景的实际问题作为习题，凸显线性代数的应用价值，提高学生利用代数知识进行数学建模或思考的能力。

本书适合作为课程在 48～54 学时的工科和经济管理类专业本科生教材或参考书，亦可作为对线性代数感兴趣的读者的自学资料。

本书体现了作者个人对线性代数知识体系的理解和蕴含在其中的数学思想方法的理解，尝试着去革新传统线性代数知识体系，对各个知识点的重新架构，努力从另一个角度去展示线性代数中蕴含的思想方法。限于作者水平，疏漏不足之处在所难免，衷心恳请读者批评指正。

特别感谢北京市教育委员会北京高校青年英才支持计划项目以及作者所在单位、学院的大力支持，使本书得以尽早地呈现在读者面前。还要感谢在本书成书过程中提供宝贵意见建议的老师和同学们，以及在本书的编撰过程中参阅的大量文献的作者们！最后，感谢中国政法大学出版社提供的细致周到的出版服务，感谢家人和朋友们给予的关爱和支持！

肖　滢

2019 年 6 月 30 日于中国政法大学

目　录

第一章　向量与线性空间 …… 1

第一节　预备知识——线性方程组及高斯消元法 …… 1

第二节　向量及其基本运算 …… 7

第三节　向量组的线性相关性 …… 11

第四节　最大无关组与向量组的秩 …… 20

第五节　线性空间、基与坐标 …… 25

第六节　线性变换的定义 …… 31

第二章　矩阵 …… 35

第一节　矩阵的基本概念 …… 35

第二节　矩阵的基本运算 …… 41

第三节　方阵的行列式 …… 49

第三章　特殊矩阵与矩阵的秩 …… 66

第一节　几种常见的特殊矩阵 …… 66

第二节　可逆矩阵 …… 72

第三节　分块矩阵及其运算 …… 79

第四节　初等矩阵及其应用 …… 86

第五节　矩阵的秩 …… 93

第四章　向量组、矩阵与线性方程组 …… 101

第一节　Cramer 法则 …… 101

第二节　线性方程组有解的条件 …… 104

第三节　线性方程组解的结构 …… 109

第五章　欧氏空间与矩阵对角化 …………………………………… 121

第一节　向量的内积 ……………………………………………… 121
第二节　欧氏空间与标准正交基 …………………………………… 125
第三节　特征值、特征向量与不变子空间 …………………………… 134
第四节　相似矩阵与矩阵的对角化 ………………………………… 142
第五节　实对称矩阵的对角化 ……………………………………… 151

第六章　应用 ………………………………………………………… 159

第一节　二次型与惯性定理 ………………………………………… 159
第二节　正定二次型 ……………………………………………… 174
第三节　线性代数在金融数学中的应用 …………………………… 182
第四节　线性代数在其他领域中的应用 …………………………… 188

附录一 ……………………………………………………………… 193

附录二 ……………………………………………………………… 196

附录三 ……………………………………………………………… 198

参与书目 …………………………………………………………… 200

第一章　向量与线性空间

第一节　预备知识

——线性方程组及高斯消元法

在许多自然现象和社会现象中，变量之间的依赖关系大多是非线性的，但是如果忽略一些次要因素，或者对结果的精确度要求并不很高，那么线性方程将是一个非常不错的数学模型，既可以在一定程度上描述客观事物，又可以方便求解。线性方程或线性方程组从结构到求解比非线性方程或非线性方程组容易很多。

一、线性方程组的概念

“线性”的含义是指未知量的一次式。例如，$y=ax$ 表示变量 y 是变量 x 的一个线性函数，$y=ax_1+bx_2$ 表示变量 y 是 x_1,x_2 的线性关系，一个线性表示不能包含诸如 x^2 和 x_1x_2 的二次或二次以上项，这些二次及二次以上项都是非线性的。在我国古代论著中很早就有关于线性方程组的问题。

例 1.1.1　明代程大为所著的《算法流宗》中有记载：一百馒头一百僧，大僧三个更无争，小僧三人分一个，大小和尚得几丁。意思是，现有 100 个和尚分 100 个馒头，大和尚一人 3 个，小和尚 3 人一个，刚好分完。问大、小和尚各多少人？

解：设大和尚 x 人，小和尚 y 人，根据表述可得

$$\begin{cases} x+y=100 \\ 3x+\dfrac{1}{3}y=100 \end{cases}$$

解得$\begin{cases} x=25 \\ y=75 \end{cases}$。所以，大和尚 25 人，小和尚 75 人。

例 1.1.2　中国古代算书《张丘建算经》记载百鸡问题：今有鸡翁一，值钱

五；鸡母一，值钱三；鸡雏三，值钱一。凡百钱买鸡百只，问鸡翁母雏各几何。意思是，公鸡每只值五文钱，母鸡每只值三文钱，小鸡三只值一文钱，现在用一百文钱买一百只鸡，问在这一百只鸡中，公鸡、母鸡和小鸡各多少只？

解：设有公鸡 x 只，母鸡 y 只，小鸡 z 只，则有

$$\begin{cases} x+y+z=100 & ① \\ 5x+3y+\dfrac{1}{3}z=100 & ② \end{cases}$$

利用中学学习的消元法，令②×3－①，可得 $14x+8y=200$，即 $y=25-\dfrac{7}{4}x$。再代入①，有 $z=75+\dfrac{3}{4}x$。

显然，该问题对 x、y、z 要求均为正整数，并且解不唯一。不难计算$\begin{cases} x=4 \\ y=18, \\ z=78 \end{cases}$ $\begin{cases} x=8 \\ y=11 \\ z=81 \end{cases}$或者$\begin{cases} x=12 \\ y=4 \\ z=84 \end{cases}$都是该线性方程组的可行解。

我们在学习空间解析几何的时候知道，若已知两个平面方程分别为 π_1：$a_1x+b_1y+c_1z+d_1=0$，π_2：$a_2x+b_2y+c_2z+d_2=0$，那么要判断两个平面是否有交线，就看线性方程组$\begin{cases} a_1x+b_1y+c_1z+d_1=0 \\ a_2x+b_2y+c_2z+d_2=0 \end{cases}$是否有解。

类似上面的例子还可以列举很多，并且都是人们日常会遇到的。我们将实际问题转化为线性方程组的一般形式，m 个方程 n 个未知量构成的线性方程组，如下：

$$\begin{cases} a_{11}x_1+a_{12}x_2+\cdots+a_{1n}x_n=b_1 \\ a_{21}x_1+a_{22}x_2+\cdots+a_{2n}x_n=b_2 \\ \quad\cdots\cdots \\ a_{m1}x_1+a_{m2}x_2+\cdots+a_{mn}x_n=b_m \end{cases} \tag{I}$$

其中，$x_1,x_2,\cdots,x_n$ 表示 n 个未知量，$a_{ij}(i=1,\cdots,m,j=1,\cdots,n)$表示第 j 个未知量在第 i 个方程中的系数，$b_i(i=1,\cdots,m)$表示第 i 个方程的常数项。人们将具有(I)式结构的方程组称为 n 元线性方程组(简称“线性方程组”)。当 $b_1=b_2=\cdots=b_m=0$ 时，称(I)式为齐次线性方程组；若存在某个 $b_i\neq0$，则称(I)为非齐次线性方程组。所谓方程组的一个解，是指一组由 n 个数 $x_1=c_1$，$x_2=c_2$，…，$x_n=c_n$ 组成的有序数组，相应代入(I)式中，各方程均成立。

线性方程组的解有可能不存在，也可能存在唯一解或无穷多组解。对于齐次线性方程组，至少 $x_1=0,x_2=0,\cdots,x_n=0$ 是它的一个解，所以齐次线性方程组一定有解。通常，人们更关注的是它有唯一的零解，还是存在非零解。

二、高斯(Gauss)消元法

高斯消元法是一种用来求解线性方程组的“朴素”算法，以德国著名数学家、物理学家和天文学家高斯的名字命名，有时也会简称为“消元法”。

高斯消元法的基本思想：通过消元变换把方程组化为容易求解的同解方程组。线性方程组中解的全体称为解集合。解线性方程组就是求其全部解，即求其解集合。如果两个方程组有相同的解集合，就称它们为同解方程组；存在解的方程组称为相容方程，否则称为不相容方程。

高斯消元法的三种同解变换：

(1)互换两个方程的位置；

(2)用一个非零数乘某个方程的两边；

(3)把一个方程的 k 倍加到另一个方程上。

这三种变换称为线性方程组的消元变换。对方程组而言，这些变换不会改变方程组的解，故称为同解变换。消元法本身也并非是“消去”未知量，而是利用上述三种同解变换把方程组中某些未知量的系数尽可能多的化为零，貌似未知量“消失了”。将一个一般线性方程组化为阶梯形方程组是消元法的变换方向。下面，我们就来介绍这一过程。

对于方程组(Ⅰ)，首先看 x_1 的系数 $a_{i1}(i=1,\cdots,m)$若全为零，则 x_1 可取任意值，若 $a_{i1}(i=1,\cdots,m)$不全为零，不妨设 $a_{11}\neq 0$，那么我们可以将第一个方程的$\left(-\dfrac{a_{i1}}{a_{11}}\right)$倍分别加到第 i 个方程上去，其中 $i=2,\cdots,m$。显然方程组(Ⅰ)变为如下同解方程组(Ⅱ)

$$\begin{cases}a_{11}x_1+a_{12}x_2+\cdots+a_{1n}x_n=b_1\\ \qquad\quad a'_{22}x_2+\cdots+a'_{2n}x_n=b'_2\\ \qquad\qquad\cdots\cdots\\ \qquad\quad a'_{m2}x_2+\cdots+a'_{mn}x_n=b'_m\end{cases}\tag{Ⅱ}$$

其中，$a'_{ij}=a_{ij}-\dfrac{a_{i1}}{a_{11}}a_{1j}$，$b'_i=b_i-\dfrac{a_{i1}}{a_{11}}b_1(i=2,\cdots,m,j=2,\cdots,n)$

方程组(Ⅰ)的求解问题就归结为解如下方程组(Ⅲ)

$$\begin{cases} a'_{22}x_2+a'_{23}x_3+\cdots+a'_{2m}x_n=b'_2 \\ \vdots \qquad \vdots \qquad \vdots \\ a'_{m2}x_2+a'_{m3}x_3+\cdots+a'_{mn}x_n=b'_m \end{cases} \tag{Ⅲ}$$

不难发现，由(Ⅲ)的一个解，代入(Ⅱ)的第一个方程就可以得到 x_1 的值，进而可得(Ⅱ)的一个解；而(Ⅱ)的解显然是(Ⅲ)的解，换句话说，方程组(Ⅱ)有解当且仅当方程组(Ⅲ)有解，而(Ⅱ)与(Ⅰ)又是同解方程组，因此，方程组(Ⅰ)有解当且仅当方程组(Ⅲ)有解。

接下来，我们对方程组(Ⅲ)可以重复上述过程，直至将方程组化为如下形式：

$$\begin{cases} a_{11}x_1+a_{12}x_2+\cdots+a_{1r}x_r+\cdots a_{1n}x_n=d_1 \\ c_{22}x_2+\cdots+c_{2r}x_r+\cdots+c_{2n}x_n=d_2 \\ \cdots\cdots \\ c_{rr}x_r+\cdots+c_{rn}x_n=d_r \\ 0=d_{r+1} \\ 0=0 \\ \cdots\cdots \\ 0=0 \end{cases} \tag{Ⅳ}$$

其中 $c_{ii}\neq 0, i=1,2,\cdots,r$。因为整个变换使用高斯消元法同解变换，故方程组(Ⅰ)与方程组(Ⅳ)为同解方程组。我们将形如方程组(Ⅳ)的方程组称为阶梯形方程组。下面分情况讨论方程组(Ⅳ)解的情况：

(1)若 $d_{r+1}\neq 0$，则对应的第 $r+1$ 个方程为 $0=1$，显然是矛盾的，因此方程组(Ⅳ)无解，即方程组(Ⅰ)无解。

(2)若 $d_{r+1}=0$，再分情况讨论：

①当 $r=n$ 时，此时方程组(Ⅳ)可以写为

$$\begin{cases} c_{11}x_1 + c_{12}x_2 + \cdots + c_{1n}x_n \\ =d_1 \\ c_{22}x_2+\cdots+c_{2n}x_n=d_2 \\ \cdots\cdots \\ c_{nn}x_n=d_n \end{cases} \tag{Ⅴ}$$

其中 $c_{ii}\neq 0, i=1,\cdots,n$。那么由最后一个方程可得 $x_n=-\dfrac{d_n}{c_{nn}}$，再代入倒数第2个方程，可得 x_{n-1}。依此类推，可得 $x_{n-2},\cdots,x_1$ 的取值。那么，我们就得到方程组(Ⅴ)的解，亦是(Ⅰ)的唯一解。

②当 $r<n$ 时，方程组(Ⅳ)可以写为

$$\begin{cases} c_{11}x_1+c_{12}x_2+\cdots+c_{1r}x_r+c_{1,r+1}x_{r+1}+\cdots+c_{1n}x_n=d_1 \\ \qquad c_{22}x_2+\cdots+c_{2r}x_r+c_{2,r+1}x_{r+1}+\cdots+c_{2n}x_n=d_2 \\ \qquad\qquad \cdots\cdots \\ \qquad\qquad c_{rr}x_r+c_{r,r+1}x_{r+1}+\cdots+c_{rn}x_n=d_r \end{cases}$$

其中 $c_{ii}\neq 0, i=1,\cdots,r$。那么，从最后一个方程中，我们可以得到 $c_{rr}x_r=d_r-c_{r,r+1}x_{r+1}-\cdots-c_{rn}x_n$。显然，任意给定一组 $x_{r+1},x_{r+2},\cdots,x_n$ 的值，就可以得到 x_r，进而代入上面 $r-1$ 个方程中求得 $x_1,x_2,\cdots,x_{r-1}$，即可得到方程组(Ⅰ)的一个解，我们将 $x_{r+1},\cdots,x_n$ 这 $n-r$ 个未知量称为自由未知量，将 $x_1,\cdots,x_r$ 这 r 个未知量称为非自由未知量。在这种情况下，方程组(Ⅰ)有无穷多解。

③当 $r>n$ 时，该情形不存在。

例 1.1.3　利用高斯消元法求解线性方程组

$$\begin{cases} 2x_1-2x_2 \qquad +6x_4=-2 & ① \\ 2x_1-x_2+2x_3+4x_4=1 & ② \\ 3x_1-x_2+4x_3+4x_4=3 & ③ \\ x_1+x_2+x_3+8x_4=-2 & ④ \end{cases}$$

解：①式两边分别乘 $\left(-1\right),\left(-\dfrac{3}{2}\right),\left(-\dfrac{1}{2}\right)$，再分别加到②③④式上“消去” x_1，可得

$$(\text{Ⅱ})\begin{cases} 2x_1-2x_2 \qquad +6x_4=-2 & ① \\ \qquad x_2+2x_3-2x_4=3 & ② \\ \qquad 2x_2+4x_3-5x_4=6 & ③ \\ \qquad 2x_2+x_3+5x_4=-1 & ④ \end{cases}$$

再将(Ⅱ)中②式乘(−2)，分别加到第③④方程上，可得

$$\begin{cases} 2x_1-2x_2 \qquad +6x_4=-2 & ① \\ \qquad x_2+2x_3-2x_4=3 & ② \\ \qquad\qquad -x_4=0 & ③ \\ \qquad -3x_3+9x_4=7 & ④ \end{cases}$$

然后，交换③与④的位置，可得

$$\begin{cases} 2x_1-2x_2 \qquad +6x_4=-2 \\ \qquad x_2+2x_3-2x_4=3 \\ \qquad -3x_3+9x_4=-7 \\ \qquad\qquad -x_4=0 \end{cases}$$

将 $x_4=0$ 回代至上述各方程中,可得原线性方程组的唯一解为$\begin{cases}x_1=-\dfrac{8}{3}\\x_2=-\dfrac{5}{3}\\x_3=\dfrac{7}{3}\\x_4=0\end{cases}$。

例 1.1.4 求解齐次线性方程组

$$\begin{cases}x_1+2x_2-x_3+2x_4=0\\ \qquad x_2+x_3\ -x_4=0\\ \qquad\quad 2x_3\ +x_4=0\end{cases}$$

解:解法一 由第 3 个方程可得 $x_4=-2x_3$,再回代至第 2 个方程,分别得 $x_2=-3x_3$,$x_1=11x_3$。令 $x_3=c$,则有$\begin{cases}x_1=11c\\x_2=-3x\\x_3=c\\x_4=-2c\end{cases}$,$c\in\mathbb{R}$。

解法二 显然,我们也可以由第 3 个方程得 $x_3=-\dfrac{1}{2}x_4$,再回代至第 2 个方程,分别得 $x_2=\dfrac{3}{2}x_4$,$x_1=-\dfrac{11}{2}x_4$。令 $x_4=k$,则有$\begin{cases}x_1=-\dfrac{11}{2}k\\x_2=\dfrac{3}{2}k\\x_3=-\dfrac{1}{2}k\\x_4=k\end{cases}$,$k\in\mathbb{R}$。

解法一中的 x_3,解法二中的 x_4 都是自由未知量。从例 1.1.4 中我们可以看出自由未知量的取法不唯一,但自由未知量的个数是唯一的,即 $n-r$ 个。

定理 1.1.1 对于齐次线性方程组

$$\begin{cases}a_{11}x_1+a_{12}x_2+\cdots+a_{1n}x_n=0\\a_{21}x_1+a_{22}x_2+\cdots+a_{2n}x_n=0\\ \qquad\qquad\cdots\cdots\\a_{m1}x_1+a_{m2}x_2+\cdots+a_{mn}x_n=0\end{cases}$$

中,若 $m<n$,则该齐次线性方程组必存在非零解。

证明 已知齐次线性方程组一定有解,而上述方程在化为阶梯形方程组之后,方程组个数不会超过原方程组的方程数,即 $r\leqslant m<n$。所以方程组的解不

唯一，当我们给 $n-r>0$ 个自由未知量赋非零值后，可到一组非零解，即该齐次线性方程组必存在非零解。□

习题 1—1

1. 用高斯消元法求解下列方程组。

(1) $\begin{cases} x_1-2x_2+3x_3-4x_4=0 \\ 2x_1+x_2-2x_3-x_4=0 \\ 3x_1-3x_2+x_3+x_4=0 \end{cases}$；

(2) $\begin{cases} -x_1+x_2-2x_3+4x_4=3 \\ 2x_1+3x_2+x_3-x_4=0 \\ x_1-2x_2+4x_3-2x_4=5 \end{cases}$；

(3) $\begin{cases} x_1+3x_2-2x_3=4 \\ 3x_1+2x_2-5x_3=11 \\ x_1-4x_2-x_3=3 \\ -2x_1+x_2+3x_3=-7 \end{cases}$；

(4) $\begin{cases} x_1+2x_2-3x_3+x_4=0 \\ x_1+3x_2-4x_3+3x_4=0 \\ x_1+4x_2-7x_3-x_4=0 \end{cases}$；

2. 利用高斯消元法，试讨论 λ 取何值时，线性方程组

$$\begin{cases} \lambda x_1+x_2+x_3=\lambda-2 \\ x_1+\lambda x_2+x_3=1 \\ x_1+x_2+\lambda x_3=-1 \end{cases}$$

有唯一解、无穷多解、无解？

第二节　向量及其基本运算

在学习空间解析几何时，我们利用向量作为工具来讨论平面与平面，平面与直线，直线与直线的关系。例如，三元齐次线性方程组，如下：

$$\begin{cases} a_{11}x_1+a_{12}x_2+a_{13}x_3=0 \\ a_{21}x_1+a_{22}x_2+a_{23}x_3=0 \\ a_{31}x_1+a_{32}x_2+a_{33}x_3=0 \end{cases}$$

其对应的空间解析几何问题是三个过原点的平面相交问题，因为每个平面

都有法向量$\boldsymbol{\alpha}_i=a_{i1}\mathbf{i}+a_{i2}\mathbf{j}+a_{i3}\mathbf{k}(i=1,2,3)$，因此也可以写成坐标的形式$\mathbf{n}_i=(a_{i1},a_{i2},a_{i3})(i=1,2,3)$。下面我们通过对3维空间的讨论，进而拓展到对$n$维空间的研究，首先引入$n$维向量的概念。

定义 1.2.1 n个有序数$a_1,a_2,\cdots,a_n$所组成的数组称为n维列向量，这n个数称为该向量的n个分量，第i个数a_i称为第i个**分量**，记作$\boldsymbol{\alpha}=\begin{pmatrix}a_1\\a_2\\\vdots\\a_n\end{pmatrix}$，简称“向量”。称$\boldsymbol{\beta}=(b_1,b_2,\cdots,b_n)$为$n$**维行向量**。向量一般用小写的希腊字母$\boldsymbol{\alpha}$，$\boldsymbol{\beta}$，$\boldsymbol{\gamma}$等表示，而带有下标的拉丁字母$a_i$，$b_j$或$c_k$等表示其分量。显然，行向量的转置即为列向量，列向量的转置为行向量（转置，是指将行/列向量的元素在相对位置不变的情况下写成列/行的形式）。我们把n维向量与n维行向量看作是两个不同的向量，本书中若无特别强调，“向量”均指列向量。

分量全为实数的向量称为实向量。分量中含有复数的向量称为复向量。本书中除特别指明以外，讨论的均为实向量。

所有分量都是零的向量称为零向量，记作$\mathbf{0}=\begin{pmatrix}0\\0\\\vdots\\0\end{pmatrix}$。

定义 1.2.2 若n维向量$\boldsymbol{\alpha}=\begin{pmatrix}a_1\\a_2\\\vdots\\a_n\end{pmatrix}$与$\boldsymbol{\beta}=\begin{pmatrix}b_1\\b_2\\\vdots\\b_n\end{pmatrix}$，给定如下关系系及运算规则：

①相等。若$i=1,2,\cdots,n$，都有$a_i=b_i$，则$\boldsymbol{\alpha}=\boldsymbol{\beta}$，即若向量$\boldsymbol{\alpha}$与$\boldsymbol{\beta}$每一个对应分量都相等，则称向量$\boldsymbol{\alpha}$与$\boldsymbol{\beta}$**相等**。

②加法。向量$\boldsymbol{\alpha}$与$\boldsymbol{\beta}$的加法运算记作$\boldsymbol{\alpha}+\boldsymbol{\beta}$，并且定义如下：

$$\boldsymbol{\alpha}+\boldsymbol{\beta}=\begin{pmatrix}a_1+b_1\\a_2+b_2\\\vdots\\a_n+b_n\end{pmatrix}$$

③数乘。λ为某一实数，向量$\boldsymbol{\alpha}$与数λ的乘法运算记作$\lambda\boldsymbol{\alpha}$，并且定义如下：

$$\lambda \cdot \boldsymbol{\alpha}=\begin{pmatrix}\lambda a_1\\ \lambda a_2\\ \vdots\\ \lambda a_n\end{pmatrix}$$

向量的加法和数乘运算，统称为向量的**线性运算**。若取 $\lambda=-1$，则 $(-1)\cdot\boldsymbol{\alpha}=\begin{pmatrix}-a_1\\ -a_2\\ \vdots\\ -a_n\end{pmatrix}$，称其为向量 $\boldsymbol{\alpha}$ 的负向量，记作 $-\boldsymbol{\alpha}$。同时，我们可以清楚的看到向量的减法为 $\boldsymbol{\beta}-\boldsymbol{\alpha}=\boldsymbol{\beta}+(-\boldsymbol{\alpha})=\begin{pmatrix}b_1-a_1\\ b_2-a_2\\ \vdots\\ b_n-a_n\end{pmatrix}$。

设 $\boldsymbol{\alpha},\boldsymbol{\beta},\boldsymbol{\gamma}$ 为 n 维向量，$k,l\in\mathbb{R}$ 利用上述定义，容易验证它们之间满足如下八条运算规则：

(1)交换律：$\boldsymbol{\alpha}+\boldsymbol{\beta}=\boldsymbol{\beta}+\boldsymbol{\alpha}$；

(2)结合律：$(\boldsymbol{\alpha}+\boldsymbol{\beta})+\boldsymbol{\gamma}=\boldsymbol{\alpha}+(\boldsymbol{\beta}+\boldsymbol{\gamma})$；

(3)对于任一向量 $\boldsymbol{\alpha}$，有 $\boldsymbol{\alpha}+\mathbf{0}=\mathbf{0}+\boldsymbol{\alpha}=\boldsymbol{\alpha}$，其中 $\mathbf{0}$ 为零向量；

(4)负向量：任一向量 $\boldsymbol{\alpha}$，存在负向量 $-\boldsymbol{\alpha}$，使得

$$\boldsymbol{\alpha}+(-\boldsymbol{\alpha})=(-\boldsymbol{\alpha})+\boldsymbol{\alpha}=\mathbf{0};$$

(5)$1\cdot\boldsymbol{\alpha}=\boldsymbol{\alpha}$；

(6)数乘结合律：$k\cdot(l\cdot\boldsymbol{\alpha})=(k\cdot l)\cdot\boldsymbol{\alpha}$；

(7)数乘分配律 1：$k\cdot(\boldsymbol{\alpha}+\boldsymbol{\beta})=k\cdot\boldsymbol{\alpha}+k\cdot\boldsymbol{\beta}$；

(8)数乘分配律 2：$(k+l)\cdot\boldsymbol{\alpha}=k\cdot\boldsymbol{\alpha}+l\cdot\boldsymbol{\alpha}$。

除此以外，我们也可以很容易得到下面的一些性质：

(1)$0\cdot\boldsymbol{\alpha}=\mathbf{0}$，$k\cdot\mathbf{0}=\mathbf{0}$，其中 0 为实数零，$\mathbf{0}$ 为零向量，k 为任意数；

(2)若 $k\cdot\boldsymbol{\alpha}=\mathbf{0}$，则 $k=0$ 或者 $\boldsymbol{\alpha}=\mathbf{0}$；

(3)向量方程 $\boldsymbol{\alpha}+\mathbf{x}=\boldsymbol{\beta}$，有唯一解，即 $\mathbf{x}=\boldsymbol{\beta}-\boldsymbol{\alpha}$。

n 维向量及其线性运算，有着十分广泛的作用，下面通过几个例题来感受一下。

例 1.2.1 某高校某专业 18 级 1 班学生 37 人，秋季必修课程共 4 门，则每

位学生的必修课程的期末总分可以构成一个 4 维向量 $\boldsymbol{\alpha}_i$，令 $\boldsymbol{\alpha}_i=\begin{pmatrix}a_1\\a_2\\a_3\\a_4\end{pmatrix}$，其中 a_i $(i=1,2,\cdots,37)$表示不同课程的期末成绩。

例 1.2.2 金融市场上，3 支股票每日的收盘价亦可构成一个向量 $\boldsymbol{\beta}_1=\begin{pmatrix}s_{11}\\s_{12}\\s_{13}\end{pmatrix}$表示第一天各支股票的收盘价，$s_{1i}$ 表示第一天第 i 支股票的收盘价，$\boldsymbol{\beta}_2=\begin{pmatrix}s_{21}\\s_{22}\\s_{23}\end{pmatrix}$表示第二天的收盘价，那么 $\boldsymbol{\beta}_2-\boldsymbol{\beta}_1=\begin{pmatrix}s_{21}-s_{11}\\s_{22}-s_{12}\\s_{23}-s_{13}\end{pmatrix}$表示两天，各支股票收盘价的波动情况。

例 1.2.3 已知 n 个未知量 m 个方程的齐次线性方程组，如下：

$$\begin{cases}a_{11}x_1+a_{12}x_2+\cdots+a_{1n}x_n=0\\a_{21}x_1+a_{22}x_2+\cdots+a_{2n}x_n=0\\\qquad\cdots\cdots\\a_{m1}x_1+a_{m2}x_2+\cdots+a_{mn}x_n=0\end{cases}$$

若 $x_1=c_1,x_2=c_2,\cdots,x_n=c_n$ 是线性方程组的解，我们将其构成一个向量 $\boldsymbol{\zeta}=\begin{pmatrix}c_1\\c_2\\\vdots\\c_n\end{pmatrix}$，称为**解向量**，记作 $\mathbf{x}=\boldsymbol{\zeta}$。显然，零向量必然是齐次线性方程组的一个解向量。容易验证如下结论：

(1)若向量 $\mathbf{x}_1=\boldsymbol{\zeta}_1,\mathbf{x}_2=\boldsymbol{\zeta}_2$ 都是齐次线性方程组的解向量，则 $\mathbf{x}=\boldsymbol{\zeta}_1+\boldsymbol{\zeta}_2$ 也是该方程组的解；

(2)若 $\mathbf{x}=\boldsymbol{\zeta}$ 是齐次线性方程组的解，任意数 $k\in\mathbb{R}$，则 $\mathbf{x}=k\cdot\boldsymbol{\zeta}$ 亦是该方程组的解。

例 1.2.4 已知向量 $\boldsymbol{\alpha}=\begin{pmatrix}1\\2\\3\end{pmatrix}$，$\boldsymbol{\beta}=\begin{pmatrix}-1\\4\\1\end{pmatrix}$，$\boldsymbol{\gamma}=\begin{pmatrix}3\\-1\\0\end{pmatrix}$，求 $2\boldsymbol{\alpha}-\boldsymbol{\beta}+3\boldsymbol{\gamma}$。

解：$2\boldsymbol{\alpha}-\boldsymbol{\beta}+3\boldsymbol{\gamma}=2\cdot\begin{pmatrix}1\\2\\3\end{pmatrix}-\begin{pmatrix}-1\\4\\1\end{pmatrix}+3\cdot\begin{pmatrix}3\\-1\\0\end{pmatrix}=\begin{pmatrix}12\\-3\\5\end{pmatrix}$。

习题 1－2

1. 设 $\boldsymbol{\alpha}=\begin{pmatrix}3\\-1\\0\\2\end{pmatrix}$，$\boldsymbol{\beta}=\begin{pmatrix}3\\1\\-1\\4\end{pmatrix}$，若向量 $\boldsymbol{\gamma}$ 满足 $2\boldsymbol{\alpha}+\boldsymbol{\gamma}=3\boldsymbol{\beta}$，求 $\boldsymbol{\gamma}$。

2. 验证向量的加法和数乘运算满足的八条运算规则。

3. 设 $2(\boldsymbol{\alpha}_1-\boldsymbol{\alpha})+3(\boldsymbol{\alpha}_2-\boldsymbol{\alpha})=4(\boldsymbol{\alpha}_3-\boldsymbol{\alpha})$，其中 $\boldsymbol{\alpha}_1=\begin{pmatrix}1\\2\\3\end{pmatrix}$，$\boldsymbol{\alpha}_2=\begin{pmatrix}4\\2\\1\end{pmatrix}$，$\boldsymbol{\alpha}_3=\begin{pmatrix}3\\0\\-1\end{pmatrix}$，求 $\boldsymbol{\alpha}$。

4. 已知向量 $\boldsymbol{\alpha}_1=\begin{pmatrix}-1\\0\\1\end{pmatrix}$，$\boldsymbol{\alpha}_2=\begin{pmatrix}0\\2\\1\end{pmatrix}$，$\boldsymbol{\alpha}_3=\begin{pmatrix}2\\-3\\1\end{pmatrix}$，求 $\boldsymbol{\alpha}_1-2\boldsymbol{\alpha}_2+3\boldsymbol{\alpha}_3$，$\boldsymbol{\alpha}_1+\boldsymbol{\alpha}_2-6\boldsymbol{\alpha}_3$。

5. 设 $\boldsymbol{\alpha}=\begin{pmatrix}2\\a\\0\end{pmatrix}$，$\boldsymbol{\beta}=\begin{pmatrix}-1\\0\\b\end{pmatrix}$，$\boldsymbol{\gamma}=\begin{pmatrix}c\\-5\\3\end{pmatrix}$，且有 $\boldsymbol{\alpha}+2\boldsymbol{\beta}+3\boldsymbol{\gamma}=\mathbf{0}$，求参数 a,b,c 的值。

6. 设向量 $\boldsymbol{\alpha}_1=\begin{pmatrix}-1\\4\end{pmatrix}$，$\boldsymbol{\alpha}_2=\begin{pmatrix}1\\-2\end{pmatrix}$，$\boldsymbol{\alpha}_3=\begin{pmatrix}3\\-8\end{pmatrix}$，若有常数 a,b，使得 $a\boldsymbol{\alpha}_1-b\boldsymbol{\alpha}_2-\boldsymbol{\alpha}_3=\mathbf{0}$，求参数 a,b 的值。

第三节　向量组的线性相关性

对于一个单纯的向量而言，能够研究的范围是比较狭窄的，当把同维度的向量放在一起构成集合时，再加上向量的运算，那么对于向量与向量之间的研究，或者一个向量集合的研究就变得多样化。本节我们从向量的集合，即向量组入手，利用向量的线性运算对其进行初步研究。

一、向量组及线性表示的概念

定义 1.3.1 设 m 个 n 维列向量 $\boldsymbol{\alpha}_j=\begin{pmatrix}a_{1j}\\a_{2j}\\\vdots\\a_{nj}\end{pmatrix}$，$j=1,\cdots,m$，由它们组成的列向量集合 $\boldsymbol{\alpha}_1,\boldsymbol{\alpha}_2,\cdots,\boldsymbol{\alpha}_m$ 称作**列向量组**，记作 $\mathbf{A}$，简称**向量组**。

类似地，设 n 个 m 维行向量 $\boldsymbol{\beta}_i=(b_{i1},b_{i2},\cdots,b_{im})$，$i=1,\cdots,n$，由它们组成的行向量集合 $\boldsymbol{\beta}_1,\boldsymbol{\beta}_2,\cdots,\boldsymbol{\beta}_n$ 称作行向量组，记作 $\mathbf{B}$。本书如无特别说明，所指的向量组均为列向量组。

定义 1.3.2 设 $\mathbf{A}$：$\boldsymbol{\alpha}_1,\cdots,\boldsymbol{\alpha}_m$ 为一个 n 维向量组，对于任意一组实数 $\lambda_1,\cdots,\lambda_m\in\mathbb{R}$，称 $\sum\limits_{i=1}^{m}\lambda_i\boldsymbol{\alpha}_i=\lambda_1\boldsymbol{\alpha}_1+\cdots+\lambda_m\boldsymbol{\alpha}_m$ 为 $\boldsymbol{\alpha}_1,\cdots,\boldsymbol{\alpha}_m$ 的一个**线性组合**，其中 $\lambda_i,\cdots,\lambda_m$ 称为这个**线性组合系数**。

定义 1.3.3 设给定一个向量组 $\mathbf{A}$：$\boldsymbol{\alpha}_1,\cdots,\boldsymbol{\alpha}_m$ 和一个同维度向量 $\boldsymbol{\beta}$，如果存在一组实数 $k_1,k_2,\cdots,k_m$ 使得

$$\boldsymbol{\beta}=k_1\boldsymbol{\alpha}_1+k_2\boldsymbol{\alpha}_2+\cdots+k_m\boldsymbol{\alpha}_m$$

成立，则称向量 $\boldsymbol{\beta}$ 是向量组 $\mathbf{A}$ 的线性组合，或称向量 $\boldsymbol{\beta}$ 可由向量组 $\mathbf{A}$ **线性表示**。

读者不难发现，“线性组合”与“线性表示”的重要区别是前者线性关系式中的系数是任意的，后者线性关系式中的系数是存在的。下面我们通过一些例子来体会向量的线性运算以及线性组合、线性表示等概念的特点。

例 1.3.1 m 个方程 n 个未知量的线性方程组，如下：

$$\begin{cases}a_{11}x_1+a_{12}x_2+\cdots+a_{1n}x_n=b_1\\a_{21}x_1+a_{22}x_2+\cdots+a_{2n}x_n=b_2\\\vdots\qquad\qquad\vdots\qquad\qquad\vdots\\a_{m1}x_1+a_{m2}x_2+\cdots+a_{mn}x_n=b_m\end{cases}$$

将第 i 个未知量 x_i 的全部系数构成向量 $\boldsymbol{\alpha}_i=\begin{pmatrix}a_{1i}\\a_{2i}\\\vdots\\a_{mi}\end{pmatrix}$，对应的各方程的常数项按

其方程顺序构成常向量为 $\boldsymbol{\beta}=\begin{pmatrix} b_1 \\ b_2 \\ \vdots \\ b_m \end{pmatrix}$。显然，该线性方程组可以简化为如下形式

$$x_1\boldsymbol{\alpha}_1+x_2\boldsymbol{\alpha}_2+\cdots+x_n\boldsymbol{\alpha}_n=\boldsymbol{\beta}。$$

由此可见，向量 $\boldsymbol{\beta}$ 是否可由向量组 $\mathbf{A}$ 线性表示的问题，可以等价地转化为对应的线性方程组是否有解的问题。若有唯一解，则说明表示唯一；若有无穷多解，则说明表示不唯一；若无解，则说明向量 $\boldsymbol{\beta}$ 不能由向量组 $\mathbf{A}$ 线性表示。

例 1.3.2　向量组 $\mathbf{A}:\boldsymbol{\alpha}_1,\boldsymbol{\alpha}_2,\cdots,\boldsymbol{\alpha}_m$ 中任意一个向量 $\boldsymbol{\alpha}_i$ 均可由自身所属的向量组线性表示。

因为，对于任意的 $i=1,2,\cdots,m$，总有

$$\boldsymbol{\alpha}_i=0\cdot\boldsymbol{\alpha}_1+\cdots+0\cdot\boldsymbol{\alpha}_{i-1}+1\cdot\boldsymbol{\alpha}_i+0\cdot\boldsymbol{\alpha}_{i+1}\cdots+0\cdot\boldsymbol{\alpha}_m$$

即存在一组系数使得 $\boldsymbol{\alpha}_i$ 可由其所属的向量组 $\mathbf{A}$ 线性表示。

例 1.3.3　n 维向量组 $\mathbf{e}_1=\begin{pmatrix} 1 \\ 0 \\ \vdots \\ 0 \end{pmatrix},\mathbf{e}_2=\begin{pmatrix} 0 \\ 1 \\ \vdots \\ 0 \end{pmatrix},\cdots,\mathbf{e}_n=\begin{pmatrix} 0 \\ 0 \\ \vdots \\ 1 \end{pmatrix}$，对于任一向量 $\mathbf{e}_i$ 即第 i 个分量是 1，其余分量均为 0。那么任意 n 维向量 $\boldsymbol{\alpha}=\begin{pmatrix} a_1 \\ a_2 \\ \vdots \\ a_n \end{pmatrix}$ 均可由该向量组线性表示，且表法唯一。具体表示如下：

$$\boldsymbol{\alpha}=a_1\mathbf{e}_1+a_2\mathbf{e}_2+\cdots+a_1\mathbf{e}_n。$$

二、向量组的线性相关与线性无关

例 1.3.4　零向量可以由任意向量组 $\mathbf{A}:\boldsymbol{\alpha}_1,\cdots,\boldsymbol{\alpha}_m$ 线性表示。因为，$\mathbf{0}=0\cdot\boldsymbol{\alpha}_1+\cdots+0\cdot\boldsymbol{\alpha}_m$(Ⅰ)总是成立。另外，根据例 1.3.1，我们不难发现(Ⅰ)式对应齐次线性方程组，而齐次线性方程组总是有解的，人们更关注的是它有唯一的零解，还是存在非零解，进而产生下面的概念。

定义 1.3.4　设向量组 $\mathbf{A}:\boldsymbol{\alpha}_1,\cdots,\boldsymbol{\alpha}_m$，如果存在不全为零的数 $k_1,k_2,\cdots,k_m$，使得

$$k_1\boldsymbol{\alpha}_1+k_2\boldsymbol{\alpha}_2+\cdots+k_m\boldsymbol{\alpha}_m=\mathbf{0} \tag{Ⅱ}$$

成立，则称向量组 $\boldsymbol{\alpha}_1,\cdots,\boldsymbol{\alpha}_m$ **线性相关**。否则称向量组 $\boldsymbol{\alpha}_1,\cdots,\boldsymbol{\alpha}_m$ **线性无关**。

向量组的线性相关与线性无关是一组对偶概念,换句话说,对于一个向量组要么线性相关,要么线性无关。在线性代数中,这是一对非常重要的概念,下面我们从不同角度对这个概念进行说明。

①定义中的“否则”直接翻译为“不存在不全为零的系数 $k_1,k_2,\cdots,k_m$,使得(Ⅱ)式成立”,即“当且仅当 $k_1=k_2=\cdots=k_m=0$ 时,(Ⅱ)式才成立”,换句话说,“若(Ⅱ)式成立,则 $k_1=k_2=\cdots=k_m=0$”,因此向量组 $\boldsymbol{\alpha}_1,\cdots,\boldsymbol{\alpha}_m$ 线性无关。

线性无关亦可表示为:向量组 $\mathbf{A}:\boldsymbol{\alpha}_1,\cdots,\boldsymbol{\alpha}_m$,如果对于任意不全为零的数 $k_1,k_2,\cdots,k_m$,都有

$$k_1\boldsymbol{\alpha}_1+k_2\boldsymbol{\alpha}_2+\cdots+k_m\boldsymbol{\alpha}_m\neq\mathbf{0} \tag{Ⅲ}$$

成立,则称向量组 $\boldsymbol{\alpha}_1,\cdots,\boldsymbol{\alpha}_m$ 线性无关。

②若一个向量组只含有一个向量 $\boldsymbol{\alpha}$,那么该向量组线性相关当且仅当 $\boldsymbol{\alpha}=\mathbf{0}$;该向量组线性无关当且仅当 $\boldsymbol{\alpha}\neq\mathbf{0}$。

③若一个向量组仅有两个向量 $\boldsymbol{\alpha}_1,\boldsymbol{\alpha}_2$,那么该项量组线性相关当且仅当存在不全为零的系数 k_1,k_2,使得 $k_1\boldsymbol{\alpha}_1+k_2\boldsymbol{\alpha}_2=\mathbf{0}$ 成立。不妨设 $k_1\neq0$,则有 $\boldsymbol{\alpha}_1=\dfrac{k_2}{k_1}\boldsymbol{\alpha}_2$,即向量 $\boldsymbol{\alpha}_1$ 与 $\boldsymbol{\alpha}_2$ 对应分量成比例。从几何角度来看,$\boldsymbol{\alpha}_1$ 与 $\boldsymbol{\alpha}_2$ 共线或平行。

换言之,一个仅有两个向量的向量组线性相关的充分必要条件是这两个向量对应分量成比例。反之,若该向量组线性无关当且仅当向量 $\boldsymbol{\alpha}_1$ 与 $\boldsymbol{\alpha}_2$ 对应分量不成比例。

④若一个向量组中包含零向量,则该向量组一定线性相关。

⑤根据线性相关/线性无关的定义以及例 1.3.1,我们发现,向量组 $\mathbf{A}:\boldsymbol{\alpha}_1,\boldsymbol{\alpha}_2,\cdots,\boldsymbol{\alpha}_m$ 线性相关当且仅当对应的齐次线性方程组 $x_1\boldsymbol{\alpha}_1+x_2\boldsymbol{\alpha}_2+\cdots+x_m\boldsymbol{\alpha}_m=\mathbf{0}$ 有非零解;相应地,向量组 $\mathbf{A}:\boldsymbol{\alpha}_1,\boldsymbol{\alpha}_2,\cdots,\boldsymbol{\alpha}_m$ 线性无关当且仅当其对应的齐次线性方程组 $x_1\boldsymbol{\alpha}_1+x_2\boldsymbol{\alpha}_2+\cdots+x_m\boldsymbol{\alpha}_m=\mathbf{0}$ 仅有唯一的零解。

⑥从线性表示的角度来看,向量组 $\mathbf{A}:\boldsymbol{\alpha}_1,\boldsymbol{\alpha}_2,\cdots,\boldsymbol{\alpha}_m$ 线性相关当且仅当该向量组对零向量的表法不唯一;而向量组 $\mathbf{A}:\boldsymbol{\alpha}_1,\boldsymbol{\alpha}_2,\cdots,\boldsymbol{\alpha}_m$ 线性无关当且仅当该向量组对零向量的表法唯一。

定理 1.3.1 向量组 $\mathbf{A}:\boldsymbol{\alpha}_1,\boldsymbol{\alpha}_2,\cdots,\boldsymbol{\alpha}_m(m\geqslant2)$ 线性相关当且仅当向量组中至少存在一个向量可由其余 $m-1$ 个向量线性表示。

证明:“⇒”设 $\mathbf{A}:\boldsymbol{\alpha}_1,\boldsymbol{\alpha}_2,\cdots,\boldsymbol{\alpha}_m$ 线性相关,则存在 m 个不全为零的数 $k_1,k_2,\cdots,k_m$,使得 $k_1\boldsymbol{\alpha}_1+k_2\boldsymbol{\alpha}_2+\cdots+k_m\boldsymbol{\alpha}_m=\mathbf{0}$。不妨设 $k_1\neq0$,则有

$$\boldsymbol{\alpha}_1=-\frac{k_2}{k_1}\boldsymbol{\alpha}_2-\frac{k_3}{k_1}\boldsymbol{\alpha}_3-\cdots-\frac{k_m}{k_1}\boldsymbol{\alpha}_m。$$

“$\Leftarrow$”不妨设 $\boldsymbol{\alpha}_1$ 可由 $\boldsymbol{\alpha}_2,\cdots,\boldsymbol{\alpha}_m$ 线性表示，即存在 $m-1$ 个数 $k_2,\cdots,k_m$ 使得 $\boldsymbol{\alpha}_1=k_2\boldsymbol{\alpha}_2+\cdots+k_m\boldsymbol{\alpha}_m$，即 $\boldsymbol{\alpha}_1-k_2\boldsymbol{\alpha}_2-\cdots-k_m\boldsymbol{\alpha}_m=\mathbf{0}$，显然 $1,-k_2,\cdots,-k_m$ 是一组不全为零的系数，因此该向量组线性相关。□

此命题的等价命题为：向量组 $\mathbf{A}$：$\boldsymbol{\alpha}_1,\boldsymbol{\alpha}_2,\cdots,\boldsymbol{\alpha}_m$ 线性无关的充要条件是向量组中任意一个向量都不能由其余 $m-1$ 个向量线性表示。

注意，线性相关的向量组 $\mathbf{A}$：$\boldsymbol{\alpha}_1,\boldsymbol{\alpha}_2,\cdots,\boldsymbol{\alpha}_m$ 并非每一个向量都能由其余 $m-1$ 个向量线性表示。例如，$\boldsymbol{\alpha}_1=\begin{pmatrix}1\\0\end{pmatrix}$，$\boldsymbol{\alpha}_2\begin{pmatrix}2\\0\end{pmatrix}$，$\boldsymbol{\alpha}_3\begin{pmatrix}1\\1\end{pmatrix}$，显然这是一个线性相关向量组，但是 $\boldsymbol{\alpha}_3$ 不能由 $\boldsymbol{\alpha}_1,\boldsymbol{\alpha}_2$ 线性表示。

例 1.3.5　设向量组 $\boldsymbol{\alpha}_1,\boldsymbol{\alpha}_2,\boldsymbol{\alpha}_3$ 线性无关，$\boldsymbol{\beta}_1=\boldsymbol{\alpha}_1+2\boldsymbol{\alpha}_2$，$\boldsymbol{\beta}_2=\boldsymbol{\alpha}_2+3\boldsymbol{\alpha}_3$，$\boldsymbol{\beta}_3=\boldsymbol{\alpha}_3+\boldsymbol{\alpha}_1$，试证向量组 $\boldsymbol{\beta}_1,\boldsymbol{\beta}_2,\boldsymbol{\beta}_3$ 线性无关。

证明：设有 k_1,k_2,k_3，使得

$$k_1\boldsymbol{\beta}_1+k_2\boldsymbol{\beta}_2+k_3\boldsymbol{\beta}_3=\mathbf{0}。\tag{I}$$

将 $\boldsymbol{\beta}_1=\boldsymbol{\alpha}_1+2\boldsymbol{\alpha}_2$，$\boldsymbol{\beta}_2=\boldsymbol{\alpha}_2+3\boldsymbol{\alpha}_3$，$\boldsymbol{\beta}_3=\boldsymbol{\alpha}_3+\boldsymbol{\alpha}_1$ 代入(I)可得

$$k_1(\boldsymbol{\alpha}_1+2\boldsymbol{\alpha}_2)+k_2(\boldsymbol{\alpha}_2+3\boldsymbol{\alpha}_3)+k_3(\boldsymbol{\alpha}_3+\boldsymbol{\alpha}_1)=\mathbf{0}$$

整理可得

$$(k_1+k_3)\boldsymbol{\alpha}_1+(2k_1+k_2)\boldsymbol{\alpha}_2+(3k_2+k_3)\boldsymbol{\alpha}_3=\mathbf{0}$$

因为 $\boldsymbol{\alpha}_1,\boldsymbol{\alpha}_2,\boldsymbol{\alpha}_3$ 线性无关，则有

$$\begin{cases}k_1+k_3=0\\2k_1+k_2=0\\3k_2+k_3=0\end{cases}$$

解得$\begin{cases}k_1=0\\k_2=0\\k_3=0\end{cases}$。所以，向量组 $\boldsymbol{\beta}_1,\boldsymbol{\beta}_2,\boldsymbol{\beta}_3$ 线性无关。

例 1.3.6　n 维向量组 $\mathbf{e}_1=\begin{pmatrix}1\\0\\\vdots\\0\end{pmatrix}$，$\mathbf{e}_2=\begin{pmatrix}0\\1\\\vdots\\0\end{pmatrix}$，$\cdots$，$\mathbf{e}_n=\begin{pmatrix}0\\0\\\vdots\\1\end{pmatrix}$，即 $\mathbf{e}_i$ 为第 i 个分量为 1，其余分量均为 0 的向量，证明该向量组线性无关。

证明：设 n 个数 $k_1,k_2\cdots k_n$，使得

$$k_1\mathbf{e}_1+k_2\mathbf{e}_2+\cdots+k_n\mathbf{e}_n=\mathbf{0}\tag{III}$$

解得$\begin{pmatrix}k_1\\k_2\\\vdots\\k_n\end{pmatrix}=\begin{pmatrix}0\\0\\\vdots\\0\end{pmatrix}$，即 $k_1=k_2=\cdots=k_n=0$。显然，向量组 $\mathbf{e}_1,\mathbf{e}_2,\cdots,\mathbf{e}_n$ 线性无关。

将例 1.3.3 与例 1.3.6 结合来看，我们发现，向量组 $\mathbf{e}_1,\mathbf{e}_2,\cdots,\mathbf{e}_n$ 线性无关，它可以线性表示任一向量 $\boldsymbol{\alpha}$。也就是说，向量组 $\mathbf{e}_1,\mathbf{e}_2,\cdots,\mathbf{e}_n,\boldsymbol{\alpha}$ 线性相关，而且 $\mathbf{e}_1,\mathbf{e}_2,\cdots,\mathbf{e}_n$ 对 $\boldsymbol{\alpha}$ 的表法唯一，从而，我们有下面的命题。

命题 1.3.1 若向量组 $\boldsymbol{\alpha}_1,\boldsymbol{\alpha}_2,\cdots,\boldsymbol{\alpha}_m$ 线性无关，向量组 $\boldsymbol{\beta},\boldsymbol{\alpha}_1,\boldsymbol{\alpha}_2,\cdots,\boldsymbol{\alpha}_m$ 线性相关，则向量 $\boldsymbol{\beta}$ 可由向量组 $\boldsymbol{\alpha}_1,\boldsymbol{\alpha}_2,\cdots,\boldsymbol{\alpha}_m$ 线性表示，且表法唯一。

证明：因为 $\boldsymbol{\beta},\boldsymbol{\alpha}_1,\boldsymbol{\alpha}_2,\cdots,\boldsymbol{\alpha}_m$ 线性相关，那么存在不全为零的数 $k_0,k_1,k_2,\cdots,k_m$，使得

$$k_0\boldsymbol{\beta}+k_1\boldsymbol{\alpha}_1+\cdots+k_m\boldsymbol{\alpha}_m=\mathbf{0}$$

成立。此处 $k_0\neq 0$（补充说明，若 $k_0=0$，则 $k_1\boldsymbol{\alpha}_1+\cdots+k_m\boldsymbol{\alpha}_m=\mathbf{0}$，而 $\boldsymbol{\alpha}_1,\boldsymbol{\alpha}_2,\cdots,\boldsymbol{\alpha}_m$ 线性无关，必有 $k_1=k_2=\cdots=k_m=0$，这与前提假设 $k_0,k_1,k_2,\cdots,k_m$ 不全为零矛盾）。于是 $\boldsymbol{\beta}=-\dfrac{k_1}{k_0}\boldsymbol{\alpha}_1-\dfrac{k_2}{k_0}\boldsymbol{\alpha}_2-\cdots-\dfrac{k_m}{k_0}\boldsymbol{\alpha}_m$，即 $\boldsymbol{\beta}$ 可由向量组线性表示。

假设有两种表示方法，分别为

$$\boldsymbol{\beta}=l_1\boldsymbol{\alpha}_1+l_2\boldsymbol{\alpha}_2+\cdots+l_m\boldsymbol{\alpha}_m$$

以及

$$\boldsymbol{\beta}=k_1\boldsymbol{\alpha}_1+k_2\boldsymbol{\alpha}_2+\cdots+k_m\boldsymbol{\alpha}_m。$$

有

$$\mathbf{0}=(l_1-k_1)\boldsymbol{\alpha}_1+(l_2-k_2)\boldsymbol{\alpha}_2+\cdots+(l_m-k_m)\boldsymbol{\alpha}_m$$

又 $\boldsymbol{\alpha}_1,\boldsymbol{\alpha}_2,\cdots,\boldsymbol{\alpha}_m$ 线性无关，可得 $\forall i=1,\cdots,m$，　$l_i-k_i=0$，即 $l_i=k_i$。

故向量 $\boldsymbol{\beta}$ 可由向量组 $\boldsymbol{\alpha}_1,\boldsymbol{\alpha}_2,\cdots,\boldsymbol{\alpha}_m$ 线性表示，且表法唯一。□

定理 1.3.2 设向量组 $\mathbf{A}$：$\boldsymbol{\alpha}_1,\boldsymbol{\alpha}_2,\cdots,\boldsymbol{\alpha}_m$ 中有一部分向量构成的向量组线性相关，则整个向量组也线性相关。

证明：不妨设向量组 $\mathbf{A}$ 的部分组 $\boldsymbol{\alpha}_1,\boldsymbol{\alpha}_2,\cdots,\boldsymbol{\alpha}_j$ $(j<m)$ 线性相关，于是存在不全为零的数 $k_1,k_2,\cdots,k_j$，使得

$$k_1\boldsymbol{\alpha}_1+k_2\boldsymbol{\alpha}_2+\cdots+k_j\boldsymbol{\alpha}_j=\mathbf{0}。$$

显然，存在 m 个不全为零的数 $k_1,k_2,\cdots,k_j,0,\cdots,0$，使得

$$k_1\cdot\boldsymbol{\alpha}_1+k_2\cdot\boldsymbol{\alpha}_2+\cdots+k_j\cdot\boldsymbol{\alpha}_j+0\cdot\boldsymbol{\alpha}_{j+1}+\cdots+0\cdot\boldsymbol{\alpha}_m=\mathbf{0}$$

成立。所以，向量组 $\boldsymbol{\alpha}_1,\boldsymbol{\alpha}_2,\cdots,\boldsymbol{\alpha}_m$ 线性相关。□

此定理的等价命题为，若 $\boldsymbol{\alpha}_1,\boldsymbol{\alpha}_2,\cdots,\boldsymbol{\alpha}_m$ 线性无关，则其中任一部分向量组也线性无关。但该定理的否命题和逆命题却不一定成立，相关表述及反例由读者自行完成。另外，一个向量组 $\mathbf{A}$：$\boldsymbol{\alpha}_1,\boldsymbol{\alpha}_2,\cdots,\boldsymbol{\alpha}_{\mathbf{m}}$ 中线性无关的向量至多有 m 个。

定理 1.3.3　设向量组 $\mathbf{A}$：$\boldsymbol{\alpha}_1=\begin{pmatrix}a_{11}\\a_{21}\\\vdots\\a_{r1}\end{pmatrix},\cdots,\boldsymbol{\alpha}_j=\begin{pmatrix}a_{1j}\\a_{2j}\\\vdots\\a_{rj}\end{pmatrix},\cdots,\boldsymbol{\alpha}_m=\begin{pmatrix}a_{1m}\\a_{2m}\\\vdots\\a_{rm}\end{pmatrix}$，向量组 $\mathbf{B}$：$\boldsymbol{\beta}_1=\begin{pmatrix}a_{11}\\a_{21}\\\vdots\\a_{r1}\\a_{r+1,1}\end{pmatrix},\cdots,\boldsymbol{\beta}_j=\begin{pmatrix}a_{1j}\\a_{2j}\\\vdots\\a_{rj}\\a_{r+1,j}\end{pmatrix},\cdots,\boldsymbol{\beta}_m=\begin{pmatrix}a_{1m}\\a_{2m}\\\vdots\\a_{rm}\\a_{r+1,m}\end{pmatrix}$，若向量组 $\mathbf{A}$ 线性无关，则向量组 $\mathbf{B}$ 亦线性无关。

证明：因为 $\mathbf{A}$：$\boldsymbol{\alpha}_1,\boldsymbol{\alpha}_2,\cdots,\boldsymbol{\alpha}_m$ 线性无关，那么与之相对应的齐次线性方程组，如下：

$$x_1\boldsymbol{\alpha}_1+x_2\boldsymbol{\alpha}_2+\cdots+x_m\boldsymbol{\alpha}_m=\mathbf{0}$$

即

$$\begin{cases}a_{11}x_1+a_{12}x_2+\cdots+a_{1m}x_m=0\\a_{21}x_1+a_{22}x_2+\cdots+a_{2m}x_m=0\\\qquad\vdots\qquad\qquad\vdots\\a_{r1}x_1+a_{r2}x_2+\cdots+a_{rm}x_m=0\end{cases}\tag{Ⅰ}$$

仅有唯一的零解。

设存在数 $y_1,y_2,\cdots,y_m$，使得 $y_1\boldsymbol{\beta}_1+y_2\boldsymbol{\beta}_2+\cdots+y_m\boldsymbol{\beta}_m=\mathbf{0}$ 成立，将其写为线性方程组的形式，如下：

$$\begin{cases}a_{11}x_1+a_{12}x_2+\cdots+a_{1m}x_m=0\\a_{21}x_1+a_{22}x_2+\cdots+a_{2m}x_m=0\\\qquad\vdots\qquad\qquad\vdots\\a_{r1}x_1+a_{r2}x_2+\cdots+a_{rm}x_m=0\\a_{r+1,1}x_1+a_{r+1,2}x_2+\cdots a_{r+1,m}x_m=0\end{cases}\tag{Ⅱ}$$

不难看出方程组(Ⅰ)与(Ⅱ)前 r 个方程完全一致，且(Ⅰ)仅有唯一的零解，因此齐次线性方程组(Ⅱ)也仅有唯一零解，故向量组 $\mathbf{B}$：$\boldsymbol{\beta}_1,\boldsymbol{\beta}_2,\cdots,\boldsymbol{\beta}_m$ 线性无关。□

此定理的等价命题为，若向量组 $\mathbf{B}$：$\boldsymbol{\beta}_1=\begin{pmatrix}a_{11}\\a_{21}\\\vdots\\a_{r1}\\a_{r+1,1}\end{pmatrix},\cdots,\boldsymbol{\beta}_j=\begin{pmatrix}a_{1j}\\a_{2j}\\\vdots\\a_{rj}\\a_{r+1,j}\end{pmatrix},\cdots,\boldsymbol{\beta}_m=\begin{pmatrix}a_{1m}\\a_{2m}\\\vdots\\a_{rm}\\a_{r+1,m}\end{pmatrix}$线性相关，则向量组 $\mathbf{A}$：$\boldsymbol{\alpha}_1=\begin{pmatrix}a_{11}\\a_{21}\\\vdots\\a_{r1}\end{pmatrix},\cdots,\boldsymbol{\alpha}_j=\begin{pmatrix}a_{1j}\\a_{2j}\\\vdots\\a_{rj}\end{pmatrix},\cdots,\boldsymbol{\alpha}_m=\begin{pmatrix}a_{1m}\\a_{2m}\\\vdots\\a_{rm}\end{pmatrix}$线性相关。同样，定理的逆命题及否命题均不成立，相关表述及反例由读者自行完成。请读者注意定理 1.3.3 与定理 1.3.2 的区别。

例 1.3.7　设向量组 $\boldsymbol{\alpha}_1=\begin{pmatrix}1\\1\\1\end{pmatrix},\boldsymbol{\alpha}_2=\begin{pmatrix}1\\2\\0\end{pmatrix},\boldsymbol{\alpha}_3=\begin{pmatrix}1\\0\\3\end{pmatrix},\boldsymbol{\alpha}_4=\begin{pmatrix}2\\0\\5\end{pmatrix}$。问：(1)$\boldsymbol{\alpha}_1,\boldsymbol{\alpha}_2,\boldsymbol{\alpha}_3$ 是否线性相关？(2)$\boldsymbol{\alpha}_4$ 是否可由 $\boldsymbol{\alpha}_1,\boldsymbol{\alpha}_2,\boldsymbol{\alpha}_3$ 线性表示？如果能表示，求其表示式。

解：设存在数 x_1,x_2,x_3，使得 $x_1\boldsymbol{\alpha}_1+x_2\boldsymbol{\alpha}_2,+x_3\boldsymbol{\alpha}_3=\mathbf{0}$成立，则其对应的齐次线性方程组为

$$\begin{cases}x_1+x_2+x_3=0\\x_1+2x_2=0\\x_1+3x_3=0\end{cases}$$

解得$\begin{cases}x_1=0\\x_2=0\\x_3=0\end{cases}$。所以，$\boldsymbol{\alpha}_1,\boldsymbol{\alpha}_2,\boldsymbol{\alpha}_3$ 线性无关。

假设存在数 y_1,y_2,y_3，使得 $y_1\boldsymbol{\alpha}_1+y_2\boldsymbol{\alpha}_2+y_3\boldsymbol{\alpha}_3=\boldsymbol{\alpha}_4$ 那么对应的非齐次线性方程组为

$$\begin{cases}y_1+y_2+y_3=2\\y_1+2y_2=0\\y_1+3y_3=5\end{cases}$$

解得$\begin{cases}y_1=2\\y_2=-1\\y_3=1\end{cases}$。故 $\boldsymbol{\alpha}_4=2\boldsymbol{\alpha}_1-\boldsymbol{\alpha}_2+\boldsymbol{\alpha}_3$。

定理 1.3.4　若向量组 $\mathbf{A}:\boldsymbol{\alpha}_1,\boldsymbol{\alpha}_2,\cdots,\boldsymbol{\alpha}_m$ 是 m 个 n 维向量构成的向量组，且 $n<m$，则向量组 $\mathbf{A}$ 线性相关。

证明：设存在数 $x_1,x_2,\cdots,x_m$，使得

$$x_1\boldsymbol{\alpha}_1+x_2\boldsymbol{\alpha}_2+\cdots+x_m\boldsymbol{\alpha}_m=\mathbf{0}。\tag{Ⅰ}$$

令 $\boldsymbol{\alpha}_i=\begin{pmatrix}a_{1i}\\a_{2i}\\\vdots\\a_{ni}\end{pmatrix}$，其中 $i=1,\cdots,m$。那么(Ⅰ)式对应的齐次线性方程组为

$$\begin{cases}a_{11}x_1+a_{12}x_2+\cdots+a_{1m}x_m=0\\a_{21}x_1+a_{22}x_2+\cdots+a_{2m}x_m=0\\\qquad\vdots\qquad\qquad\vdots\\a_{n1}x_1+a_{n2}x_2+\cdots+a_{nm}x_m=0\end{cases}\tag{Ⅱ}$$

利用高斯消元法当 $n<m$ 时，我们发现至少可以用方程组(Ⅱ)的 $m-n$ 个未知量表示其余未知量，那么给这 $m-n$ 个未知量赋非零值，即可得到齐次线性方程一组非零解。

换句话说，当 $n<m$ 时，$x_1\boldsymbol{\alpha}_1+x_2\boldsymbol{\alpha}_2+\cdots+x_m\boldsymbol{\alpha}_m=\mathbf{0}$ 存在非零解，因此，向量组 $\mathbf{A}:\boldsymbol{\alpha}_1,\boldsymbol{\alpha}_2,\cdots,\boldsymbol{\alpha}_m$ 线性相关。□

习题 1－3

1. 下列各题中的向量 $\boldsymbol{\beta}$ 能否为其余向量组成的向量组的线性组合？若能，写出一个线性表示式。

(1)$\boldsymbol{\alpha}_1=\begin{pmatrix}1\\2\\2\end{pmatrix},\boldsymbol{\alpha}_2=\begin{pmatrix}0\\6\\3\end{pmatrix},\boldsymbol{\beta}=\begin{pmatrix}2\\-2\\1\end{pmatrix}$；

(2)$\boldsymbol{\alpha}_1=\begin{pmatrix}1\\2\\2\end{pmatrix},\boldsymbol{\alpha}_2=\begin{pmatrix}2\\1\\-2\end{pmatrix},\boldsymbol{\beta}=\begin{pmatrix}2\\-2\\1\end{pmatrix}$；

(3) $\boldsymbol{\alpha}_1=\begin{pmatrix}2\\2\\0\\1\end{pmatrix},\boldsymbol{\alpha}_2=\begin{pmatrix}1\\2\\1\\3\end{pmatrix},\boldsymbol{\alpha}_3=\begin{pmatrix}1\\1\\0\\0\end{pmatrix},\boldsymbol{\alpha}_4=\begin{pmatrix}0\\-1\\1\\1\end{pmatrix},\boldsymbol{\beta}=\begin{pmatrix}0\\0\\0\\1\end{pmatrix}$。

2. 判断下列向量组是线性相关的，还是线性无关的。

(1)$\boldsymbol{\alpha}_1=\begin{pmatrix}0\\1\\2\end{pmatrix},\boldsymbol{\alpha}_2=\begin{pmatrix}-1\\3\\2\end{pmatrix},\boldsymbol{\alpha}_3=\begin{pmatrix}1\\-1\\4\end{pmatrix}$;

(2)$\boldsymbol{\alpha}_1=\begin{pmatrix}1\\-2\\4\\3\end{pmatrix},\boldsymbol{\alpha}_2=\begin{pmatrix}3\\2\\0\\1\end{pmatrix},\boldsymbol{\alpha}_3=\begin{pmatrix}2\\-1\\-2\\0\end{pmatrix},\boldsymbol{\alpha}_4=\begin{pmatrix}-1\\2\\1\\1\end{pmatrix}$;

(3)$\boldsymbol{\alpha}_1=\begin{pmatrix}1\\1\\1\\2\end{pmatrix},\boldsymbol{\alpha}_2=\begin{pmatrix}-1\\1\\2\\1\end{pmatrix},\boldsymbol{\alpha}_3=\begin{pmatrix}4\\2\\0\\3\end{pmatrix}$。

3. 问 λ 取何值时,下列向量组线性相关?

$$\boldsymbol{\alpha}_1=\begin{pmatrix}-1\\-1\\\lambda\end{pmatrix},\boldsymbol{\alpha}_2=\begin{pmatrix}1\\\lambda\\2\end{pmatrix},\boldsymbol{\alpha}_3=\begin{pmatrix}\lambda\\1\\3\end{pmatrix}。$$

4. 设 $\boldsymbol{\beta}$ 可由 $\mathbf{A}:\boldsymbol{\alpha}_1,\cdots,\boldsymbol{\alpha}_m$ 线性表示,但不能由 $\boldsymbol{\alpha}_1,\cdots,\boldsymbol{\alpha}_{m-1}$ 线性表示,证明:$\boldsymbol{\alpha}_m$ 能由 $\boldsymbol{\beta},\boldsymbol{\alpha}_1,\cdots,\boldsymbol{\alpha}_{m-1}$ 线性表示,但不能用 $\boldsymbol{\alpha}_1,\cdots,\boldsymbol{\alpha}_{m-1}$ 线性表示。

5. 举例说明下列论断是错误的:

(1)如果 $\boldsymbol{\alpha}_1,\boldsymbol{\alpha}_2$ 线性相关,$\boldsymbol{\beta}_1,\boldsymbol{\beta}_2$ 线性相关,则 $\boldsymbol{\alpha}_1+\boldsymbol{\beta}_1,\boldsymbol{\alpha}_2+\boldsymbol{\beta}_2$ 线性相关;

(2)如果 $\boldsymbol{\alpha}_m$ 不可由 $\boldsymbol{\alpha}_1,\cdots,\boldsymbol{\alpha}_{m-1}$ 线性表示,则 $\boldsymbol{\alpha}_1,\cdots,\boldsymbol{\alpha}_m$ 线性无关;

(3)如果存在不全为零的数 $k_1,k_2,\cdots,k_n$,使得 $k_1\boldsymbol{\alpha}_1+k_2\boldsymbol{\alpha}_2+\cdots+k_n\boldsymbol{\alpha}_n\neq\mathbf{0}$,则 $\boldsymbol{\alpha}_1,\boldsymbol{\alpha}_2,\cdots,\boldsymbol{\alpha}_n$ 线性无关。

6. 已知 $\boldsymbol{\alpha}_1,\boldsymbol{\alpha}_2,\boldsymbol{\alpha}_3$ 线性无关,若 $\boldsymbol{\alpha}_1+2\boldsymbol{\alpha}_2,2\boldsymbol{\alpha}_2+a\cdot\boldsymbol{\alpha}_3,3\boldsymbol{\alpha}_3+2\boldsymbol{\alpha}_1$ 线性相关,求参数 a 的值。

第四节　最大无关组与向量组的秩

一、向量组的等价

定义 1.4.1　设给定二个向量组 $\mathbf{A}:\boldsymbol{\alpha}_1,\cdots,\boldsymbol{\alpha}_m$ 和 $\mathbf{B}:\boldsymbol{\beta}_1,\cdots,\boldsymbol{\beta}_n$,若对于向量组 $\mathbf{B}$ 中任意一个向量 $\boldsymbol{\beta}_j$ 都可以由向量组 $\mathbf{A}$ 线性表示,即存在实数 $k_{1j},k_{2j},\cdots,k_{mj}$ 使得

$$\boldsymbol{\beta}_j=k_{1j}\boldsymbol{\alpha}_1+k_{2j}\boldsymbol{\alpha}_2+\cdots+k_{mj}\boldsymbol{\alpha}_m$$

成立，其中 $j=1,2,\cdots,n$，则称**向量组 B 可由向量组 A 线性表示**。与此同时，若向量组 A 的每一个向量亦可由向量组 B 线性表示，则称向量组 A 与向量组 B **等价**。

容易验证，向量组的等价具有自反性，对称性和传递性。

设向量组 $\mathbf{B}:\boldsymbol{\beta}_1,\boldsymbol{\beta}_2,\cdots,\boldsymbol{\beta}_l$ 可由向量组 $\mathbf{A}:\boldsymbol{\alpha}_1,\boldsymbol{\alpha}_2,\cdots,\boldsymbol{\alpha}_s$ 线性表示，则存在数 $k_{ij}(i=1,\cdots,s;j=1,\cdots,l)$ 使得

$$\boldsymbol{\beta}_j=k_{1j}\boldsymbol{\alpha}_1+k_{2j}\boldsymbol{\alpha}_2+\cdots+k_{sj}\boldsymbol{\alpha}_s \qquad (j=1,\cdots,l)$$

定理 1.4.1　若向量组 $\mathbf{A}:\boldsymbol{\alpha}_1,\boldsymbol{\alpha}_2,\cdots,\boldsymbol{\alpha}_s$ 可由向量组 $\mathbf{B}:\boldsymbol{\beta}_1,\boldsymbol{\beta}_2,\cdots,\boldsymbol{\beta}_l$ 线性表示，且 $s>l$，则向量组 $\mathbf{A}:\boldsymbol{\alpha}_1,\boldsymbol{\alpha}_2,\cdots,\boldsymbol{\alpha}_s$ 线性相关。

证明：向量组 A 可由向量组 B 线性表示，因此对每一个向量 $\boldsymbol{\alpha}_i(i=1,\cdots,s)$ 都有数 $k_{ji}(j=1,\cdots,l)$，使得 $\boldsymbol{\alpha}_i=k_{1i}\boldsymbol{\beta}_1+k_{2i}\boldsymbol{\beta}_2+\cdots+k_{li}\boldsymbol{\beta}_l$ 成立$(i=1,\cdots,s)$。记 $\mathbf{k}_j=\begin{pmatrix}k_{1i}\\k_{2i}\\\vdots\\k_{li}\end{pmatrix}$，其中 $i=1,\cdots,s$，则 $\mathbf{K}:\mathbf{k}_1,\mathbf{k}_2,\cdots,\mathbf{k}_s$ 构成一个有 s 个 l 维向量的向量组。因为 $s>l$，所以向量组 $\mathbf{K}:\mathbf{k}_1,\mathbf{k}_2,\cdots,\mathbf{k}_s$ 线性相关，根据定理 1.3.4，即 $x_1\mathbf{k}_1+x_2\mathbf{k}_2+\cdots x_s\mathbf{k}_s=\mathbf{0}$(Ⅰ)有非零解。取某个非零解为 $\begin{pmatrix}x_1\\x_2\\\vdots\\x_n\end{pmatrix}=\begin{pmatrix}\lambda_1\\\lambda_2\\\vdots\\\lambda_n\end{pmatrix}$ 满足(Ⅰ)式，用 λ_i 分别乘 $\boldsymbol{\alpha}_i$ 的表示式两边，可得

$$\begin{cases}\lambda_1\boldsymbol{\alpha}_1=\lambda_1k_{11}\boldsymbol{\beta}_1+\lambda_1k_{21}\boldsymbol{\beta}_2+\cdots+\lambda_1k_{l1}\boldsymbol{\beta}_l\\\lambda_2\boldsymbol{\alpha}_2=\lambda_2k_{12}\boldsymbol{\beta}_1+\lambda_2k_{22}\boldsymbol{\beta}_2+\cdots+\lambda_1k_{l2}\boldsymbol{\beta}_l\\\quad\vdots\qquad\quad\vdots\qquad\qquad\vdots\qquad\qquad\qquad\vdots\\\lambda_s\boldsymbol{\alpha}_s=\lambda_sk_{1s}\boldsymbol{\beta}_1+\lambda_sk_{2s}\boldsymbol{\beta}_2+\cdots+\lambda_sk_{ls}\boldsymbol{\beta}_l\end{cases}\qquad(\text{Ⅱ})$$

(Ⅱ)式左边和右边分别相加，则有

$$\lambda_1\boldsymbol{\alpha}_1+\lambda_2\boldsymbol{\alpha}_2+\cdots+\lambda_s\boldsymbol{\alpha}_s=\left(\sum_{i=1}^{s}\lambda_ik_{1i}\right)\boldsymbol{\beta}_1+\left(\sum_{i=1}^{s}\lambda_ik_{2i}\right)\boldsymbol{\beta}_2+\cdots+\left(\sum_{i=1}^{s}\lambda_ik_{li}\right)\boldsymbol{\beta}_l\quad(\text{Ⅲ})$$

不难发现 $\boldsymbol{\beta}_j$ 前的系数表述是(Ⅰ)式对应的第 j 个方程的左侧，由于 $\lambda_1,\cdots,\lambda_s$ 是方程组的解，故 $\sum_{i=1}^{s}\lambda_ik_{ji}=0\quad(j=1,\cdots,l)$。显然有 $\lambda_1\boldsymbol{\alpha}_1+\lambda_2\boldsymbol{\alpha}_2+\cdots+\lambda_s\boldsymbol{\alpha}_s=\mathbf{0}$，且 $\lambda_1,\lambda_2,\cdots,\lambda_s$ 不全为零。

综上所述，向量组 $\mathbf{A}:\boldsymbol{\alpha}_1,\boldsymbol{\alpha}_2,\cdots,\boldsymbol{\alpha}_s$ 线性相关。□

推论 1.4.1　若向量组 $\mathbf{A}:\boldsymbol{\alpha}_1,\boldsymbol{\alpha}_2,\cdots,\boldsymbol{\alpha}_s$ 线性无关，且 A 可由向量组 $\mathbf{B}:\boldsymbol{\beta}_1$，

$\boldsymbol{\beta}_2,\cdots,\boldsymbol{\beta}_l$ 线性表示，则 $s<l$。

推论 1.4.2 若向量组 $\mathbf{A}:\boldsymbol{\alpha}_1,\boldsymbol{\alpha}_2,\cdots,\boldsymbol{\alpha}_s$ 与向量组 $\mathbf{B}:\boldsymbol{\beta}_1,\boldsymbol{\beta}_2,\cdots,\boldsymbol{\beta}_l$ 等价，则 $s=l$。

推论 1.4.3 若向量组 $\mathbf{A}:\boldsymbol{\alpha}_1,\boldsymbol{\alpha}_2,\cdots,\boldsymbol{\alpha}_s$ 中至多有 r 个向量线性无关且 $r<s$，则向量组 $\mathbf{A}$ 中任意 $r+1$ 个向量都线性相关。

二、最大无关组与秩

定义 1.4.2 对于向量组 $\mathbf{A}:\boldsymbol{\alpha}_1,\boldsymbol{\alpha}_2,\cdots,\boldsymbol{\alpha}_s$，若存在 $\mathbf{A}$ 的部分向量组 $\mathbf{A}_0:\boldsymbol{\alpha}_{j_1},\boldsymbol{\alpha}_{j_2},\cdots,\boldsymbol{\alpha}_{j_r}$，并且满足下列两个条件：

(1)向量组 $\mathbf{A}_0:\boldsymbol{\alpha}_{j_1},\boldsymbol{\alpha}_{j_2},\cdots,\boldsymbol{\alpha}_{j_r}$ 线性无关；

(2)向量组 $\mathbf{A}$ 可由向量组 $\mathbf{A}_0$ 线性表示。

则称向量组 $\mathbf{A}_0$ 是向量组 $\mathbf{A}$ 的**最大无关组**。其中 $\mathbf{A}_0$ 所含向量的个数 r 称为向量组 $\mathbf{A}$ 的**秩**，记作 $R(\mathbf{A})=r$。

只含零向量的向量组没有最大无关组，规定它的秩为 0。

说明：

(1)线性无关向量组的最大无关组是其自身；故有，向量组是线性无关的充分必要条件是该向量组的秩为其向量组个数。相应地，向量组是线性相关的充分必要条件是该向量组的秩小于该向量组的向量个数。

显然，向量组的秩天然小于等于所含向量个数，即 $R(\mathbf{A})\leqslant m$。

(2)定义 1.4.2 的等价表述是：

向量组 $\mathbf{A}_0$ 是向量组 $\mathbf{A}$ 的最大无关组，当且仅当，向量组 $\mathbf{A}_0$ 线性无关，且 $\mathbf{A}$ 中任意 $r+1$ 个向量构成的向量组都线性相关。这里，$\mathbf{A}_0$ 是向量组 $\mathbf{A}$ 的部分向量组，且包含 r 个向量。

(3)若向量组 $\mathbf{A}:\boldsymbol{\alpha}_1,\boldsymbol{\alpha}_2,\cdots,\boldsymbol{\alpha}_m$ 中有 r 个线性无关的向量，则 $R(\mathbf{A})\geqslant r$。

(4)向量组 $\mathbf{A}$ 的最大无关组不唯一。

例如，向量组 $\mathbf{A}:\boldsymbol{\alpha}_1=\begin{pmatrix}1\\0\end{pmatrix},\boldsymbol{\alpha}_2=\begin{pmatrix}0\\1\end{pmatrix},\boldsymbol{\alpha}_3=\begin{pmatrix}1\\1\end{pmatrix}$，易知 $\boldsymbol{\alpha}_1,\boldsymbol{\alpha}_2$ 以及 $\boldsymbol{\alpha}_1,\boldsymbol{\alpha}_3$，或者 $\boldsymbol{\alpha}_2,\boldsymbol{\alpha}_3$ 都是向量组 $\mathbf{A}$ 的最大无关组。换句话说，若向量组 $\mathbf{A}$ 的秩为 r，则 $\mathbf{A}$ 中任意 r 个线性无关的部分向量组都是 $\mathbf{A}$ 的最大无关组。

定理 1.4.2 向量组与它的任意一个最大无关组等价。

证明：设向量组 $\mathbf{A}:\boldsymbol{\alpha}_1,\boldsymbol{\alpha}_2,\cdots,\boldsymbol{\alpha}_m$，向量组 $\mathbf{A}_0:\boldsymbol{\alpha}_{j_1},\boldsymbol{\alpha}_{j_2},\cdots,\boldsymbol{\alpha}_{j_r}$ 是 $\mathbf{A}$ 的一个最大无关组。因为 $\mathbf{A}_0$ 是 $\mathbf{A}$ 的部分组，显然 $\mathbf{A}_0$ 中的任意一个向量均可由向量组 $\mathbf{A}$ 线性表示，即向量组 $\mathbf{A}_0$ 可由向量组 $\mathbf{A}$ 线性表示。根据最大无关组的定义条件

(2)可知,向量组 $\mathbf{A}$ 可由向量组 $\mathbf{A}_0$ 线性表示。

综上所述,向量组 $\mathbf{A}$ 与向量组 $\mathbf{A}_0$ 等价。□

推论 1.4.4 一个向量组的最大无关组相互等价。

推论 1.4.5 一个向量组的秩是唯一确定的。

定理 1.4.3 若向量组 $\mathbf{A}:\boldsymbol{\alpha}_1,\boldsymbol{\alpha}_2,\cdots,\boldsymbol{\alpha}_s$ 可由向量组 $\mathbf{B}:\boldsymbol{\beta}_1,\boldsymbol{\beta}_2,\cdots,\boldsymbol{\beta}_l$ 线性表示,则 $R(\mathbf{A})\leqslant R(\mathbf{B})$。

证明:设向量 $\mathbf{A}_0$ 是向量组 $\mathbf{A}$ 的最大无关组,向量组 $\mathbf{B}_0$ 是向量组 $\mathbf{B}$ 的最大无关组,则 $\mathbf{A}_0$ 与 $\mathbf{A}$ 等价,$\mathbf{B}_0$ 与 $\mathbf{B}$ 等价。

那么,向量组 $\mathbf{A}_0$ 可由向量组 $\mathbf{B}_0$ 线性表示,又向量组 $\mathbf{A}_0$ 线性无关,根据推论 1.4.1 和秩的定义可知 $R(\mathbf{A}_0)\leqslant R(\mathbf{B}_0)$。又知 $R(\mathbf{A})=R(\mathbf{A}_0)$,$R(\mathbf{B})=R(\mathbf{B}_0)$,所以 $R(\mathbf{A})\leqslant R(\mathbf{B})$。□

推论 1.4.6 若向量组 $\mathbf{A}:\boldsymbol{\alpha}_1,\boldsymbol{\alpha}_2,\cdots,\boldsymbol{\alpha}_s$ 与向量组 $\mathbf{B}:\boldsymbol{\beta}_1,\boldsymbol{\beta}_2,\cdots,\boldsymbol{\beta}_s$ 等价,则 $R(\mathbf{A})=R(\mathbf{B})$。

注意:推论 1.4.6 的逆命题不成立,即若 $R(\mathbf{A})=R(\mathbf{B})$,不能得出向量组 $\mathbf{A}$ 与向量组 $\mathbf{B}$ 等价。例如 $\mathbf{A}:\boldsymbol{\alpha}_1=\begin{pmatrix}1\\0\end{pmatrix},\boldsymbol{\alpha}_2=\begin{pmatrix}0\\1\end{pmatrix},\mathbf{B}:\boldsymbol{\beta}_1=\begin{pmatrix}1\\0\\0\end{pmatrix},\boldsymbol{\beta}_2=\begin{pmatrix}0\\1\\0\end{pmatrix}$。显然向量组 $\mathbf{A}$ 与向量组 $\mathbf{B}$ 不等价。但若加以"改造",增加一点条件,则可得到等价的结论。

命题 1.4.1 若向量组 $\mathbf{A}:\boldsymbol{\alpha}_1,\boldsymbol{\alpha}_2,\cdots,\boldsymbol{\alpha}_s$ 可由向量组 $\mathbf{B}:\boldsymbol{\beta}_1,\boldsymbol{\beta}_2,\cdots,\boldsymbol{\beta}_l$ 线性表示,且 $R(\mathbf{A})=R(\mathbf{B})$,则向量组 $\mathbf{A}$ 与向量组 $\mathbf{B}$ 等价。

证明:构造向量组 $\mathbf{C}:\boldsymbol{\alpha}_1,\boldsymbol{\alpha}_2,\cdots,\boldsymbol{\alpha}_s,\boldsymbol{\beta}_1,\boldsymbol{\beta}_2\cdots\boldsymbol{\beta}_l$,令 $R(\mathbf{A})=R(\mathbf{B})=r$。因为向量组 $\mathbf{A}$ 可由向量组 $\mathbf{B}$ 线性表示,所以向量组 $\mathbf{C}$ 亦可由向量组 $\mathbf{B}$ 线性表示。

又因为向量组 $\mathbf{B}$ 是向量组 $\mathbf{C}$ 的部分组,故向量组 $\mathbf{B}$ 与向量组 $\mathbf{C}$ 等价,有 $R(\mathbf{C})=r$。

进一步,$R(\mathbf{A})=R(\mathbf{C})=r$,向量组 $\mathbf{A}$ 是向量组 $\mathbf{C}$ 的部分向量组,则向量组 $\mathbf{A}$ 的最大无关组亦是向量组 $\mathbf{C}$ 的最大无关组。那么,向量组 $\mathbf{A}$ 与向量组 $\mathbf{C}$ 等价。

由向量组等价的传递性可知,向量组 $\mathbf{A}$ 与向量组 $\mathbf{B}$ 等价。□

例 1.4.1 向量组 $\boldsymbol{\alpha}_1,\boldsymbol{\alpha}_2,\boldsymbol{\alpha}_3$ 线性相关,向量组 $\boldsymbol{\alpha}_2,\boldsymbol{\alpha}_3,\boldsymbol{\alpha}_4$ 线性无关,求向量组 $\boldsymbol{\alpha}_1,\boldsymbol{\alpha}_2,\boldsymbol{\alpha}_3,\boldsymbol{\alpha}_4$ 的秩,并说明理由。

解:记 $\mathbf{A}:\boldsymbol{\alpha}_1,\boldsymbol{\alpha}_2,\boldsymbol{\alpha}_3,\boldsymbol{\alpha}_4$,因为 $\boldsymbol{\alpha}_2,\boldsymbol{\alpha}_3,\boldsymbol{\alpha}_4$ 线性无关,所以 $R(\mathbf{A})\geqslant 3$。又因为 $\boldsymbol{\alpha}_1,\boldsymbol{\alpha}_2,\boldsymbol{\alpha}_3$ 线性相关,根据定理 1.3.2,可知向量组 $\mathbf{A}:\boldsymbol{\alpha}_1,\boldsymbol{\alpha}_2,\boldsymbol{\alpha}_3,\boldsymbol{\alpha}_4$ 线性相关。故 $R(\mathbf{A})<4$。所以 $R(\mathbf{A})=3$。

例 1.4.2 证明：一个 n 维向量组 $\mathbf{A}:\boldsymbol{\alpha}_1,\boldsymbol{\alpha}_2,\cdots,\boldsymbol{\alpha}_n$ 线性无关的充要条件是任一 n 维向量组都可由向量组 $\mathbf{A}$ 线性表示。

证明："$\Leftarrow$"取 n 维向量组 $\mathbf{E}:\mathbf{e}_1,\mathbf{e}_2,\cdots,\mathbf{e}_n$，其中 $\mathbf{e}_i=\begin{pmatrix}0\\ \vdots\\ 1\\ \vdots\\ 0\end{pmatrix}$，即 $\mathbf{e}_i$ 的第 i 分量为 1，其余分量均为 0。且已知 $\mathbf{E}:\mathbf{e}_1\mathbf{e}_2,\cdots,\mathbf{e}_n$，可由向量组 $\mathbf{A}$ 线性表示，则有 $R(\mathbf{C})\leqslant R(\mathbf{A})$ 。又知，向量组 $\mathbf{E}:\mathbf{e}_1,\mathbf{e}_2,\cdots,\mathbf{e}_n$ 线性无关，则 $R(\mathbf{E})=n$。因此，$n=R(\mathbf{E})\leqslant R(\mathbf{A})\leqslant n$，即 $R(\mathbf{A})=n$，所以向量组 $\mathbf{A}$ 线性无关。

"$\Rightarrow$"已知向量组 $\mathbf{A}$ 线性无关，向量 $\boldsymbol{\beta}$ 为任意 n 维向量。由于向量组的向量个数大于维数时，向量组必然线性相关，那么有 $\boldsymbol{\alpha}_1,\boldsymbol{\alpha}_2,\cdots,\boldsymbol{\alpha}_n,\boldsymbol{\beta}$ 构成的向量组线性相关。又知 $\boldsymbol{\alpha}_1,\boldsymbol{\alpha}_2,\cdots,\boldsymbol{\alpha}_n$ 线性无关，根据命题 1.3.1 可知，$\boldsymbol{\beta}$ 可由 $\boldsymbol{\alpha}_1,\boldsymbol{\alpha}_2,\cdots,\boldsymbol{\alpha}_n$ 线性表示，且表法唯一。又由 $\boldsymbol{\beta}$ 的任意性，我们知道，任意 n 维向量都可由向量组 $\mathbf{A}$ 线性表示。□

对于线性方程组，我们给出如下定义：

定义 1.4.3 设齐次线性方程组

$$\begin{cases}a_{11}x_1+a_{12}x_2+\cdots+a_{1n}x_n=0\\ a_{21}x_1+a_{22}x_2+\cdots+a_{2n}x_n=0\\ \qquad\vdots\qquad\qquad\vdots\\ a_{m1}x_1+a_{m2}x_2+\cdots+a_{mn}x_n=0\end{cases}\tag{I}$$

有非零解，如果它的 l 个非零解向量 $\boldsymbol{\zeta}_1,\boldsymbol{\zeta}_2,\cdots\boldsymbol{\zeta}_l$ 满足：

(1)$\boldsymbol{\zeta}_1,\boldsymbol{\zeta}_2,\cdots\boldsymbol{\zeta}_l$ 线性无关；

(2)该方程组的任一解 $\boldsymbol{\zeta}$ 都可由 $\boldsymbol{\zeta}_1,\boldsymbol{\zeta}_2,\cdots\boldsymbol{\zeta}_l$ 线性表示，即

$$\boldsymbol{\zeta}=k_1\boldsymbol{\zeta}_1+k_2\boldsymbol{\zeta}_2+\cdots+k_l\boldsymbol{\zeta}_l,$$

则称 $\boldsymbol{\zeta}_1,\boldsymbol{\zeta}_2,\cdots\boldsymbol{\zeta}_l$ 是齐次线性方程组(I)的**基础解系**，且当 $k_1,\cdots,k_l$ 是任意常数时，$\boldsymbol{\zeta}=k_1\boldsymbol{\zeta}_1+k_2\boldsymbol{\zeta}_2+\cdots+k_l\boldsymbol{\zeta}_l$ 为方程组的**通解**。

例 1.4.3 解线性方程组 $\begin{cases}2x_1+x_2-x_3=0\\ x_1-x_2+x_3=0\\ x_2-x_3=0\end{cases}$。

解：利用高斯消元法可得，该方程的解为 $\begin{cases}x_1=0\\ x_2=x_3\end{cases}$。令 $x_3=k$，则有 $\begin{cases}x_1=0\\ x_2=k,\\ x_3=k\end{cases}$

k 为任意常数。那么解向量为 $\boldsymbol{\zeta}=k\cdot\begin{pmatrix}0\\1\\1\end{pmatrix}$,即为方程组的通解。

习题 1—4

1. 设向量组 $\mathbf{A}$:$\alpha_1=\begin{pmatrix}2\\1\\3\\1\end{pmatrix}$,$\alpha_2=\begin{pmatrix}1\\2\\0\\1\end{pmatrix}$,$\alpha_3=\begin{pmatrix}-1\\1\\-3\\0\end{pmatrix}$,$\alpha_4=\begin{pmatrix}1\\1\\1\\1\end{pmatrix}$,求该向量组的一个最大无关组,并用该最大无关组线性表示其它向量。

2. 设向量组 $\mathbf{A}$:$\alpha_1=\begin{pmatrix}-2\\1\\1\end{pmatrix}$,$\boldsymbol{\alpha}_2=\begin{pmatrix}1\\-2\\1\end{pmatrix}$,$\boldsymbol{\alpha}_3=\begin{pmatrix}1\\1\\-2\end{pmatrix}$,$\boldsymbol{\alpha}_4=\begin{pmatrix}-2\\a\\2\end{pmatrix}$,且 $R(\mathbf{A})=2$,求参数 a 的取值。

3. 已知 $R(\boldsymbol{\alpha}_1,\boldsymbol{\alpha}_2,\boldsymbol{\alpha}_3)=R(\boldsymbol{\beta}_1,\boldsymbol{\beta}_2,\boldsymbol{\beta}_3)$,其中 $\mathbf{A}$:$\alpha_1=\begin{pmatrix}1\\2\\-3\end{pmatrix}$,$\boldsymbol{\alpha}_2=\begin{pmatrix}3\\0\\1\end{pmatrix}$,$\boldsymbol{\alpha}_3=\begin{pmatrix}3\\2\\-4\end{pmatrix}$,$\boldsymbol{\beta}_1=\begin{pmatrix}1\\0\\-1\end{pmatrix}$,$\boldsymbol{\beta}_2=\begin{pmatrix}a\\1\\2\end{pmatrix}$,$\boldsymbol{\beta}_3=\begin{pmatrix}b\\3\\0\end{pmatrix}$,并且 $\boldsymbol{\beta}_3$ 可由 $\boldsymbol{\alpha}_1,\boldsymbol{\alpha}_2,\boldsymbol{\alpha}_3$ 线性表示,求参数 a,b 的取值范围。

4. 已知向量组 $\boldsymbol{\alpha}_1,\boldsymbol{\alpha}_2,\cdots,\boldsymbol{\alpha}_n$ 的秩为 r,证明:$\boldsymbol{\alpha}_1,\boldsymbol{\alpha}_2,\cdots,\boldsymbol{\alpha}_n$ 中任意 r 个线性无关的向量组都是其一个最大无关组。

5. 已知向量组 $\mathbf{A}$:$\boldsymbol{\alpha}_1,\boldsymbol{\alpha}_2,\cdots,\boldsymbol{\alpha}_n$ 的秩是 r,向量组 $\mathbf{B}$:$\boldsymbol{\beta}_1,\boldsymbol{\beta}_2,\cdots,\boldsymbol{\beta}_m$ 的秩是 t,证明:$R(\boldsymbol{\alpha}_1,\boldsymbol{\alpha}_2,\cdots,\boldsymbol{\alpha}_n,\boldsymbol{\beta}_1,\boldsymbol{\beta}_2,\cdots,\boldsymbol{\beta}_m)\leqslant r+t$。

第五节　线性空间、基与坐标

集合是数学中最基本的概念之一。简单来讲,所谓集合,是指作为整体看的一堆“东西”。组成集合的“东西”称为这个集合的元素。数学概念中的“空间”是指一个赋予了“某种特殊结构”的集合。线性空间侧重研究带有线性运算结构的集合的特性,它是研究客观世界中线性问题的重要理论,即便对于非线性问题,在经过局部化后,也可以运用线性空间的理论,或者利用线性空间的理论研究线性问题的某一侧面。以集合为出发点，线性空间是一类具有"线性结构"的元素集合，这种线性结构是通过两种线性运算"加法"、"数乘"在一定公理体系下给出的。

一、线性空间的定义与基本性质

定义 1.5.1 设 V 是一个非空集合，P 是一个数域。在集合 V 的元素之间定义了一种代数运算，叫做**加法**；这就是说，给出了一个法则，对于 V 中任意两个元素 $\boldsymbol{\alpha}$ 与 $\boldsymbol{\beta}$，在 V 中都有唯一的一个元素 $\boldsymbol{\gamma}$ 与它们对应，称为 $\boldsymbol{\alpha}$ 与 $\boldsymbol{\beta}$ 的和，记为 $\boldsymbol{\gamma}=\boldsymbol{\alpha}+\boldsymbol{\beta}$。在数域 P 与集合 V 的元素之间还定义了一种运算，叫做**数量乘积**；这就是说，对于数域 P 与任一数 k 与 V 中任一元素 $\boldsymbol{\alpha}$，在 V 中都有唯一的一个元素 $\boldsymbol{\delta}$ 与它们对应，称为 k 与 $\boldsymbol{\alpha}$ 的数量乘积，记为 $\boldsymbol{\delta}=k\boldsymbol{\alpha}$。如果加法与数量乘法满足下述规则，那么 V 称为数域 P 上的**线性空间**。满足规则的加法运算与数乘运算一并称为 V 的**线性运算**。

加法满足下面四条规则：

(1)$\boldsymbol{\alpha}+\boldsymbol{\beta}=\boldsymbol{\beta}+\boldsymbol{\alpha}$；

(2)$(\boldsymbol{\alpha}+\boldsymbol{\beta})+\boldsymbol{\gamma}=\boldsymbol{\alpha}+(\boldsymbol{\beta}+\boldsymbol{\gamma})$；

(3)在 V 中有一个元素 $\mathbf{0}$，对于 V 中任一元素 $\boldsymbol{\alpha}$，都有 $\mathbf{0}+\boldsymbol{\alpha}=\boldsymbol{\alpha}+\mathbf{0}=\boldsymbol{\alpha}$，具有这个性质的元素 $\mathbf{0}$ 称为 V 的**零元素**，简称**零元**；

(4)对于 V 中每一个元素 $\boldsymbol{\alpha}$，都有 V 中的元素 $\boldsymbol{\beta}$，使得 $\boldsymbol{\alpha}+\boldsymbol{\beta}=\mathbf{0}$，$\boldsymbol{\beta}$ 称为 $\boldsymbol{\alpha}$ 的**负元素**，简称**负元**；

数量乘法满足下面两条规则：

(5)$1\cdot\boldsymbol{\alpha}=\boldsymbol{\alpha}$；

(6)$k(l\boldsymbol{\alpha})=(kl)\boldsymbol{\alpha}$；

数量乘法与加法满足下面两条规则：

(7)$(k+l)\boldsymbol{\alpha}=k\boldsymbol{\alpha}+l\boldsymbol{\alpha}$；

(8)$k(\boldsymbol{\alpha}+\boldsymbol{\beta})=k\boldsymbol{\alpha}+k\boldsymbol{\beta}$。

在以上规则中，k,l 表示数域 P 中的任意数；$\boldsymbol{\alpha},\boldsymbol{\beta},\boldsymbol{\gamma}$ 表示集合 V 中任意元素，在不引起混淆的情况下，有时线性空间的元素有时也被称作**向量**。

显然，前面我们学习的 n 维向量构成的集合 $\mathbf{R}^n$，对于本章第二节所规定的加法和数乘运算构成线性空间，亦称为**向量空间**。

例 1.5.1 所有次数不超过 2 次的多项式在多项式的加法和数乘运算下构成一个线性空间，记为

$$P[x]_2=\{a_0+a_1x+a_2x^2\,|\,a_i\in\mathbb{R},i=0,1,2\}。$$

例 1.5.2　记 $R[x]_{n-1}$ 为所有次数小于 n 的实多项式构成的集合，即

$$R[x]_{n-1}=\{a_0+a_1x+\cdots+a_{n-1}x^{n-1}\mid a_0,a_1,\cdots,a_{n-1}\in\mathbb{R}\}。$$

那么 $R[x]_{n-1}$ 对多项式的加法和数乘运算是一个线性空间。

但是，所有 n 次实多项式构成的集合

$$P_n=\{a_0+a_1x+\cdots+a_nx^n\mid a_0,a_1,\cdots,a_n\in\mathbb{R},a_n\neq 0\}$$

对多项式的加法和数乘运算不构成线性空间。因为该集合对加法运算不封闭，并且也不满足线性空间定义中运算定律(3)，即集合中没有零元素。

例 1.5.3　常系数二阶齐次线性微分方程的解集合对于函数加法与数与函数的乘法运算构成一个线性空间。

例 1.5.4　闭区间$[a,b]$上所有连续函数的集合在函数加法和数乘运算下构成一个线性空间，记作 $C[a,b]$。

例 1.5.5　V 为所有正实数组成的集合，记作$\mathbb{R}^+$。在$\mathbb{R}^+$中定义加法与数量乘法分别为：$a\oplus b=ab,\forall a,b\in\mathbb{R}^+,k\odot a=a^k,\forall a\in\mathbb{R}^+,k\in\mathbb{R}$。试验证$(\mathbb{R}^+,\oplus,\odot)$是实数域 $\mathbb{R}$ 上的线性空间。

证明：$\forall a,b\in\mathbb{R}^+$，有 $a\oplus b=ab\in\mathbb{R}^+$；$\forall a\in\mathbb{R}^+,k\in\mathbb{R},k\odot a=a^k\in\mathbb{R}^+$，因此$\mathbb{R}^+$对所定义的加法和数量乘法封闭。

(1) $\forall a,b\in\mathbb{R}^+,a\oplus b=ab=ba=b\oplus a$；

(2) $\forall a,b,c\in\mathbb{R}^+,(a\oplus b)\oplus c=(ab)c=a(bc)=a\oplus(b\oplus c)$；

(3) $1\in\mathbb{R},\forall a\in\mathbb{R}^+$，因为 $1\oplus a=1\cdot a=a=a\cdot 1=a\oplus 1$，所以 1 是零元；

(4) $\forall a\in\mathbb{R}^+$，因为$\frac{1}{a}\oplus a=a\oplus\frac{1}{a}=1$，所以$\frac{1}{a}$是 a 的负元；

(5) $\forall a\in\mathbb{R}^+,1\odot a=a^1=a=a\odot 1$；

(6) $\forall a\in\mathbb{R}^+,k,l\in\mathbb{R},(k\cdot l)\odot a=a^{kl}=k\odot a^l=k\odot(l\odot a)$；

(7) $\forall a\in\mathbb{R}^+,k,l\in\mathbb{R},(k+l)\odot a=a^{k+l}=a^k\oplus a^l=(k\odot a)\oplus(l\odot a)$；

(8) $\forall a,b\in\mathbb{R}^+,k\in\mathbb{R}$，

$$k\odot(a\oplus b)=k\odot ab=(ab)^k=a^k\oplus b^k=(k\odot a)\oplus(k\odot b)。$$

综上所述，$(\mathbb{R}^+,\oplus,\odot)$构成实数域$\mathbb{R}$上的线性空间。

例 1.5.6　齐次线性方程组的解集合对向量的加法和数乘运算构成线性空间，称其为解空间。

当然，人们常见的集合也并非都是线性空间，下面我们给出几个非线性空间的实例。

例 1.5.7　所有次数等于 2 的实多项式集合 V，在多项式的加法和数乘运算下不构成线性空间。因为，若令 $f=x^2+x,g=-x^2$，那么 $f+g=x$，说明集合 V 对于加法不封闭，因此 V 不能构成线性空间。

例 1.5.8 常系数二阶非齐次线性微分方程的解集合对于函数加法与数与函数的乘法运算不构成线性空间。

例 1.5.9 非齐次线性方程组的解集合对向量的加法和数乘运算不封闭，因此不能构成线性空间。

定理 1.5.1 设 V 的是数域 P 上的一个线性空间，则

(1)V 中的零元是唯一的；

(2)V 中任意元素的负元是唯一的；

(3)若 $\boldsymbol{\alpha}\in V, k\in P$ 且 $k\boldsymbol{\alpha}=\mathbf{0}$，那么 $k=0$ 或者 $\boldsymbol{\alpha}=\mathbf{0}$；

(4)$0\cdot\boldsymbol{\alpha}=\mathbf{0}$， $k\cdot\mathbf{0}=\mathbf{0}$， $(-1)\boldsymbol{\alpha}=-\boldsymbol{\alpha}$。

证明：(1)设 $\mathbf{0}_1$ 和 $\mathbf{0}_2$ 是线性空间 V 中的两个零元素，当 $\mathbf{0}_1$ 作为零元素时，有 $\mathbf{0}_2=\mathbf{0}_1+\mathbf{0}_2$；当 $\mathbf{0}_2$ 作为零元素时，有 $\mathbf{0}_1=\mathbf{0}_1+\mathbf{0}_2$，显然 $\mathbf{0}_1=\mathbf{0}_2$。换句话说，线性空间中的零元是唯一的。

(2)设任意的 $\boldsymbol{\alpha}\in V$，$\boldsymbol{\alpha}$ 有两个负元，分别为 $\boldsymbol{\beta},\boldsymbol{\gamma}$，有 $\boldsymbol{\alpha}+\boldsymbol{\beta}=\mathbf{0}$，$\boldsymbol{\alpha}+\boldsymbol{\gamma}=\mathbf{0}$。进而可以得到，$\boldsymbol{\beta}=\boldsymbol{\beta}+\mathbf{0}=\boldsymbol{\beta}+(\boldsymbol{\alpha}+\boldsymbol{\gamma})=(\boldsymbol{\beta}+\boldsymbol{\alpha})+\boldsymbol{\gamma}=\mathbf{0}+\boldsymbol{\gamma}=\boldsymbol{\gamma}$。换句话说，线性空间中的负元是唯一的。

(3)若 $k\neq 0$，由 $k\boldsymbol{\alpha}=\mathbf{0}$ 可得，$\mathbf{0}=k^{-1}\cdot(k\boldsymbol{\alpha})=(k^{-1}\cdot k)\boldsymbol{\alpha}=1\cdot\boldsymbol{\alpha}=\boldsymbol{\alpha}$。若 $\boldsymbol{\alpha}\neq\mathbf{0}$，假设 $k\neq 0$，由前面的推导过程可知 $\boldsymbol{\alpha}=\mathbf{0}$，矛盾。因此，$\boldsymbol{\alpha}\neq\mathbf{0}$ 时，必有 $k=0$。

(4)证明略。□

定义 1.5.2 数域 P 上线性空间 V 的一个非空子集合 W 称为 V 的一个**线性子空间**(简称“子空间”)，如果 W 对于 V 的两种运算也够成数域 P 上的线性空间。

定理 1.5.2 如果线性空间 V 的非空子集合 W 对于 V 的两种运算是封闭的，那么 W 就是 V 的一个**子空间**。

例 1.5.10 设 $\boldsymbol{\alpha}_1,\boldsymbol{\alpha}_2,\cdots,\boldsymbol{\alpha}_r$ 是线性空间 $\mathbb{R}^n$ 中一组向量，这组向量所有可能的线性组合构成的集合

$$L(\boldsymbol{\alpha}_1,\boldsymbol{\alpha}_2,\cdots,\boldsymbol{\alpha}_r)=\{k_1\boldsymbol{\alpha}_1+k_2\boldsymbol{\alpha}_2+\cdots+k_r\boldsymbol{\alpha}_r\mid k_i\in\mathbb{R}, i=1,2,\cdots,r\}$$

那么 $L(\boldsymbol{\alpha}_1,\boldsymbol{\alpha}_2,\cdots,\boldsymbol{\alpha}_r)$ 是 $\mathbb{R}^n$ 上的子空间。

例 1.5.11 设 $\boldsymbol{\alpha}_1,\boldsymbol{\alpha}_2,\cdots,\boldsymbol{\alpha}_n$ 是 n 维向量空间 $\mathbb{R}^n$ 中的一个最大无关向量组，那么，$\mathbb{R}^n$ 就是这组向量所有可能的线性组合构成的集合

$$\mathbb{R}^n=\{k_1\boldsymbol{\alpha}_1+k_2\boldsymbol{\alpha}_2+\cdots+k_n\boldsymbol{\alpha}_n\mid k_i\in\mathbb{R}, i=1,2,\cdots,n\}。$$

下面我们介绍线性空间的基。

二、基、维数与坐标

与前面学习 n 维向量组类似，我们在线性空间中同样有线性组合、线性表

示、等价、线性相关/线性无关的概念，进而通过这些基础概念给出线性空间基、坐标和维数的定义。

定义 1.5.3　设 V 是数域 P 上的一个线性空间，$\boldsymbol{\alpha}_1,\boldsymbol{\alpha}_2,\cdots,\boldsymbol{\alpha}_s(s\geqslant 1)$ 是 V 中的一组元素，$k_1,k_2,\cdots,k_s$ 是数域 P 上的一组数，那么元素

$$\boldsymbol{\alpha}=k_1\boldsymbol{\alpha}_1+k_2\boldsymbol{\alpha}_2+\cdots+k_s\boldsymbol{\alpha}_s$$

称为元素组 $\boldsymbol{\alpha}_1,\boldsymbol{\alpha}_2,\cdots,\boldsymbol{\alpha}_s$ 的一个**线性组合**，亦可说元素 $\boldsymbol{\alpha}$ 可由元素组 $\boldsymbol{\alpha}_1,\boldsymbol{\alpha}_2,\cdots,\boldsymbol{\alpha}_s$ 线性表示。

设两个元素组 $\boldsymbol{\alpha}_1,\boldsymbol{\alpha}_2,\cdots,\boldsymbol{\alpha}_s$(Ⅰ)和 $\boldsymbol{\beta}_1,\boldsymbol{\beta}_2,\cdots,\boldsymbol{\beta}_l$(Ⅱ)，若(Ⅰ)中每一个元素都可由(Ⅱ)中元素线性表示，则称(Ⅰ)可由(Ⅱ)线性表示，若与此同时(Ⅱ)中元素也可由(Ⅰ)中元素线性表示，则称(Ⅰ)与(Ⅱ)**等价**。

定义 1.5.4　线性空间 V 中元素组 $\boldsymbol{\alpha}_1,\boldsymbol{\alpha}_2,\cdots,\boldsymbol{\alpha}_r(r\geqslant 1)$ 称为**线性相关**，若存在数域 P 中 r 个不全为零的数 $k_1,k_2,\cdots,k_r$，使得

$$k_1\boldsymbol{\alpha}_1+k_2\boldsymbol{\alpha}_2+\cdots+k_r\boldsymbol{\alpha}_r=\mathbf{0}$$

成立。元素组 $\boldsymbol{\alpha}_1,\boldsymbol{\alpha}_2,\cdots,\boldsymbol{\alpha}_r$ 称为**线性无关**，若对于数域 P 中任意一组不全为零的数 $k_1,k_2,\cdots,k_r$，都有

$$k_1\boldsymbol{\alpha}_1+k_2\boldsymbol{\alpha}_2+\cdots+k_r\boldsymbol{\alpha}_r\neq\mathbf{0}$$

成立。换句话说，向量组 $\boldsymbol{\alpha}_1,\boldsymbol{\alpha}_2,\cdots,\boldsymbol{\alpha}_r$ 线性无关当且仅当 $k_1=k_2=\cdots k_r=0$，$k_1\boldsymbol{\alpha}_1+k_2\boldsymbol{\alpha}_2+\cdots+k_r\boldsymbol{\alpha}_r=\mathbf{0}$ 成立。

以上定义，相信大家一定不陌生，它们几乎是逐字逐句地重复了我们刚刚学习的 n 元数组(向量)的相应概念。不仅如此，在前面小节中，我们对 n 元向量所作的那些论证也可以完全平移搬到数域 P 上的抽象线性空间中，结论类似。我们不在此重复这些论证了，留给读者进行总结。

通过前面的学习，我们知道，m 个 n 维向量构成的向量组的最大无关组以及向量组的秩的概念，下面我们引入。

定义 1.5.5　若线性空间 V 中有 n 个线性无关的元素，任意 $n+1$ 个元素都线性相关，那么 V 就称为 $\boldsymbol{n}$ **维线性空间**；如果在 V 中可以找到任意多个线性无关的元素，那么 V 就称为**无限维线性空间**，记作 $\dim(V)$。

例 1.5.12　本节例 1.5.1，$P[x]_2$ 次数不超过 2 的实系数多项式构成线性空间是 3 维的，它有 3 个线性无关的元素，即 $1,x,x^2$。

例 1.5.13　根据定义 1.4.3 和例 1.5.8，不难看出齐次线性方程组的解空间的维数就是其基础解系的解向量的个数。

定义 1.5.6　在 n 维线性空间 V 中任意 n 个线性无关的元素 $\boldsymbol{\alpha}_1,\boldsymbol{\alpha}_2,\cdots,\boldsymbol{\alpha}_n$，称为 V 的一组**基**，设 $\boldsymbol{\alpha}$ 是 V 中任一元素，于是 $\boldsymbol{\alpha},\boldsymbol{\alpha}_1,\boldsymbol{\alpha}_2,\cdots,\boldsymbol{\alpha}_n$ 线性相关，故

$\boldsymbol{\alpha}$ 可由 $\boldsymbol{\alpha}_1,\boldsymbol{\alpha}_2,\cdots,\boldsymbol{\alpha}_n$ 线性表示。

$$\boldsymbol{\alpha}=k_1\boldsymbol{\alpha}_1+k_2\boldsymbol{\alpha}_2+\cdots+k_n\boldsymbol{\alpha}_n,$$

其中系数 $k_1,k_2,\cdots,k_n$ 是 $\boldsymbol{\alpha}$ 在基 $\boldsymbol{\alpha}_1,\boldsymbol{\alpha}_2,\cdots,\boldsymbol{\alpha}_n$ 下的**坐标**,记作$(k_1,k_2,\cdots,k_n)$。不难证明,这组表示系数是唯一确定的。

定理 1.5.3 若在线性空间 V 中有 n 个线性无关的元素 $\boldsymbol{\alpha}_1,\boldsymbol{\alpha}_2,\cdots,\boldsymbol{\alpha}_n$,并且 V 中任一元素都可由它们线性表示,那么 V 是 n 维的,而 $\boldsymbol{\alpha}_1,\boldsymbol{\alpha}_2,\cdots,\boldsymbol{\alpha}_n$ 构成 V 的一组基。

证明:因为 $\boldsymbol{\alpha}_1,\boldsymbol{\alpha}_2,\cdots,\boldsymbol{\alpha}_n$ 线性无关,故 $\dim(V)\geqslant n$。

设 $\boldsymbol{\beta}_1,\boldsymbol{\beta}_2,\cdots,\boldsymbol{\beta}_{n+1}$ 是 V 中任意 $n+1$ 个元素,显然它们可由 $\boldsymbol{\alpha}_1,\boldsymbol{\alpha}_2,\cdots,\boldsymbol{\alpha}_n$ 线性表示。假设 $\boldsymbol{\beta}_1,\boldsymbol{\beta}_2,\cdots,\boldsymbol{\beta}_{n+1}$ 线性无关,则有 $n+1\leqslant n$,矛盾。即 V 中任意 $n+1$ 个元素都线性相关,因此,$\dim(V)=n$。显然,$\boldsymbol{\alpha}_1,\boldsymbol{\alpha}_2,\cdots,\boldsymbol{\alpha}_n$ 是 V 的一组基。□

与最大无关组类似,n 维线性空间 V 的基也不唯一,而不同的基彼此之间是等价的。

例 1.5.14 在线性空间 $P[x]_n$ 中,$1,x,x^2,\cdots,x^n$ 是 $n+1$ 个线性无关的元素,并且在 $P[x]_n$ 中任意一个次数不超过 n 的多项式均可由它们线性表示,所以线性空间 $P[x]_n$ 是 $n+1$ 维的,$1,x,x^2,\cdots,x^n$ 是它的一组基。在这组基下,任意一个多项式 $f(x)=a_0+a_1x+\cdots+a_nx^n$ 的坐标,就是其系数$(a_0,a_1,\cdots,a_n)$。

若另取一组基 $\boldsymbol{\beta}_0=1,\boldsymbol{\beta}_1=(x-a),\cdots,\boldsymbol{\beta}_n=(x-a)^n$,那么根据泰勒展开公式:

$$f(x)=f(a)+f'(a)(x-a)+\cdots+\frac{f^{n-1}(a)}{(n-1)!}(x-a)^{n-1}+\frac{f^n(a)}{n!}(x-a)^n$$

因此,在这组基下多项式的系数表示为

$$\left[f(a),f'(a),\cdots,\frac{f^{(n-1)}(a)}{(n-1)!},\frac{f^{(n)}(a)}{n!}\right]。$$

例 1.5.15 由所有实系数多项式所成的实线性空间是无限维的,因为对于任意的 n,都有 n 个线性无关的元素 $1,x,x^2,\cdots,x^{n-1}$,仿照上例,请读者自行思考此线性空间与泰勒级数之前的关系。

例 1.5.16 如果复数域 $\mathbb{C}$ 看做是自身上的线性空间,那么它是 1 维的,数 1 就是一组基;如果把它看做是实数域上的线性空间,那么它就是 2 维的,数 1 与 i 就是一组基。由此我们不难看出,了解一个线性空间及其维数,不仅要了解该集合上的线性运算规则,还要了解其运算所关联的数域。

若无特别说明,本书所讨论的都是实数域上的有限维线性空间。

习题 1－5

1. 检验下面的集合对于所指定的线性运算是否构成线性空间。

(1)次数等于 $n(n\geqslant 1)$ 的实系数多项式的全体，对于多项式的加法和数量乘法；

(2)平面上不平行于某一个向量的全部向量所组成的集合，对于向量的加法和数乘运算；

(3)全体实数的二元数列，对于下面定义的运算：

$$(x_1,y_1)\oplus(x_2,y_2)=(x_1+x_2,y_1+y_2+x_1x_2)$$

$$k\circ(x_1,y_1)=\left(kx_1,ky_1+\frac{k(k-1)}{2}x_1^2\right)。$$

2. 判断中下列子集，哪些是 n 维向量空间的子空间，哪些不是。

(1) $\{(a_1,0,\cdots,0,a_n)\mid a_1,a_n\in\mathbb{R}\}$；

(2) $\left\{(a_1,a_2,\cdots,a_n)\mid \sum\limits_{i=1}^{n}a_i=0\right\}$；

(3) $\left\{(a_1,a_2,\cdots,a_n)\mid \sum\limits_{i=1}^{n}a_i=1\right\}$；

(4) $\{(a_1,a_2,\cdots,a_n)\mid a_i\in\mathbb{Z},i=1,2,\cdots,n\}$。

3. 试检验集合 $V=\left\{\begin{pmatrix}x_1\\x_2\\x_3\end{pmatrix}\middle| x_1-x_2+x_3=0\right\}$，对向量的加法和数乘运算是否构成线性空间？若构成，该线性空间的维数是多少？并指出其中一组基。

4. 在 $\mathbb{R}^4$ 中，求由齐次线性方程组

$$\begin{cases}x_1+\ x_2-5x_3+4x_4=0\\x_1-\ x_2+2x_3-3x_4=0\\x_1+2x_2-6x_3+7x_4=0\end{cases}$$

确定的解空间的基和维数。

第六节　线性变换的定义

在数学里，我们最早接触“映射”这一概念时，是指是两个集合的元素之间相互的“对应关系”，例如实数域上的函数。那么，在线性代数中，我们也要研究一下“映射”这个概念，这里主要考虑的是一个线性空间到另一个线性空间的一种特定的映射，称之为线性变换。

定义 1.6.1 设 P 是一个数域，V,W 是 P 上的线性空间，σ 是 V 到 W 的一个映射，如果满足下列条件：

(1) $\forall \boldsymbol{\zeta},\boldsymbol{\eta}\in V,\sigma(\boldsymbol{\zeta}+\boldsymbol{\eta})=\sigma(\boldsymbol{\zeta})+\sigma(\boldsymbol{\eta})$；

(2) $\forall k\in P,\forall \boldsymbol{\zeta}\in V,\sigma(k\boldsymbol{\zeta})=k\sigma(\boldsymbol{\zeta})$

则称 σ 是 V 到 W 的一个**线性映射**。

例 1.6.1 $\forall \boldsymbol{\zeta}=\begin{pmatrix}x_1\\x_2\end{pmatrix}\in \mathbb{R}^2$，定义 $\sigma(\boldsymbol{\zeta})=\begin{pmatrix}x_1\\x_1-x_2\\x_1+x_2\end{pmatrix}\in\mathbb{R}^3$，$\sigma$ 是 $\mathbb{R}^2$ 到 $\mathbb{R}^3$ 的一个映射，证明：σ 是一个线性映射。

证明：(1) $\forall \boldsymbol{\zeta}=\begin{pmatrix}x_1\\x_2\end{pmatrix},\boldsymbol{\eta}=\begin{pmatrix}y_1\\y_2\end{pmatrix}$，有

$$\sigma(\boldsymbol{\zeta}+\boldsymbol{\eta})=\sigma\begin{pmatrix}x_1+y_1\\x_2+y_2\end{pmatrix}=\begin{pmatrix}x_1+y_1\\x_1+y_1-x_2-y_2\\x_1+y_1+x_2+y_2\end{pmatrix}=\begin{pmatrix}x_1+y_1\\(x_1-x_2)+(y_1-y_2)\\(x_1+x_2)+(y_1+y_2)\end{pmatrix}$$

$$=\begin{pmatrix}x_1\\x_1-x_2\\x_1+x_2\end{pmatrix}+\begin{pmatrix}y_1\\y_1-y_2\\y_1+y_2\end{pmatrix}=\sigma(\boldsymbol{\zeta})+\sigma(\boldsymbol{\eta})$$

(2) $\forall k\in\mathbb{R},\boldsymbol{\zeta}=\begin{pmatrix}x_1\\x_2\end{pmatrix}\in\mathbb{R}^2$，有

$$\sigma(k\boldsymbol{\zeta})=\sigma\begin{pmatrix}kx_1\\kx_2\end{pmatrix}=\begin{pmatrix}kx_1\\kx_1-kx_2\\kx_1+kx_2\end{pmatrix}=k\begin{pmatrix}x_1\\x_1-x_2\\x_1+x_2\end{pmatrix}=k\sigma(\boldsymbol{\zeta})$$

因此 σ 是 $\mathbb{R}^2$ 到 $\mathbb{R}^3$ 的一个线性映射。

定义 1.6.2 线性空间 V 到自身的线性映射称为**线性变换**。

例 1.6.2 取定 $\mathbb{R}$ 上一个 n 元数列 $(a_1,a_2,\cdots,a_n)$，对于 $\forall \boldsymbol{\zeta}=\begin{pmatrix}x_1\\x_2\\\vdots\\x_n\end{pmatrix}\in\mathbb{R}^n$，规定 $\sigma(\boldsymbol{\zeta})=\sum\limits_{i=1}^{n}a_ix_i\in\mathbb{R}$。容易验证，$\sigma$ 是 $\mathbb{R}^n$ 到 $\mathbb{R}$ 的一个线性映射，这个映射也被称作是 $\mathbb{R}$ 上一个 n 元线性函数或 $\mathbb{R}^n$ 上一个线性型。

例 1.6.3 对于线性空间 V 的每一个向量 $\boldsymbol{\zeta}$，令 V 的零向量 $\mathbf{0}$ 与之对应，即 $\forall \boldsymbol{\zeta}\in V,\sigma(\boldsymbol{\zeta})=\mathbf{0}$。容易证明 σ 是 V 的一个线性变换，称作**零变换**。

例 1.6.4　对于 $f[x]$的每一个多项式 $f(x)$，令它的导数 $f'(x)$与它对应，即 $\sigma(f(x))=f'(x)$。根据导数的基本运算性质，显然，这样定义的映射是 $f[x]$到自身的一个线性变换。

例 1.6.5　令 $\mathbf{C}[a,b]$是定义在$[a,b]$上一切连续实函数所成的$\mathbb{R}$上的线性空间，对于 $\forall f(x)\in\mathbf{C}[a,b]$，规定

$$\sigma(f(x))=\int_a^x f(t)dt。$$

显然 $\sigma(f(x))$仍是 $\mathbf{C}[a,b]$上一个连续函数。那么，根据积分的基本运算性质，σ 是 $\mathbf{C}[a,b]$到自身的一个线性变换。

设 P 是一个数域，V，W 是 P 上的线性空间，σ 是 V 到 W 的一个线性映射，将 V 在 σ 之下的像，称作 σ 的**像**，记作 $\mathrm{Im}(\sigma)$，即 $\mathrm{Im}(\sigma)=\sigma(V)$。另一方面，$W$ 中的零元集合$\{\mathbf{0}_W\}$在 σ 之下的原像，称作 σ 的**核**，记作 $Ker(\sigma)$，即 $Ker(\sigma)=\{\boldsymbol{\zeta}\in V|\sigma(\boldsymbol{\zeta})=\mathbf{0}_W\}$。

通过线性映射的定义，我们不难推导出下面一些基本性质。以下表述的性质，都是在数域 P 上，σ 为线性空间 V 到 W 上的线性映射。

性质 1.6.1　$\forall k,l\in P$，$\forall \boldsymbol{\zeta},\boldsymbol{\eta}\in V$，则 $\sigma(k\boldsymbol{\zeta}+l\boldsymbol{\eta})=k\sigma(\boldsymbol{\zeta})+l\sigma(\boldsymbol{\eta})$。

性质 1.6.2　$\mathbf{0}_V$ 是 V 的零元素，$\mathbf{0}_W$ 是 W 的零元素，那么 $\sigma(\mathbf{0}_V)=\mathbf{0}_W$，即线性映射将零元映成零元。

性质 1.6.3　$\forall\boldsymbol{\zeta}\in V$，则 $\sigma(-\boldsymbol{\zeta})=-\sigma(\boldsymbol{\zeta})$，即线性映射将负元映射负元。

性质 1.6.4　线性映射保持线性组合与线性关系式不变，即

$$\sigma(k_1\boldsymbol{\zeta}_1+k_2\boldsymbol{\zeta}_2+\cdots+k_n\boldsymbol{\zeta}_n)=k_1\sigma(\boldsymbol{\zeta}_1)+k_2\sigma(\boldsymbol{\zeta}_2)+\cdots k_n\sigma(\boldsymbol{\zeta}_n),$$

对于 $\forall k_1,k_2,\cdots,k_n\in P$，$\forall\boldsymbol{\zeta}_1,\boldsymbol{\zeta}_2,\cdots,\boldsymbol{\zeta}_n\in V$。

也就是说，若在 V 中 $\boldsymbol{\beta}$ 是 $\boldsymbol{\alpha}_1,\boldsymbol{\alpha}_2,\cdots,\boldsymbol{\alpha}_m$ 的线性组合，$\boldsymbol{\beta}=k_1\boldsymbol{\alpha}_1+k_2\boldsymbol{\alpha}_2+\cdots+k_m\boldsymbol{\alpha}_m$，那么经过线性映射之后，$\sigma(\boldsymbol{\beta})$仍是 $\sigma(\boldsymbol{\alpha})$，$\sigma(\boldsymbol{\alpha}_2)$，$\cdots$，$\sigma(\boldsymbol{\alpha}_\mathbf{m})$在 W 中的线性组合并且组合系数不变。

性质 1.6.5　线性映射可以把线性相关的元素组映成线性相关的元素组，但对于线性无关元素组没有前述类似的结论，例如零变换就是这样。

线性变换是最简单的，同时也是最基本的一种变换，正如线性函数是最简单、最基本的函数一样。线性变换是线性代数的一个主要研究对象，在研究有限维向量空间的线性变换时，必须有一种工具帮助我们将其可视化，这样才能方便进一步研究。我们下一章将为读者介绍的矩阵正是研究线性变换可视化的主要工具。

习题 1－6

1. 判断下面所定义的变换，哪些是线性变换，哪些不是。

(1)在线性空间 V 中，$\sigma(\boldsymbol{\zeta})=\boldsymbol{\zeta}+\boldsymbol{\alpha}_0$，其中 $\boldsymbol{\alpha}_0\in V$ 是一个固定的向量；

(2)在 $\mathbb{R}^3$ 中，$\sigma\begin{pmatrix}x_1\\x_2\\x_3\end{pmatrix}=\begin{pmatrix}2x_1-x_2\\x_2+x_3\\x_3\end{pmatrix}$；

(3)在 $\mathbb{R}^3$ 中，$\sigma\begin{pmatrix}x_1\\x_2\\x_3\end{pmatrix}=\begin{pmatrix}2x_1^2\\x_1+x_2\\-x_3^2\end{pmatrix}$；

(4)在 $P[x]$ 中，$\sigma(f(x))=f(x+1)$。

第二章 矩阵

矩阵是数学中一个基本而重要的概念,在很多问题中的一些数量关系若用矩阵描述,不仅具有结构清晰简洁的特点,还使得研究更加便利。矩阵是代数学的一个重要研究对象,是一个按照长方形的结构排列的复数或实数集合,最早来自于方程组的系数及常数所构成的数表结构。这一概念由 19 世纪英国数学家凯利首先提出。

许多理论问题和实际问题都可以用矩阵表示并且运用有关理论得到解决。例如学生各科考试成绩,企业销售产品的数量和单价,超市物品配送路径,投资组合和人口模型等。本章讨论最简单的由数形成的矩形数表——矩阵及其计算。我们还将利用矩阵来求解线性方程组。

不仅如此,矩阵还是进行网路设计、电路分析的强有力的数学工具,也是利用计算机进行数据处理与分析的数学基础,它在经济模型中有着很实际的应用。目前国际认可的最优化科技应用软件——MATLAB 就是以矩阵作为基本的数据结构。矩阵已成为现代科技领域中处理大量有限维空间形式与数量关系的强有力工具。

本章及下一章,我们将一起学习矩阵的基本运算:加法、数量乘法、乘法、转置、可逆矩阵等,还将学习一些特殊矩阵及其运算,例如方阵及行列式、对角矩阵、对称矩阵等,以及矩阵的初等变换。

矩阵作为一个全新的研究对象,请读者在学习的过程中注意到其运算的特殊规律,并熟练掌握。

第一节 矩阵的基本概念

为了使读者对矩阵的概念以及下面要讨论问题的背景有更好的了解,我们首先介绍矩阵概念以及与它相关的应用问题。

一、矩阵概念及应用

定义 2.1.1 数域 P 中 $m\times n$ 个数 a_{ij} 排成的 m 行 n 列的数表，并用圆括弧或方括弧括起来，如下：

$$\begin{pmatrix} a_{11} & a_{12} & \cdots & a_{1n} \\ a_{21} & a_{22} & \cdots & a_{2n} \\ \vdots & \vdots & & \vdots \\ a_{m1} & a_{m2} & \cdots & a_{mn} \end{pmatrix}，或者\begin{bmatrix} a_{11} & a_{12} & \cdots & a_{1n} \\ a_{21} & a_{22} & \cdots & a_{2n} \\ \vdots & \vdots & & \vdots \\ a_{m1} & a_{m2} & \cdots & a_{mn} \end{bmatrix}$$

称为数域 P 上的 m 行 n 列**矩阵**，简称 $m\times n$ 矩阵，通常用大写字母 $\mathbf{A}$ 或 $\mathbf{A}_{m\times n}$ 表示，亦可记作 $\mathbf{A}=(a_{ij})_{m\times n}$ 或 $\mathbf{A}=(a_{ij})(i=1,2,\cdots,m;j=1,2,\cdots,n)$，其中 a_{ij} 称为矩阵 $\mathbf{A}$ 的第 i 行第 j 列**元素**。当 $a_{ij}\in\mathbb{R}$ 时，$\mathbf{A}$ 称为**实矩阵**；当 $a_{ij}\in\mathbb{C}$ 时，$\mathbf{A}$ 称为**复矩阵**。本书若无特别说明时，矩阵均指实矩阵。

例 2.1.1 已知非齐次线性方程组

$$\begin{cases} a_{11}x_1+a_{12}x_2+\cdots+a_{1n}x_n=b_1 \\ a_{21}x_1+a_{22}x_2+\cdots+a_{2n}x_n=b_2 \\ \qquad\cdots\qquad\cdots \\ a_{m1}x_1+a_{m2}x_2+\cdots+a_{mn}x_n=b_m \end{cases}$$

对应的系数按顺序前排成一个矩阵，$\mathbf{A}=\begin{pmatrix} a_{11} & a_{12} & \cdots & a_{1n} \\ a_{21} & a_{22} & \cdots & a_{2n} \\ \vdots & \vdots & & \vdots \\ a_{m1} & a_{m2} & \cdots & a_{mn} \end{pmatrix}$，称 $\mathbf{A}$ 为非齐次线性方程组的**系数矩阵**。

矩阵 $\mathbf{B}_{m\times(n+1)}=\begin{pmatrix} a_{11} & a_{12} & \cdots & a_{1n} & b_1 \\ a_{21} & a_{22} & \cdots & a_{2n} & b_2 \\ \vdots & \vdots & & \vdots & \vdots \\ a_{m1} & a_{m2} & \cdots & a_{mn} & b_m \end{pmatrix}$，称 $\mathbf{B}$ 为非齐次线性方程组的**增广矩阵**。

例 2.1.2 某企业有 m 个生产基地 $A_1,A_2,\cdots,A_m$，它们所生产的产品有 n 个销售地 $B_1,B_2,\cdots,B_n$，那么配送方案可以列成一个矩阵，如下

$$\begin{pmatrix} a_{11} & a_{12} & \cdots & a_{1n} \\ a_{21} & a_{22} & \cdots & a_{2n} \\ \vdots & \vdots & & \vdots \\ a_{m1} & a_{m2} & \cdots & a_{mn} \end{pmatrix}$$

其中 a_{ij} 表示由生产基地 A_i 配送到销售地 B_j 的数量，这里 $i=1,2,\cdots,m;j=1,2,\cdots,n$。

例 2.1.3　已知向量组 **A**：$\boldsymbol{\alpha}_1,\boldsymbol{\alpha}_2,\cdots,\boldsymbol{\alpha}_m$，向量组 **B**：$\boldsymbol{\beta}_1,\boldsymbol{\beta}_2,\cdots,\boldsymbol{\beta}_n$，且向量组 **B** 可由向量组 **A** 线性表示，如下：

$$\begin{aligned}\boldsymbol{\beta}_1&=k_{11}\boldsymbol{\alpha}_1+k_{21}\boldsymbol{\alpha}_2+\cdots+k_{m1}\boldsymbol{\alpha}_m\\ \boldsymbol{\beta}_2&=k_{12}\boldsymbol{\alpha}_1+k_{22}\boldsymbol{\alpha}_2+\cdots+k_{m2}\boldsymbol{\alpha}_m\\ &\vdots\qquad\quad\vdots\qquad\qquad\quad\vdots\\ \boldsymbol{\beta}_n&=k_{1n}\boldsymbol{\alpha}_1+k_{2n}\boldsymbol{\alpha}_2+\cdots+k_{mn}\boldsymbol{\alpha}_m\end{aligned}$$

将上述表示系数按顺序排列，可构成一个矩阵，也称作系数矩阵，如下

$$\mathbf{K}=\begin{pmatrix}k_{11}&k_{12}&\cdots&k_{1n}\\k_{21}&k_{22}&\cdots&k_{2n}\\\vdots&\vdots&&\vdots\\k_{m1}&k_{m2}&\cdots&k_{mn}\end{pmatrix}$$

其中矩阵 **K** 的第 j 列元素是 $\boldsymbol{\beta}_j(j=1,\cdots,n)$ 由 $\boldsymbol{\alpha}_1,\boldsymbol{\alpha}_2,\cdots,\boldsymbol{\alpha}_m$ 线性表示的系数。

例 2.1.4　二次曲线的一般方程为

$$ax_1^2+2bx_1x_2+c^2x_2^2+2dx_1+2ex_2+f=0$$

它的系数可由一个矩阵表示 $\begin{pmatrix}a&b&d\\b&c&e\\d&e&f\end{pmatrix}$，其中每一个元素是 1 至 3 列及 1 至 3 行顺序对应的 x_1,x_2 或 1 的乘积的系数。

二、简单的特殊矩阵

1. 当 $m=1$ 时，$\mathbf{A}_{1\times n}=(a_{11}\quad a_{12}\quad\cdots\quad a_{1n})$ 称为行矩阵，亦可称为**行向量**。

2. 当 $n=1$ 时，$\mathbf{A}_{m\times 1}=\begin{pmatrix}a_{11}\\a_{21}\\\vdots\\a_{m1}\end{pmatrix}$ 称为列矩阵，亦可称为**列向量**。

3. 当 $m=n$ 时，称 $\mathbf{A}_{m\times n}$ 为 n 阶**方阵**，简记为 $\mathbf{A}_n$。

4. 对于方阵 $\mathbf{A}_n$，若元素 $a_{ij}=\begin{cases}1 & i=j\\0 & i\neq j\end{cases}\quad i,j=1,\cdots,n$ 则称 $\mathbf{A}_n$ 为**单位矩阵**，记作 $\mathbf{E}_n$，即 $\mathbf{E}_n=\begin{pmatrix}1&0&\cdots&0\\0&1&\cdots&0\\\vdots&\vdots&&\vdots\\0&0&\cdots&1\end{pmatrix}$。本书如无特别强调时，单位矩形的阶数均

具有“自适应”效果，即根据当时所需自行选择相适应的阶数。

5. 称方阵 $\mathbf{\Lambda}=\begin{pmatrix}\lambda_1 & 0 & \cdots & 0\\ 0 & \lambda_2 & \cdots & 0\\ \vdots & & \ddots & \vdots\\ 0 & 0 & 0 & \lambda_n\end{pmatrix}$ 为**对角矩阵**，简记为 $\mathbf{\Lambda}=diag(\lambda_1,\lambda_2,\cdots,\lambda_n)$。

6. 称方阵 $\mathbf{A}=\begin{pmatrix}a_{11} & a_{12} & \cdots & a_{1n}\\ 0 & a_{22} & \cdots & a_{2n}\\ \vdots & \vdots & & \vdots\\ 0 & 0 & 0 & a_{nn}\end{pmatrix}$ 为**上三角矩阵**，其中元素 $a_{ij}\in\mathbb{R}$；方阵 $\mathbf{B}=\begin{pmatrix}a_{11} & 0 & \cdots & 0\\ a_{21} & a_{22} & \cdots & 0\\ \vdots & \vdots & & \vdots\\ a_{n1} & a_{n2} & \cdots & a_{nn}\end{pmatrix}$ 为**下三角矩阵**，其中元素 $a_{ij}\in\mathbb{R}$。

7. 若矩阵 $\mathbf{A}_{m\times n}$ 中，$a_{ij}=0$，$\forall i=1,2,\cdots m,j=1,2,\cdots,n$，则矩阵 $\mathbf{A}$ 称为**零矩阵**，记作 $\mathbf{0}$，即 $\mathbf{0}=\begin{pmatrix}0 & 0 & \cdots & 0\\ 0 & 0 & \cdots & 0\\ \vdots & \vdots & & \vdots\\ 0 & 0 & \cdots & 0\end{pmatrix}$。为避免赘述，本书在没有特别强调时，零矩形 $\mathbf{0}$ 的行数及列数均具有“自适应”效果，即根据当时需要匹配恰当的行数、列数，但在表述或写法上都是零矩阵成“**0**”。

8. 若矩阵 $\mathbf{A}$、$\mathbf{B}$ 都是 m 行 n 列，则称 $\mathbf{A}$ 与 $\mathbf{B}$ 为**同型矩阵**。

9. 若矩阵 $\mathbf{A}_{m\times n}=(a_{ij})_{m\times n}$ 与 $\mathbf{B}_{m\times n}=(b_{ij})_{m\times n}$ 是同型矩阵，且 $a_{ij}=b_{ij}$，其中 $\forall i=1,2,\cdots m,j=1,2,\cdots,n$，则称为 $\mathbf{A}$ 与 $\mathbf{B}$ **相等**，记作 $\mathbf{A}=\mathbf{B}$。

三、矩阵的初等变换

在第一章第一节预备知识中曾提到高斯消元法，有三种同解变换：

(1)互换两个方程的位置；

(2)用一个非零数乘某个方程的两边；

(3)把一个方程的 k 倍加到另一个方程上。

在进行消元法计算过程中，我们发现实际上完全是对线性方程组系数矩阵(齐次线性方程组)或增广矩阵(非齐次线性方程组)的系数及常数项施加变换。相应地，我们可以得到矩阵的三种初等行变换。

定义 2.1.2　下面三种变换称为矩阵的**初等行变换**：

(1)换法变换：对调矩阵的两行(例如，对调第 i，j 两行，记作 $r_i \leftrightarrow r_j$)。

(2)倍法变换：以非零数 k 乘矩阵的某一行的所有元素(例如，第 i 行乘 k，记作 $r_i \times k$ 或 $k \cdot r_i$)。

(3)消法变换：把某一行所有的元素的 k 倍对应加到该矩阵另一行对应元素上去(例如，第 j 行 k 倍加到第 i 行上，记作 $r_i + kr_j$)。

注：此处的"＋"仅为形式上的记法，在实际运算中表示第 j 行元素不变，而第 i 行元素对应加上第 j 行元素的 k 倍。

把上述定义中的"行"变成"列"，即可得矩阵的初等列变换的定义(所用符号将"r"换为"c")，此处略去，由读者自行完成。

矩阵的初等行变换与初等列变换，统称为**初等变换**。矩阵 $\mathbf{A}$ 施加初等变换后得到矩阵 $\mathbf{B}$，通常 $\mathbf{A}$ 与 $\mathbf{B}$ 同型但并不相等，我们给出如下定义：

定义 2.1.3　如果矩阵 $\mathbf{A}$ 经过有限次初等变换变成矩阵 $\mathbf{B}$，就称矩阵 $\mathbf{A}$ 与矩阵 $\mathbf{B}$ **等价**，记作 $\mathbf{A} \sim \mathbf{B}$. 。在运算过程中，也可记作 $\mathbf{A} \xrightarrow[\text{变换}]{\text{某种种程}} \mathbf{B}$。初等变换不改变矩阵的类型。

随着后续关于矩阵知识的逐渐丰富，读者可以慢慢感受到这种"等价"所带来的深刻含义及便利。

不难验证，矩阵等价具有如下性质：

(1)自反性：$\mathbf{A} \sim \mathbf{A}$；

(2)对称性：若 $\mathbf{A} \sim \mathbf{B}$，则 $\mathbf{B} \sim \mathbf{A}$；

(3)传递性：若 $\mathbf{A} \sim \mathbf{B}$，$\mathbf{B} \sim \mathbf{C}$，则 $\mathbf{A} \sim \mathbf{C}$。

例 2.1.5　对矩阵 $\mathbf{B} = \begin{pmatrix} 2 & -1 & 3 & 1 \\ 4 & 2 & 5 & 4 \\ 2 & 0 & 2 & 6 \end{pmatrix}$ 实施初等行变换。

解：
$$\mathbf{B} = \begin{pmatrix} 2 & -1 & 3 & 1 \\ 4 & 2 & 5 & 4 \\ 2 & 0 & 2 & 6 \end{pmatrix} \xrightarrow[r_3 - r_1]{r_2 - 2r_1} \begin{pmatrix} 2 & -1 & 3 & 1 \\ 0 & 4 & -1 & 2 \\ 0 & 1 & -1 & 5 \end{pmatrix} = \mathbf{B}_1$$

$$\xrightarrow{r_2 \leftrightarrow r_3} \begin{pmatrix} 2 & -1 & 3 & 1 \\ 0 & 1 & -1 & 5 \\ 0 & 4 & -1 & 2 \end{pmatrix} = \mathbf{B}_2 \xrightarrow{r_3 - 4r_2} \begin{pmatrix} 2 & -1 & 3 & 1 \\ 0 & 1 & -1 & 5 \\ 0 & 0 & 3 & -18 \end{pmatrix} = \mathbf{B}_3$$

$$\xrightarrow{r_3 \div 3} \begin{pmatrix} 2 & -1 & 3 & 1 \\ 0 & 1 & -1 & 5 \\ 0 & 0 & 1 & -6 \end{pmatrix} = \mathbf{B}_4 \xrightarrow[r_2 + r_3]{r_1 - 3r_3} \begin{pmatrix} 2 & -1 & 0 & 19 \\ 0 & 1 & 0 & -1 \\ 0 & 0 & 1 & -6 \end{pmatrix} = \mathbf{B}_5$$

$$\xrightarrow{r_1+r_2}\begin{pmatrix}2&0&0&18\\0&1&0&-1\\0&0&1&-6\end{pmatrix}=\mathbf{B}_6\xrightarrow{r_1\div 2}\begin{pmatrix}1&0&0&9\\0&1&0&-1\\0&0&1&-6\end{pmatrix}=\mathbf{B}_7$$

矩阵可经过初等变换化为行阶梯矩阵，**行阶梯矩阵**的特点是：(1)可划出一条阶梯线，线的下方全是零；(2)每个台阶只有一行，台阶数即是非零行数，阶梯线的竖线后面第一个元素为非零元。若经过变换的矩阵满足前述行阶梯矩阵的要求，同时其非零行的第一个非零元为1，且这些非零元所在的列的其他元素都为零，则称此矩阵为**行最简形矩阵**。

例 2.1.6 如例 2.1.5 的各矩阵中，$\mathbf{B}$，$\mathbf{B}_1$，$\mathbf{B}_2$ 不是行阶梯矩阵，$\mathbf{B}_3$，$\mathbf{B}_4$，$\mathbf{B}_5$，$\mathbf{B}_6$ 都是行阶梯矩阵，但只有 $\mathbf{B}_7$ 是行最简形矩阵，显然这些矩阵都是等价的。

矩阵的三种初等变换都是可逆的，即矩阵 $\mathbf{A}$ 经过初等变换变成矩阵 $\mathbf{B}$，那么矩阵 $\mathbf{B}$ 也一定可以通过某些初等变换再变成矩阵 $\mathbf{A}$，而且这些变换都是同类型的初等变换，有如下结论：

(1)若 $\mathbf{A}\xrightarrow{r_i\leftrightarrow r_j}\mathbf{B}$，则 $\mathbf{B}\xrightarrow{r_i\leftrightarrow r_j}\mathbf{A}$；

(2)若 $\mathbf{A}\xrightarrow{kr_i}\mathbf{B}$，则 $\mathbf{B}\xrightarrow{kr_i}\mathbf{A}$；

(3)若 $\mathbf{A}\xrightarrow{r_i+kr_j}\mathbf{B}$，则 $\mathbf{B}\xrightarrow{r_i+kr_j}\mathbf{A}$。

更进一步，行最简形矩阵再经过初等列变换，可化成**标准形**。其结构特点为，矩阵左上角是一个单位矩阵，其余元素全为零。如例 2.1.5 中的 $\mathbf{B}_7$，做初等列变换，有

$$\mathbf{B}_7=\begin{pmatrix}1&0&0&9\\0&1&0&-1\\0&0&1&-6\end{pmatrix}\xrightarrow[c_4+6c_2]{\substack{c_4-9c_1\\c_4+c_2}}\begin{pmatrix}1&0&0&0\\0&1&0&0\\0&0&1&0\end{pmatrix}=\mathbf{F}$$

那么，矩阵 $\mathbf{F}$ 称为矩阵 $\mathbf{B}$ 的标准形。

对于一个一般的矩阵而言，经过初等行变换可以化为行阶梯矩阵，进而化为行最简形矩阵，再经过初等列变换化为标准形。其中，行阶梯矩阵和行最简形矩阵均不唯一，但标准形是唯一的，矩阵的初等变换是矩阵中重要的变换手段，有着极其广泛的应用，后续的学习中我们将进一步探讨。

习题 2—1

1. 将矩阵 $\mathbf{A}=\begin{pmatrix}3 & -5 & 1 & 1 & 0 & 0\\7 & 0 & 4 & 0 & 1 & 0\\1 & -2 & 9 & 0 & 0 & 1\end{pmatrix}$化成行最简形矩阵。

2. 将矩阵 $\mathbf{A}=\begin{pmatrix}1 & 0 & 1 & 0 & 0\\1 & 1 & 0 & 0 & 0\\0 & 1 & 1 & 0 & 0\\0 & 0 & 1 & 1 & 0\\0 & 1 & 0 & 1 & 1\end{pmatrix}$化成行阶梯形矩阵。

3. 将矩阵 $\mathbf{A}=\begin{pmatrix}1 & 1 & 2 & 2 & 3\\2 & 2 & 0 & 3 & 4\\1 & 0 & 3 & 1 & 5\\2 & 3 & 3 & 5 & 4\end{pmatrix}$化成标准型矩阵。

第二节　矩阵的基本运算

矩阵不仅是研究线性方程组的重要工具，而且也是研究很多实际问题都要使用的重要数学工具。这一节我们重点关注这个新“工具”的基本运算——线性运算、乘法、幂和转置运算。

一、线性运算

1. 矩阵的加法运算。

定义 2.2.1　设矩阵 $\mathbf{A}=(a_{ij})_{m\times n}$，$\mathbf{B}=(b_{ij})_{m\times n}$，则 $\mathbf{A}$ 与 $\mathbf{B}$ 的和为

$$\mathbf{A}+\mathbf{B}=(a_{ij}+b_{ij})_{m\times n}=\begin{pmatrix}a_{11}+b_{11} & a_{12}+b_{12} & \cdots & a_{1n}+b_{1n}\\a_{21}+b_{21} & a_{22}+b_{22} & \cdots & a_{2n}+b_{2n}\\\vdots & \vdots & & \vdots\\a_{m1}+b_{m1} & a_{m2}+b_{m2} & \cdots & a_{mn}+b_{mn}\end{pmatrix}$$

注意：只有同型矩阵才可以进行加法运算。根据定义，不难验证矩阵的加法运算满足下列运算规律：

(1)交换律：$\mathbf{A}+\mathbf{B}=\mathbf{B}+\mathbf{A}$；

(2)结合律：$(\mathbf{A}+\mathbf{B})+\mathbf{C}=\mathbf{A}+(\mathbf{B}+\mathbf{C})$；

(3)零矩阵(零元)：$\mathbf{A}+\mathbf{0}=\mathbf{0}+\mathbf{A}=\mathbf{A}$；

(4)负矩阵(负元):已知矩阵 $\mathbf{A}=(a_{ij})_{m\times n}$,记 $(-\mathbf{A})=(-a_{ij})_{m\times n}$,即矩阵 $\mathbf{A}$ 中每一个元素求其负数,显然有 $\mathbf{A}+(-\mathbf{A})=(-\mathbf{A})+\mathbf{A}=\mathbf{0}$。

由此可推出减法运算:$\mathbf{A}-\mathbf{B}=\mathbf{A}+(-\mathbf{B})$。

例 2.2.1 已知矩阵 $\mathbf{A}=\begin{pmatrix}1&3&5\\2&4&6\end{pmatrix}$,$\mathbf{B}=\begin{pmatrix}1&-2&-4\\1&3&1\end{pmatrix}$那么 $\mathbf{A}+\mathbf{B}=\begin{pmatrix}2&1&1\\3&7&7\end{pmatrix}$。

例 2.2.2 已知矩阵 $\mathbf{A}=\begin{pmatrix}1&x\\0&-1\end{pmatrix}$,$\mathbf{B}=\begin{pmatrix}2&1\\3&y\end{pmatrix}$,$\mathbf{C}=\begin{pmatrix}3&7\\3&4\end{pmatrix}$,且 $\mathbf{C}=\mathbf{A}+\mathbf{B}$,求 x,y。

解:由于 $\mathbf{A}+\mathbf{B}=\mathbf{C}$,即$\begin{pmatrix}1&x\\0&-1\end{pmatrix}+\begin{pmatrix}2&1\\3&y\end{pmatrix}=\begin{pmatrix}3&7\\3&4\end{pmatrix}$,所以$\begin{pmatrix}3&x+1\\3&y-1\end{pmatrix}=\begin{pmatrix}3&7\\3&4\end{pmatrix}$,即 $\begin{cases}x+1=7\\y-1=4\end{cases}$,得$\begin{cases}x=6\\y=5\end{cases}$。

2. 矩阵的数乘运算。

定义 2.2.2 设任意 $k\in P$,P 为某一数域,$\mathbf{A}=(a_{ij})_{m\times n}$,那么数 k 与矩阵 $\mathbf{A}_{m\times n}$ 的乘积,记作 $k\cdot\mathbf{A}$ 或者 $k\mathbf{A}$,规定

$$k\cdot\mathbf{A}=\begin{pmatrix}ka_{11}&ka_{12}&\cdots&ka_{1n}\\ka_{21}&ka_{22}&\cdots&ka_{2n}\\\vdots&\vdots&&\vdots\\ka_{m1}&ka_{m2}&\cdots&ka_{mn}\end{pmatrix}$$

即数 k 与矩阵 $A_{m\times n}$ 的每一个元素相乘,称此矩阵为 k 与 $\mathbf{A}$ 的**数乘**。

设 $\mathbf{A}$,$\mathbf{B}$ 均为 $m\times n$ 矩阵,k,l 为数域 P 中的任意数,由数乘运算的定义,我们容易验证数乘运算满足下列运算规律:

(5)$1\cdot\mathbf{A}=\mathbf{A}$

(6)$(kl)\cdot\mathbf{A}=k(l\cdot\mathbf{A})$

(7)$(k+l)\cdot\mathbf{A}=k\cdot\mathbf{A}+l\cdot\mathbf{A}$

(8)$k\cdot(\mathbf{A}+\mathbf{B})=k\cdot\mathbf{A}+k\cdot\mathbf{B}$

由此,我们可以看出,若将数域 P 上的全体 $m\times n$ 矩阵组成集合 V,该集合对于上述矩阵加法和数乘运算可以构成一个线性空间,记作 $P^{m\times n}$。

例 2.2.3 设矩阵 $\mathbf{A}=\begin{pmatrix}1&0\\2&3\\-1&2\end{pmatrix}$,$\mathbf{B}=\begin{pmatrix}-2&1\\1&1\\3&0\end{pmatrix}$,求 $2\mathbf{A}-3\mathbf{B}$。

解：易知 $2\mathbf{A}=\begin{pmatrix}2&0\\4&6\\-2&4\end{pmatrix}$，$3\mathbf{B}=\begin{pmatrix}-6&3\\3&3\\9&0\end{pmatrix}$，故 $2\mathbf{A}-3\mathbf{B}=\begin{pmatrix}8&-3\\1&3\\-11&4\end{pmatrix}$。

二、矩阵的乘法运算

我们通过向量组的表示及其传递性作为引例，进而学习矩阵的乘法运算规则。

设向量组 $\mathbf{A}$：$\boldsymbol{\alpha}_1,\boldsymbol{\alpha}_2,\cdots,\boldsymbol{\alpha}_m$，向量组 $\mathbf{B}$：$\boldsymbol{\beta}_1,\boldsymbol{\beta}_2,\cdots,\boldsymbol{\beta}_n$，以及向量组 $\mathbf{C}$：$\boldsymbol{\gamma}_1,\boldsymbol{\gamma}_2,\cdots,\boldsymbol{\gamma}_t$，并且向量组 $\mathbf{B}$ 可由向量组 $\mathbf{A}$ 线性表示，而向量组 $\mathbf{C}$ 可由向量组 $\mathbf{B}$ 线性表示，那么根据向量组线性表示的传递性可知，向量组 $\mathbf{C}$ 可由向量组 $\mathbf{A}$ 线性表示。那么接下来的问题就是，向量组 $\mathbf{C}$ 如何用向量组 $\mathbf{A}$ 线性表示呢？表示系数应该如何表达？

因向量组 $\mathbf{B}$ 可由向量组 $\mathbf{A}$ 线性表示，则有

$$\begin{cases}\boldsymbol{\beta}_1=k_{11}\boldsymbol{\alpha}_1+k_{21}\boldsymbol{\alpha}_2+\cdots+k_{m1}\boldsymbol{\alpha}_m\\ \boldsymbol{\beta}_2=k_{12}\boldsymbol{\alpha}_1+k_{22}\boldsymbol{\alpha}_2+\cdots+k_{m2}\boldsymbol{\alpha}_m\\ \qquad\vdots\qquad\quad\vdots\qquad\qquad\quad\vdots\\ \boldsymbol{\beta}_n=k_{1n}\boldsymbol{\alpha}_1+k_{2n}\boldsymbol{\alpha}_2+\cdots+k_{mn}\boldsymbol{\alpha}_m\end{cases}\tag{Ⅰ}$$

系数矩阵 $\mathbf{K}=\begin{pmatrix}k_{11}&k_{12}&\cdots&k_{1n}\\k_{21}&k_{22}&\cdots&k_{2n}\\\vdots&\vdots&&\vdots\\k_{m1}&k_{m2}&\cdots&k_{mn}\end{pmatrix}_{m\times n}$；又向量组 $\mathbf{C}$ 可由向量组 $\mathbf{B}$ 线性表示，则有

$$\begin{cases}\boldsymbol{\gamma}_1=l_{11}\boldsymbol{\beta}_1+l_{21}\boldsymbol{\beta}_2+\cdots l_{n1}\boldsymbol{\beta}_n\\ \boldsymbol{\gamma}_2=l_{12}\boldsymbol{\beta}_1+l_{22}\boldsymbol{\beta}_2+\cdots l_{n2}\boldsymbol{\beta}_n\\ \qquad\vdots\qquad\quad\vdots\qquad\quad\vdots\\ \boldsymbol{\gamma}_t=l_{1t}\boldsymbol{\beta}_1+l_{2t}\boldsymbol{\beta}_2+\cdots l_{nt}\boldsymbol{\beta}_n\end{cases}\tag{Ⅱ}$$

系数矩阵 $\mathbf{L}=\begin{pmatrix}l_{11}&l_{12}&\cdots&l_{1t}\\l_{21}&l_{22}&\cdots&l_{2t}\\\vdots&\vdots&&\vdots\\l_{n1}&l_{n2}&\cdots&l_{nt}\end{pmatrix}_{n\times t}$。

用最朴素的代入法，将(Ⅰ)式分别代入(Ⅱ)式并观察、整理，即可得向量组 $\mathbf{A}$ 表示向量组 $\mathbf{C}$ 的每一个向量的表示系数。我们可以看到 $\boldsymbol{\gamma}_i$ 由 $\boldsymbol{\alpha}_1,\boldsymbol{\alpha}_2,\cdots,\boldsymbol{\alpha}_m$ 线性表示时，$\boldsymbol{\alpha}_j$ 的表示系数 q_{ij} 可表示为

$$q_{ij}=k_{i1}l_{1j}+k_{i2}l_{2j}+\cdots+k_{in}l_{nj}=\sum_{p=1}^{n}k_{ip}l_{pj}$$

即 q_{ij} 恰好是 $\mathbf{K}_{m\times n}$ 的第 i 行元素与 $\mathbf{L}_{n\times t}$ 的第 j 列对应元素乘积之和。从而，我们给出矩阵与矩阵相乘的运算规则。

定义 2.2.3 设 $\mathbf{A}$ 是 $m\times t$ 矩阵，$\mathbf{B}$ 是 $t\times n$ 矩阵，那么矩阵 $\mathbf{A}$ 与 $\mathbf{B}$ 的**乘积**是一个 $m\times n$ 矩阵 $\mathbf{C}=(c_{ij})_{m\times n}$，其中 c_{ij} 是 $\mathbf{A}$ 的第 i 行与 $\mathbf{B}$ 的第 j 列对应元素乘积之和，具体表达如下

$$c_{ij}=a_{i1}b_{1j}+a_{i2}b_{2j}+\cdots+a_{it}b_{tj}=\sum_{k=1}^{t}a_{ik}b_{kj},\quad i=1,2,\cdots,m;j=1,2,\cdots,n$$

并把此乘积矩阵记作 $\mathbf{C}=\mathbf{A}\cdot\mathbf{B}$。

对于矩阵的乘法运算，我们注意到，基于此规则有一些与一般数字乘法不同的特殊性。

1. 只有当第一个矩阵(左矩阵)的列数等于第二个矩阵的(右矩阵)的行数时，乘积 $\mathbf{A}\cdot\mathbf{B}$ 才有意义；乘积 $\mathbf{A}\cdot\mathbf{B}$ 的行数等于第一个矩阵 $\mathbf{A}$ 的行数，其列数等于第二个矩阵 $\mathbf{B}$ 的列数。

2. 矩阵的乘法一般不满足交换律。

例 2.2.4 已知矩阵 $\mathbf{A}=\begin{pmatrix}2 & -1\\ -2 & 1\end{pmatrix}$ 和矩阵 $\mathbf{B}=\begin{pmatrix}\frac{1}{2} & 1\\ 1 & 2\end{pmatrix}$，不难验证 $\mathbf{A}\cdot\mathbf{B}=\begin{pmatrix}0 & 0\\ 0 & 0\end{pmatrix}$，并且 $\mathbf{B}\cdot\mathbf{A}=\begin{pmatrix}-1 & \frac{1}{2}\\ -2 & 1\end{pmatrix}$。

进一步来讲，这也使得以前我们所学习的一些关于乘法运算的结论在矩阵乘法中不一定成立。例如，完全平方公式、平方差公式等。当然在特殊情况下，如乘法交换律成立的时候，这些公式也是成立的。例 2.2.4 不仅说明矩阵乘法不满足交换律，还让我们看到了，两个非零矩阵的乘积可以是零矩阵，即 $\mathbf{AB}=\mathbf{0}$ 时，不能推出 $\mathbf{A}=\mathbf{0}$或 $\mathbf{B}=\mathbf{0}$，这一点也是矩阵乘法规则带来的特性。

3. 矩阵的乘法不满足消去律，即 $\mathbf{AB}=\mathbf{AC}$，且 $\mathbf{A}\neq\mathbf{0}$，但推不出 $\mathbf{B}=\mathbf{C}$。例如，$\mathbf{A}=\begin{pmatrix}1 & 0\\ 0 & 0\end{pmatrix}$， $\mathbf{B}=\mathbf{0}$， $\mathbf{C}=\begin{pmatrix}0 & 0\\ 1 & 0\end{pmatrix}$，显然 $\mathbf{AB}=\mathbf{AC}$， 但 $\mathbf{B}\neq\mathbf{C}$。

4. 矩阵的幂运算。根据矩阵乘法的运算规则，若 $\mathbf{A}$ 是 $m\times n$ 矩阵，那么欲将 $\mathbf{A}_{m\times n}$ 与 $\mathbf{A}_{m\times n}$ 相乘，必要条件是 $m=n$，即 $\mathbf{A}$ 为 n 阶方阵。所以只有方阵才可以进行幂运算，即 $\mathbf{A}^m=\underbrace{\mathbf{A}\cdot\mathbf{A}\cdots\mathbf{A}}_{m个}$。

有了幂运算以及矩阵的线性运算，我们就可以类比地给出矩阵多项式的概念，即设 $f(x)=a_m x^m+a_{m-1}x^{m-1}+\cdots+a_1 x+a_0(a_m\neq 0)$ 为 m 次多项式，$\mathbf{A}$ 为 n 阶方阵，那么称 $f(\mathbf{A})=a_m\mathbf{A}^m+a_{m-1}\mathbf{A}^{m-1}+\cdots+a_1\mathbf{A}+a_0\mathbf{E}(a_m\neq 0)$ 为方阵 $\mathbf{A}$ 的 m 次多项式，其中 $\mathbf{E}$ 为 n 阶单位矩阵，且 $f(\mathbf{A})$ 也是一个 n 阶方阵。

进一步，若 $\mathbf{A}$ 为 n 阶方阵，则有 $(\mathbf{A}^k)^l=\mathbf{A}^{kl}$，$(\mathbf{A}^k)\cdot(\mathbf{A}^l)=\mathbf{A}^{k+l}$，其中 l、k 为正整数。但由于矩阵乘法一般不满足交换律，所以即便 $\mathbf{A}$,$\mathbf{B}$ 均为方阵，$(\mathbf{A}\cdot\mathbf{B})^k\neq\mathbf{A}^k\cdot\mathbf{B}^k$。但是，对于乘法满足交换律的方阵，即 $\mathbf{A}\cdot\mathbf{B}=\mathbf{B}\cdot\mathbf{A}$，有幂运算：

(1) $(\mathbf{A}\cdot\mathbf{B})^k=\mathbf{A}^k\cdot\mathbf{B}^k$

(2)矩阵的二项展开式：$(\mathbf{A}+\mathbf{B})^n=\sum\limits_{i=0}^{n}C_n^i\mathbf{A}^i\mathbf{B}^{n-i}$。

这些结论的证明请读者自行完成。例如，$\mathbf{A}$ 是 n 阶方阵，$\mathbf{E}$ 是 n 阶单位矩阵，显然 $\mathbf{A}\cdot\mathbf{E}=\mathbf{E}\cdot\mathbf{A}=\mathbf{A}$，有 $(\mathbf{A}+\mathbf{E})^n=\sum\limits_{i=0}^{n}C_n^i\mathbf{A}^i\mathbf{E}^{n-i}=\sum\limits_{i=0}^{n}C_n^i\mathbf{A}^i$。

5. 矩阵的乘法虽然不满足交换律，但仍然满足如下一些基本运算规律：

(1)结合律：若 $\mathbf{A}$ 为 $m\times n$ 矩阵，$\mathbf{B}$ 为 $n\times t$ 矩阵，$\mathbf{C}$ 为 $t\times s$ 矩阵，$(\mathbf{A}_{m\times n}\cdot\mathbf{B}_{n\times t})\cdot\mathbf{C}_{t\times s}=\mathbf{A}_{m\times n}\cdot(\mathbf{B}_{n\times t}\cdot\mathbf{C}_{t\times s})$；

(2)数乘与乘法的结合律：若 $\mathbf{A}$ 为 $m\times n$ 矩阵，$\mathbf{B}$、$\mathbf{C}$ 均为 $n\times s$ 矩阵，则有 $(k\mathbf{A}_{m\times n})\cdot\mathbf{B}_{n\times t}=k\cdot(\mathbf{A}_{m\times n}\cdot\mathbf{B}_{n\times t})$；

(3)分配律：若 $\mathbf{A}$ 为 $m\times n$ 矩阵，$\mathbf{B}$、$\mathbf{C}$ 均为 $n\times s$ 矩阵，则有

$$\mathbf{A}\cdot(\mathbf{B}+\mathbf{C})=\mathbf{A}\cdot\mathbf{B}+\mathbf{A}\cdot\mathbf{C};\quad(\mathbf{B}+\mathbf{C})\cdot\mathbf{A}=\mathbf{B}\cdot\mathbf{A}+\mathbf{C}\cdot\mathbf{A}。$$

接下来，我们将用一系列的实用算例展示矩阵乘法的神奇魅力，尽管它不满足交换律，但在运算及表达上具有自己独特的优势，请读者细细体会。

例 2.2.5　已知非齐次线性方程组

$$\begin{cases}a_{11}x_1+a_{12}x_2+\cdots+a_{1n}x_n=b_1\\a_{21}x_1+a_{22}x_2+\cdots+a_{2n}x_n=b_2\\\cdots\qquad\cdots\qquad\cdots\\a_{m1}x_1+a_{m2}x_2+\cdots+a_{mn}x_n=b_m\end{cases}\tag{Ⅰ}$$

令系数矩阵 $\mathbf{A}=\begin{pmatrix}a_{11}&a_{12}&\cdots&a_{1n}\\a_{21}&a_{22}&\cdots&a_{2n}\\\vdots&\vdots&&\vdots\\a_{m1}&a_{m2}&\cdots&a_{mn}\end{pmatrix}$，$\mathbf{x}=\begin{pmatrix}x_1\\x_2\\\vdots\\x_n\end{pmatrix}$，$\mathbf{b}=\begin{pmatrix}b_1\\b_2\\\vdots\\b_m\end{pmatrix}$，根据矩阵乘法运算的规则，方程组(Ⅰ)可写成 $\mathbf{Ax}=\mathbf{b}$。即刻展示出矩阵符号及运算的简洁优势。显然，一个线性方程组与它的这种极简表达形式是一一对应的。若 $\mathbf{b}\neq\mathbf{0}$，

$\mathbf{Ax}=\mathbf{b}$ 表示一个非齐次线性方程组；若 $\mathbf{b}=\mathbf{0}$，$\mathbf{Ax}=\mathbf{0}$ 表示一个齐次线性方程组。

例 2.2.6 令 $\mathbf{A}$ 是实数域 $\mathbb{R}$ 上的一个 $m\times n$ 矩阵，对于 n 元向量空间 $\mathbb{R}^n$ 的每一个向量 $\boldsymbol{\zeta}=\begin{pmatrix}x_1\\x_2\\\vdots\\x_n\end{pmatrix}$，规定 $\sigma(\boldsymbol{\zeta})=\mathbf{A}\boldsymbol{\zeta}$。$\sigma(\boldsymbol{\zeta})$ 是一个 $m\times 1$ 矩阵，即向量空间 $\mathbb{R}^m$ 中的一个向量。根据矩阵运算的性质，$\forall\,\boldsymbol{\zeta},\boldsymbol{\eta}\in\mathbb{R}^n$，$\forall\,k\in\mathbb{R}$ 有

$$\sigma(\boldsymbol{\zeta}+\boldsymbol{\eta})=\mathbf{A}(\boldsymbol{\zeta}+\boldsymbol{\eta})=\mathbf{A}\boldsymbol{\zeta}+\mathbf{A}\boldsymbol{\eta}=\sigma(\boldsymbol{\zeta})+\sigma(\boldsymbol{\eta});$$

$$\sigma(k\boldsymbol{\zeta})=\mathbf{A}(k\boldsymbol{\zeta})=k\mathbf{A}\boldsymbol{\zeta}=k\sigma(\boldsymbol{\zeta})。$$

所以 σ 是 $\mathbb{R}^n$ 到 $\mathbb{R}^m$ 的一个线性映射。

这个例子非常重要，它让我们了解到矩阵不仅仅是一个按行按列的数表，它实质上是一个向量空间到另一个向量空间的线性映射，从而将不同维度的向量空间“联系”起来。

例 2.2.7 已知向量空间 $\mathbb{R}^n$，取定一个数 $\lambda_0\in\mathbb{R}$，对于任意 $\boldsymbol{\zeta}\in\mathbb{R}^n$，定义 $\sigma(\boldsymbol{\zeta})=\lambda_0\boldsymbol{\zeta}$。容易验证，$\sigma$ 是 $\mathbb{R}^n$ 到自身的一个线性变换，这样一个线性变换叫做 $\mathbf{R}^n$ 的一个**位似**。

例 2.2.8 已知 $\mathbf{A}$ 是实数域 $\mathbb{R}$ 上的一个 $m\times n$ 矩阵，它构成 $\mathbb{R}^n$ 到 $\mathbb{R}^m$ 的一个线性映射，即 $\forall\,\mathbf{x}=\begin{pmatrix}x_1\\x_2\\\vdots\\x_n\end{pmatrix}\in\mathbb{R}^n$，有

$$\begin{cases}y_1=a_{11}x_1+a_{12}x_2+\cdots+a_{1n}x_n\\y_2=a_{21}x_1+a_{22}x_2+\cdots+a_{2n}x_n\\\qquad\cdots\qquad\cdots\\y_m=a_{m1}x_1+a_{m2}x_2+\cdots+a_{mn}x_n\end{cases}$$

即 $\mathbf{y}=\mathbf{Ax}$，其中 $\mathbf{y}=\begin{pmatrix}y_1\\y_2\\\vdots\\y_m\end{pmatrix}$。

又知 $\mathbf{B}$ 是实数域 $\mathbb{R}$ 上的一个 $t\times m$ 矩阵，它可以构成 $\mathbb{R}^m$ 到 $\mathbb{R}^t$ 的一个线性映射，即 $\forall\,\mathbf{y}=\begin{pmatrix}y_1\\y_2\\\vdots\\y_m\end{pmatrix}\in\mathbb{R}^m$，有 $\begin{cases}z_1=b_{11}y_1+b_{12}y_2+\cdots+b_{1m}y_m\\z_2=b_{21}y_1+b_{22}y_2+\cdots+b_{2m}y_m\\\cdots\qquad\cdots\qquad\cdots\\z_t=b_{t1}y_1+b_{t2}y_2+\cdots+b_{tm}y_m\end{cases}$，即 $\mathbf{z}=\mathbf{By}$，其中

$\mathbf{z}=\begin{pmatrix} z_1 \\ z_2 \\ \vdots \\ z_t \end{pmatrix}$。那么，我们不难得到 $\mathbb{R}^n$ 到 $\mathbb{R}^t$ 的一个线性映射，$\mathbf{z}=\mathbf{B}\mathbf{y}=\mathbf{B}\cdot\mathbf{A}\mathbf{x}$，对于任意 $\begin{pmatrix} x_1 \\ x_2 \\ \vdots \\ x_n \end{pmatrix}\in\mathbb{R}^n$。换句话说，矩形及矩阵的乘法运算实现了多个不同维度的向量空间的转化。

例 2.2.9　如本节讲述矩阵乘积时所使用的引例，向量组线性表示的传递性的表示，实际上就是通过系数矩阵之间的乘积运算表达出来。

三、矩阵的转置

定义 2.2.4　设矩阵 $\mathbf{A}=\begin{pmatrix} a_{11} & a_{12} & \cdots & a_{1n} \\ a_{21} & a_{22} & \cdots & a_{2n} \\ \vdots & \vdots & & \vdots \\ a_{m1} & a_{m2} & \cdots & a_{mn} \end{pmatrix}_{m\times n}$，不改变每行元素的相互顺序，把 $\mathbf{A}$ 的行依次作为同序数的列排成矩阵 $\begin{pmatrix} a_{11} & a_{21} & \cdots & a_{m1} \\ a_{12} & a_{22} & \cdots & a_{m2} \\ \vdots & \vdots & & \vdots \\ a_{1n} & a_{2n} & \cdots & a_{mn} \end{pmatrix}_{n\times m}$，称为 $\mathbf{A}$ 的**转置矩阵**，记作 $\mathbf{A}^T$。

例如，矩阵 $\mathbf{A}=\begin{pmatrix} 1 & 2 \\ -1 & 4 \\ 3 & 5 \end{pmatrix}$，其转置矩阵为 $\mathbf{A}^T=\begin{pmatrix} 1 & -1 & 3 \\ 2 & 4 & 5 \end{pmatrix}$。转置作为一种运算，满足如下规则（假设运算的矩阵类型都是满足运算的基本要求的）：

(1) $(\mathbf{A}^T)^T=\mathbf{A}$；

(2) $(k\mathbf{A})^T=k\mathbf{A}^T$；

(3) $(\mathbf{A}+\mathbf{B})^T=\mathbf{A}^T+\mathbf{B}^T$；

(4) $(\mathbf{A}\mathbf{B})^T=\mathbf{B}^T\mathbf{A}^T$。

前三条规则显然成立，此处不再赘述。下面证明第 4 条规则。

设 $\mathbf{A}=(a_{ij})_{m\times n}$，$\mathbf{B}=(b_{ij})_{n\times p}$，记 $\mathbf{C}=\mathbf{A}\cdot\mathbf{B}=(c_{ij})_{m\times p}$，$\mathbf{D}=\mathbf{B}^T\cdot\mathbf{A}^T=(d_{ij})_{p\times m}$。

显然 $\mathbf{C}^T$ 和 $\mathbf{D}$ 都是 $p\times m$ 矩阵，按照矩阵相等的要求，只需证明 $\mathbf{C}^T$ 的元素 c_{ji}（在 $\mathbf{C}$ 中为 c_{ij}）等于 d_{ij} 即可。由矩阵乘法定义，得

$$c_{ji}=(a_{j1},a_{j2},\cdots,a_{jn})\begin{pmatrix}b_{1i}\\b_{2i}\\\vdots\\b_{ni}\end{pmatrix}=\sum_{k=1}^{n}a_{jk}b_{ki}，\text{且 } d_{ji}=(b_{1i},b_{2i},\cdots,b_{ni})\begin{pmatrix}a_{j1}\\a_{j2}\\\vdots\\a_{jn}\end{pmatrix}=$$

$\sum\limits_{k=1}^{n}a_{jk}b_{ki}$，显然 $c_{ji}=d_{ij}(i=1,2,\cdots,m)$，即 $\mathbf{C}^T=\mathbf{D}$，有 $(\mathbf{AB})^T=\mathbf{B}^T\mathbf{A}^T$。

例 2.2.10 设矩阵 $\mathbf{A}=\begin{pmatrix}1&-1&1\\-1&1&1\\1&1&-1\end{pmatrix}$，$\mathbf{B}=\begin{pmatrix}1&2&-1\\2&0&3\\0&-3&4\end{pmatrix}$，求 $3\mathbf{AB}-2\mathbf{A}$ 及 $(\mathbf{AB})^T$。

解：$3\mathbf{AB}-2\mathbf{A}=3\begin{pmatrix}1&-1&1\\-1&1&1\\1&1&-1\end{pmatrix}\begin{pmatrix}1&2&-1\\2&0&3\\0&-3&4\end{pmatrix}-2\begin{pmatrix}1&-1&1\\-1&1&1\\1&1&-1\end{pmatrix}$

$$=3\begin{pmatrix}-1&-1&0\\1&-5&8\\3&5&-2\end{pmatrix}-2\begin{pmatrix}1&-1&1\\-1&1&1\\1&1&-1\end{pmatrix}=\begin{pmatrix}-5&-1&-2\\5&-17&22\\7&13&-4\end{pmatrix}$$

$$(\mathbf{AB})^T=\mathbf{B}^T\mathbf{A}^T=\begin{pmatrix}1&2&0\\2&0&-3\\-1&3&4\end{pmatrix}\begin{pmatrix}1&-1&1\\-1&1&1\\1&1&-1\end{pmatrix}=\begin{pmatrix}-1&1&3\\-1&-5&5\\0&8&-2\end{pmatrix}$$

对于转置运算规则的第 4 条，可以利用数学归纳法证明 $(\mathbf{A}_1\mathbf{A}_2\cdots\mathbf{A}_k)^T=\mathbf{A}_k^T\cdots\mathbf{A}_2^T\mathbf{A}_1^T$，请读者自行完成。

习题 2—2

1. 设矩阵

$$\mathbf{A}=\begin{pmatrix}1&2&3\\4&5&6\end{pmatrix},\mathbf{B}=\begin{pmatrix}-1&0&8\\3&7&-2\end{pmatrix},$$

计算 $\mathbf{A}+\mathbf{B}$，$\mathbf{A}-\mathbf{B}$，$2\mathbf{A}+3\mathbf{B}$。

2. 计算下列矩阵的乘积。

(1) $\begin{pmatrix}0&-3&1\\2&7&5\\1&-1&0\end{pmatrix}\begin{pmatrix}3\\4\\1\end{pmatrix}$；　　(2) $\begin{pmatrix}3\\4\\1\end{pmatrix}(2\quad 5\quad 9)$；

(3) $(2\quad 5\quad 9)\begin{pmatrix}3\\4\\1\end{pmatrix}$；　　(4) $\begin{pmatrix}1 & -1\\2 & 5\end{pmatrix}^3$；

(5) $(x\quad y)\begin{pmatrix}a_{11} & a_{12}\\a_{21} & a_{22}\end{pmatrix}\begin{pmatrix}x\\y\end{pmatrix}$。

3. 若 n 阶方阵 $\mathbf{A},\mathbf{B}$，满足乘法交换律，即 $\mathbf{A}\cdot\mathbf{B}=\mathbf{B}\cdot\mathbf{A}$，验证如下结论成立：

(1) $(\mathbf{A}+\mathbf{B})^2=\mathbf{A}^2+2\mathbf{AB}+\mathbf{B}^2$；

(2) $(\mathbf{A}+\mathbf{B})(\mathbf{A}-\mathbf{B})=\mathbf{A}^2-\mathbf{B}^2$；

(3) $(\mathbf{A}\cdot\mathbf{B})^k=\mathbf{A}^k\cdot\mathbf{B}^k$；

(4) $(\mathbf{A}+\mathbf{B})^n=\sum\limits_{i=0}^{n}C_n^i\mathbf{A}^i\mathbf{B}^{n-i}$。

4. 设矩阵 $\mathbf{A}=\begin{pmatrix}2 & -1 & 0\\4 & 7 & 5\end{pmatrix}$，计算 $\mathbf{A}\cdot\mathbf{A}^T,\mathbf{A}^T\cdot\mathbf{A}$。

5. 已知矩阵 $\mathbf{A}=\begin{pmatrix}1 & -1 & 2\\2 & -2 & 4\\-1 & 1 & -2\end{pmatrix}$，计算 $\mathbf{A}^n$。

6. 已知矩阵 $\mathbf{A}=\begin{pmatrix}1 & 1 & 1\\0 & 1 & 1\\0 & 0 & 1\end{pmatrix}$，计算 $\mathbf{A}^n$。

第三节　方阵的行列式

在线性代数中，行列式是一个基本工具，讨论很多问题时都要用到它。行列式出现于线性方程组的求解，正如 P. S. Laplace 所说："行列式的简化的记法常常是深奥理论的源泉"。行列式的概念最早由 17 世纪日本数学家关考和提出，范德蒙德(A. T. Vandermonde)首次对行列式理论进行系统地阐述，成为行列式理论的奠基人。下面，我们将从二元、三元线性方程组的消元法求解出发，来学习方阵的行列式。

一、n 阶行列式的定义/方阵行列式的定义

1. 2 阶、3 阶行列式。

已知二元线性方程组

$$\begin{cases}a_{11}x_1+a_{12}x_2=b_1\\a_{21}x_1+a_{22}x_2=b_2\end{cases}$$

系数矩阵为 $\mathbf{A}=\begin{pmatrix}a_{11}&a_{12}\\a_{21}&a_{22}\end{pmatrix}$,利用消元法求解该线性方程组。当 $a_{11}a_{22}-a_{21}a_{12}\neq 0$ 时,我们可以得到其解为

$$x_1=\frac{b_1a_{22}-b_2a_{12}}{a_{11}a_{22}-a_{12}a_{21}},x_2=\frac{a_{11}b_2-b_1a_{21}}{a_{11}a_{22}-a_{12}a_{21}} \tag{Ⅰ}$$

若记 $\mathrm{D}=|\mathbf{A}|=\begin{vmatrix}a&b\\c&d\end{vmatrix}=ad-bc$,其中 $\mathbf{A}=\begin{pmatrix}a&b\\c&d\end{pmatrix}$,则上面(Ⅰ)式可表示为

$$x_1=\frac{\begin{vmatrix}b_1&a_{12}\\b_2&a_{22}\end{vmatrix}}{\begin{vmatrix}a_{11}&a_{12}\\a_{21}&a_{22}\end{vmatrix}},x_2=\frac{\begin{vmatrix}a_{11}&b_1\\a_{21}&b_2\end{vmatrix}}{\begin{vmatrix}a_{11}&a_{12}\\a_{21}&a_{22}\end{vmatrix}}。$$

此运算即是对 2 阶方阵 $\mathbf{A}=\begin{pmatrix}a&b\\c&d\end{pmatrix}$ 中所有取自不同行且不同列的 2 个元素乘积的代数和,我们把 D 称为**二阶行列式**。令 $\mathrm{D}=\begin{vmatrix}a_{11}&a_{12}\\a_{21}&a_{22}\end{vmatrix}$(系数行列式),$\mathrm{D}_1=\begin{vmatrix}b_1&a_{12}\\b_2&a_{22}\end{vmatrix}$,$\mathrm{D}_2=\begin{vmatrix}a_{11}&b_1\\a_{21}&b_2\end{vmatrix}$,则二元线性方程组,当 $\mathrm{D}\neq 0$ 时,解为 $x_1=\frac{\mathrm{D}_1}{\mathrm{D}}$,$x_2=\frac{\mathrm{D}_2}{\mathrm{D}}$。

类似地,对于三元线性方程组 $\begin{cases}a_{11}x_1+a_{12}x_2+a_{13}x_3=b_1\\a_{21}x_1+a_{22}x_2+a_{23}x_3=b_2\\a_{31}x_1+a_{32}x_2+a_{33}x_3=b_3\end{cases}$,同样利用消元法使得 x_1,x_2 前面的系数为零,达到“消元”的目的,那么仅“剩下”x_3 的同解方程为

$$(a_{11}a_{22}a_{33}+a_{12}a_{23}a_{31}+a_{13}a_{21}a_{32}-a_{13}a_{22}a_{31}-a_{11}a_{23}a_{32}-a_{12}a_{21}a_{33})x_3$$
$$=b_1a_{22}a_{33}+a_{12}a_{23}b_3+a_{13}b_2a_{32}-a_{13}a_{22}b_3-b_1a_{23}a_{32}-a_{12}b_2a_{33}$$

系数行列式

$$\mathrm{D}=\begin{vmatrix}a_{11}&a_{12}&a_{13}\\a_{21}&a_{22}&a_{23}\\a_{31}&a_{32}&a_{33}\end{vmatrix}$$
$$=a_{11}a_{22}a_{33}+a_{12}a_{23}a_{31}+a_{13}a_{21}a_{32}-a_{13}a_{22}a_{31}-a_{11}a_{23}a_{32}-a_{12}a_{21}a_{33}$$

类似地，令 $D_1=\begin{vmatrix} b_1 & a_{12} & a_{13} \\ b_2 & a_{22} & a_{23} \\ b_3 & a_{32} & a_{33} \end{vmatrix}$，$D_2=\begin{vmatrix} a_{11} & b_1 & a_{13} \\ a_{21} & b_2 & a_{23} \\ a_{31} & b_3 & a_{33} \end{vmatrix}$，$D_3=\begin{vmatrix} a_{11} & a_{12} & b_1 \\ a_{21} & a_{22} & b_2 \\ a_{31} & a_{32} & b_3 \end{vmatrix}$。当 $D\neq 0$ 时，三元线性方程组的解为

$$x_1=\frac{D_1}{D},x_2=\frac{D_2}{D},x_3=\frac{D_3}{D}$$

称 D 为**三阶行列式**。读者无需背诵三阶行列式的元素角标，观察三阶行列式的运算规律，实际上是三阶方阵中所有取自不同行且不同列的 3 个元素乘积的代数和。

对于三阶行列式，我们有两种手算方法：

(1)沙路法

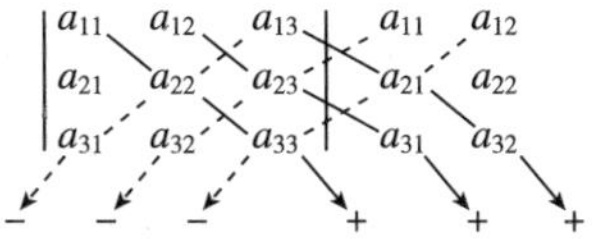

(2)对角线法则

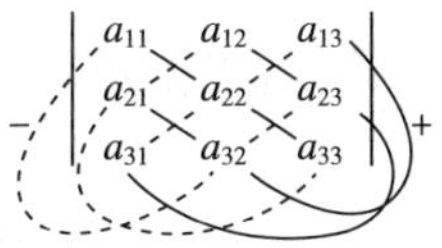

注意：沙路法和对角线法则不适用 3 阶以上行列式的计算。

通过观察二阶、三阶行列式，我们还发现，二阶行列式可以由与之相关的一阶行列式的线性组合来表示，而三阶行列式可以由二阶行列式表示，具体如下：

$$D_2=\begin{vmatrix} a_{11} & a_{12} \\ a_{21} & a_{22} \end{vmatrix}=(-1)^{1+1}a_{11}|a_{22}|+(-1)^{1+2}a_{12}|a_{21}|$$

$$D_3=\begin{vmatrix} a_{11} & a_{12} & a_{13} \\ a_{21} & a_{22} & a_{23} \\ a_{31} & a_{32} & a_{33} \end{vmatrix}=(-1)^{1+1}a_{11}\begin{vmatrix} a_{22} & a_{23} \\ a_{32} & a_{33} \end{vmatrix}+(-1)^{1+2}a_{12}\begin{vmatrix} a_{21} & a_{23} \\ a_{31} & a_{33} \end{vmatrix}+(-1)^{1+3}a_{13}\begin{vmatrix} a_{21} & a_{22} \\ a_{31} & a_{32} \end{vmatrix}$$

即行列式可以按第一行展开。换句话说，二阶、三阶行列式都可以通过低一阶行列式来定义。那么，我们自然会联想，用这种递归方法来定义 n 阶行列式。

2. n 阶行列式的定义(方阵 **A** 的行列式)。

定义 2.3.1 n 阶方阵 **A** 的**行列式**为 $|\mathbf{A}|=\begin{vmatrix} a_{11} & a_{12} & \cdots & a_{1n} \\ a_{21} & a_{22} & \cdots & a_{2n} \\ \vdots & \vdots & & \vdots \\ a_{n1} & a_{n2} & \cdots & a_{nn} \end{vmatrix}$ 是一个算式:

当 $n=1$ 时,$|\mathbf{A}|=|a_{11}|=a_{11}$(这里不是绝对值符号,而是行列式符号);

当 $n\geqslant 2$ 时,定义 $|\mathbf{A}|=a_{11}\mathrm{A}_{11}+a_{12}\mathrm{A}_{12}+\cdots+a_{1n}\mathrm{A}_{1n}=\sum\limits_{j=1}^{n} a_{1j}\mathrm{A}_{1j}$,其中 $\mathrm{A}_{1j}=(-1)^{1+j}\mathrm{M}_{1j}$,$\mathrm{M}_{1j}$ 是$|\mathbf{A}|$中去掉第 1 行第 j 列元素后,剩下的元素不改变原来的相对位置所构成的 $n-1$ 阶行列式,即

$$\mathrm{M}_{1j}=\begin{vmatrix} a_{21} & \cdots & a_{2(j-1)} & a_{2(j+1)} & \cdots & a_{2n} \\ a_{31} & \cdots & a_{3(j-1)} & a_{3(j+1)} & \cdots & a_{3n} \\ \vdots & \vdots & \vdots & \vdots & \vdots & \vdots \\ a_{n1} & \cdots & a_{n(j-1)} & a_{n(j+1)} & \cdots & a_{nn} \end{vmatrix} \qquad (j=1,2,\cdots,n)$$

称 M_{1j} 是元素 a_{1j} 的**余子式**,A_{1j} 是元素 a_{1j} 的**代数余子式**。

注意:

1. n 阶方阵的行列式是一个算式,根据定义,$|\mathbf{A}_n|$可以写成 n 个 $n-1$ 阶行列式的线性组合形式。然而,每一个 $n-1$ 阶行列式又可以写成 $n-1$ 个 $n-2$ 阶行列式的线性组合形式。依此类推,n 阶行列式完全展开共有 $n!$ 项,且每一项都是不同行且不同列的 n 个元素的乘积。本书附录一部分提供了依元素乘积形式的行列式第二定义,并给出了与本定义等价的证明,供读者参考。

2. 一阶行列式$|a|=a$,不要与绝对值记号相混淆。

例 2.3.1 已知方阵 $\mathbf{A}=\begin{pmatrix} a_{11} & 0 & \cdots & 0 \\ a_{21} & a_{22} & \cdots & 0 \\ \vdots & \vdots & & \vdots \\ a_{n1} & a_{n2} & \cdots & a_{nn} \end{pmatrix}$,计算该方阵的行列式。

解:利用定义 2.3.1,可得

$$|\mathbf{A}|=\begin{vmatrix} a_{11} & 0 & \cdots & 0 \\ a_{21} & a_{22} & \cdots & 0 \\ \vdots & \vdots & & \vdots \\ a_{n1} & a_{n2} & \cdots & a_{nn} \end{vmatrix} \xlongequal{\text{按第 1 行展开}} (-1)^{1+1}a_{11}\begin{vmatrix} a_{22} & 0 & \cdots & 0 \\ a_{32} & a_{33} & \cdots & 0 \\ \vdots & \vdots & & \vdots \\ a_{n2} & a_{n3} & \cdots & a_{nn} \end{vmatrix}。$$

$$\xlongequal{\text{再按 1 行展开}} a_{11}\cdot(-1)^{1+1}a_{22}\begin{vmatrix} a_{33} & 0 & \cdots & 0 \\ a_{43} & a_{44} & \cdots & 0 \\ \vdots & \vdots & & \vdots \\ a_{n3} & a_{n4} & \cdots & a_{nn} \end{vmatrix}=\cdots=a_{11}a_{22}\cdots a_{nn}$$

类似地,n 阶对角矩阵 $\mathbf{\Lambda}=\begin{pmatrix} \lambda_1 & 0 & \cdots & 0 \\ 0 & \lambda_2 & & 0 \\ \vdots & \vdots & \ddots & \vdots \\ 0 & 0 & \cdots & \lambda_n \end{pmatrix}$,其行列式 $|\mathbf{\Lambda}|=\lambda_1\lambda_2\cdots\lambda_n$。

显然,单位矩阵 $\mathbf{E}$ 的行列式为 $|\mathbf{E}|=1$。

例 2.3.2　已知方阵 $\mathbf{A}=\begin{pmatrix} 0 & 0 & \cdots & 0 & a_{1n} \\ 0 & 0 & \cdots & a_{2(n-1)} & a_{2n} \\ \vdots & \vdots & & \vdots & \vdots \\ 0 & a_{(n-1)2} & \cdots & a_{(n-1)(n-1)} & a_{(n-1)n} \\ a_{n1} & a_{n2} & \cdots & a_{n(n-1)} & a_{nn} \end{pmatrix}$,计算该方阵的行列式。

解:

$$\begin{vmatrix} 0 & 0 & \cdots & 0 & a_{1n} \\ 0 & 0 & \cdots & a_{2(n-1)} & a_{2n} \\ \vdots & \vdots & & \vdots & \vdots \\ 0 & a_{(n-1)2} & \cdots & a_{(n-1)(n-2)} & a_{(n-1)n} \\ a_{n1} & a_{n2} & \cdots & a_{n(n-1)} & a_{nn} \end{vmatrix} \xlongequal{\text{按第 1 行展开}}$$

$$=(-1)^{1+n}a_{1n}\begin{vmatrix} 0 & 0 & \cdots & 0 & a_{2(n-1)} \\ 0 & 0 & \cdots & a_{3(n-2)} & a_{3(n-1)} \\ \vdots & \vdots & & \vdots & \vdots \\ 0 & a_{(n-1)2} & \cdots & a_{(n-1)(n-2)} & a_{(n-1)(n-1)} \\ a_{n1} & a_{n2} & \cdots & a_{n(n-2)} & a_{n(n-1)} \end{vmatrix}$$

$$=(-1)^{1+n}(-1)^{1+(n-1)}a_{1n}a_{2(n-1)}\begin{vmatrix} 0 & 0 & \cdots & a_{3(n-2)} \\ \vdots & \vdots & & \vdots \\ 0 & a_{(n-1)2} & \cdots & a_{(n-1)(n-2)} \\ a_{n1} & a_{n2} & \cdots & a_{n(n-2)} \end{vmatrix}\cdots$$

$$=(-1)^{(n-1)\cdots+1}a_{1n}a_{2(n-1)}\cdots a_{n1}=(-1)^{\frac{n(n-1)}{2}}a_{1n}a_{2(n-1)}\cdots a_{n1}$$

二、方阵行列式的性质

任意 n 阶方阵 $\mathbf{A}$,其行列式均可以利用定义进行计算,但我们发现当阶数 n 比较大,或者 $\mathbf{A}$ 中元素取非零值的元素很多且无规律可循时,该行列式的计算量将是成倍增加的。这一部分,我们介绍一些行列式的性质,以便简化其计算。

性质 2.3.1 方阵 $\mathbf{A}$ 与其转置矩阵 $\mathbf{A}^T$ 的行列式相等,即 $|\mathbf{A}|=|\mathbf{A}^T|$。这个性质可以用数学归纳法证明,因过程表述繁琐,此处略去证明,有兴趣的读者可参阅本书附录二。这个性质表明,行列式中的行与列具有相同的地位,因此行列式有关行的性质对列也同样适用。

性质 2.3.2 方阵 $\mathbf{A}$ 的行列式可以按任一行元素展开,即

$$|\mathbf{A}|=a_{i1}A_{i1}+a_{i2}A_{i2}+\cdots+a_{in}A_{in}=\sum_{k=1}^{n}a_{ik}A_{ik}\quad(i=1,2,\cdots,n)$$

其中 $A_{ik}=(-1)^{i+k}M_{ik}$, M_{ik} 是 $|\mathbf{A}|$ 中去掉第 i 行第 k 列全部元素后剩下的元素不改变原来的相对位置所构成的 $n-1$ 阶行列式,称为 a_{ik} 的**余子式**,A_{ik} 称为 a_{ik} 的**代数余子式**。

与性质 2.3.1 类似,该性质可以利用数学归纳法证明,本书附录三部分也为读者提供了相关证明。不难看出,若方阵 $\mathbf{A}$ 中有一行或一列元素全为零时,其行列式必为零。或者,当方阵 $\mathbf{A}$ 中有一行或一列至多有不超过 3 个元素为非零实数时,利用性质 2.3.2 就可以实现 n 阶行列式的降阶,且实操性非常好。

性质 2.3.3 已知 n 阶方阵 $\mathbf{A}=\begin{pmatrix} a_{11} & a_{12} & \cdots & a_{1n} \\ a_{21} & a_{22} & \cdots & a_{2n} \\ \vdots & \vdots & & \vdots \\ a_{n1} & a_{n2} & \cdots & a_{nn} \end{pmatrix}$,则有如下两个“线性性质”:

(1) $\begin{vmatrix} a_{11} & a_{12} & \cdots & a_{1n} \\ \vdots & \vdots & & \vdots \\ ka_{i1} & ka_{i2} & \cdots & ka_{in} \\ \vdots & \vdots & & \vdots \\ a_{n1} & a_{n2} & \cdots & a_{nn} \end{vmatrix} = k|\mathbf{A}|$;

证明:左边$\xlongequal[\text{按第 } i \text{ 行展开}]{\text{利用性质 2.3.2}} \sum_{j=1}^{n} ka_{ij}A_{ij} = k\left(\sum_{j=1}^{n} a_{ij}A_{ij}\right) = k|\mathbf{A}|$。□

显然,对于 n 阶方阵 $\mathbf{A}$,有 $|k\mathbf{A}| = k^n|\mathbf{A}|$。

(2) $$\begin{vmatrix} a_{11} & a_{12} & \cdots & a_{1n} \\ \vdots & \vdots & & \vdots \\ a_{i1}+b_{i1} & a_{i2}+b_{i2} & \cdots & a_{in}+b_{in} \\ \vdots & \vdots & & \vdots \\ a_{n1} & a_{n2} & \cdots & a_{nn} \end{vmatrix}$$

$$= \begin{vmatrix} a_{11} & a_{12} & \cdots & a_{1n} \\ \vdots & \vdots & & \vdots \\ a_{i1} & a_{i2} & \cdots & a_{in} \\ \vdots & \vdots & & \vdots \\ a_{n1} & a_{n2} & \cdots & a_{nn} \end{vmatrix} + \begin{vmatrix} a_{11} & a_{12} & \cdots & a_{1n} \\ \vdots & \vdots & & \vdots \\ b_{i1} & b_{i2} & \cdots & b_{in} \\ \vdots & \vdots & & \vdots \\ a_{n1} & a_{n2} & \cdots & a_{nn} \end{vmatrix}$$

证明:左边$\xlongequal[\text{按第 } i \text{ 行展开}]{\text{利用性质 2.3.2}} \sum_{j=1}^{n}(a_{ij}+b_{ij})A_{ij} = \sum_{j=1}^{n} a_{ij}A_{ij} + \sum_{j=1}^{n} b_{ij}A_{ij}$ = 右边。□

注意:这个性质一次只"拆分"一行或一列。

例如,$\begin{vmatrix} 1+5 & 2+6 \\ 3+7 & 4+8 \end{vmatrix} \neq \begin{vmatrix} 1 & 2 \\ 3 & 4 \end{vmatrix} + \begin{vmatrix} 5 & 6 \\ 7 & 8 \end{vmatrix}$,而应是

$$\begin{vmatrix} 1+5 & 2+6 \\ 3+7 & 4+8 \end{vmatrix} = \begin{vmatrix} 1 & 2+6 \\ 3 & 4+8 \end{vmatrix} + \begin{vmatrix} 5 & 2+6 \\ 7 & 4+8 \end{vmatrix}$$

$$= \begin{vmatrix} 1 & 2 \\ 3 & 4 \end{vmatrix} + \begin{vmatrix} 1 & 6 \\ 3 & 8 \end{vmatrix} + \begin{vmatrix} 5 & 2 \\ 7 & 4 \end{vmatrix} + \begin{vmatrix} 5 & 6 \\ 7 & 8 \end{vmatrix}。$$

性质 2.3.4　行列式中两行(或两列)对应元素全相等,则该行列式为零,即当 $a_{ik}=a_{jk}, i\neq j, k=1,2,\cdots,n$ 时,$|\mathbf{A}|=0$。

证明:数学归纳法,该结论对二阶矩阵行列式成立是显然的。假设对 $n-1$ 阶也成立,n 阶时,对第 k 行展开,并且 $k\neq j,i$,则 $|\mathbf{A}_n| = \sum_{l=1}^{n} a_{kl}A_{kl}$,因为 $k\neq$

i,j，所以 M_{kl} 是 $n-1$ 阶行列式且其中有两行元素相同，此处 $l=1,2,\cdots,n$，所以 $A_{kl}=(-1)^{k+l}M_{kl}=0$，即 $|\mathbf{A}|=0$。□

推论 2.3.1 行列式中任意两行（两列）元素对应成比例，即 $a_{jl}=ka_{jl}$，$l=1,2,\cdots,n$，则该行列式为零。

推论 2.3.2 行列式某一行的元素乘另一行对应元素的代数余子式之和等于零，即 $|\mathbf{A}|=\sum_{k=1}^{n}a_{ik}A_{jk}=0$，其中 $i\neq j$。

证明：
$$\sum_{k=1}^{n}a_{ik}A_{jk}=\begin{vmatrix} a_{11} & a_{12} & \cdots & a_{1n} \\ \vdots & \vdots & & \vdots \\ a_{i1} & a_{i2} & \cdots & a_{in} \\ \vdots & \vdots & & \vdots \\ a_{i1} & a_{i2} & \cdots & a_{in} \\ \vdots & \vdots & & \vdots \\ a_{n1} & a_{n2} & \cdots & a_{nn} \end{vmatrix}\begin{matrix} \\ \\ \leftarrow 第\ i\ 行 \\ \\ \leftarrow 第\ j\ 行 \\ \\ \\ \end{matrix}=0。□$$

性质 2.3.5 行列式的某一行（或某一列）的各元素乘同一个非零数 k 后加到另一行（或另一列）对应元素上去，行列式的值不变。

利用性质 2.3.3(2)与推论 2.3.1 的结论可证明性质 2.3.5，此处不再赘述。

性质 2.3.6 交换行列式两行（或两列）元素，行列式的值仅改变一次负号。

证明：主要思路是多次使用性质 2.3.5，然后再利用性质 2.3.3(1)。

$$\begin{vmatrix} a_{11} & a_{12} & \cdots & a_{1n} \\ \vdots & \vdots & & \vdots \\ a_{i1} & a_{i2} & \cdots & a_{in} \\ \vdots & \vdots & & \vdots \\ a_{j1} & a_{j2} & \cdots & a_{jn} \\ \vdots & \vdots & & \vdots \\ a_{n1} & a_{n2} & \cdots & a_{nn} \end{vmatrix} \xlongequal{r_i+r_j} \begin{vmatrix} a_{11} & a_{12} & \cdots & a_{1n} \\ \vdots & \vdots & & \vdots \\ a_{i1}+a_{j1} & a_{i2}+a_{j1} & \cdots & a_{in}+a_{jn} \\ \vdots & \vdots & & \vdots \\ a_{j1} & a_{j2} & \cdots & a_{jn} \\ \vdots & \vdots & & \vdots \\ a_{n1} & a_{n2} & \cdots & a_{nn} \end{vmatrix} \xlongequal{r_j+(-1)r_i}$$

$$\begin{vmatrix} a_{11} & a_{12} & \cdots & a_{1n} \\ \vdots & \vdots & & \vdots \\ a_{i1}+a_{j1} & a_{i2}+a_{j1} & \cdots & a_{in}+a_{jn} \\ \vdots & \vdots & & \vdots \\ -a_{i1} & -a_{i2} & \cdots & -a_{in} \\ \vdots & \vdots & & \vdots \\ a_{n1} & a_{n2} & \cdots & a_{nn} \end{vmatrix} \xlongequal{r_i+r_j} \begin{vmatrix} a_{11} & a_{12} & \cdots & a_{1n} \\ \vdots & \vdots & & \vdots \\ a_{j1} & a_{j2} & \cdots & a_{jn} \\ \vdots & \vdots & & \vdots \\ -a_{i1} & -a_{i2} & \cdots & -a_{in} \\ \vdots & \vdots & & \vdots \\ a_{n1} & a_{n2} & \cdots & a_{nn} \end{vmatrix}$$

$$\xlongequal{\text{性质 } 2.3.3(1)} -\begin{vmatrix} a_{11} & a_{12} & \cdots & a_{1n} \\ \vdots & \vdots & & \vdots \\ a_{j1} & a_{j2} & \cdots & a_{jn} \\ \vdots & \vdots & & \vdots \\ a_{i1} & a_{i2} & \cdots & a_{in} \\ \vdots & \vdots & & \vdots \\ a_{n1} & a_{n2} & \cdots & a_{nn} \end{vmatrix}。\square$$

不难看出，前面的性质 2.3.3(1)，性质 2.3.5 和性质 2.3.6，恰好与矩阵初等变换相对应。虽然初等变换会改变对应行列式的具体数值，但不会改变行列式的非零性，也就是说，若某个方阵的行列式为零，对它经过有限次初等变换后的方阵的行列式仍为零；若方阵的行列式非零，则经有限次初等变换后的方阵的行列式也非零。

例 2.3.3 求 $|\mathbf{A}|=\begin{vmatrix} a_{11} & a_{12} & \cdots & a_{1k} & 0 & \cdots & 0 \\ \vdots & \vdots & & \vdots & \vdots & & \vdots \\ a_{k1} & a_{k2} & \cdots & a_{kk} & 0 & \cdots & 0 \\ c_{11} & c_{12} & \cdots & c_{1k} & b_{11} & \cdots & b_{1n} \\ \vdots & \vdots & & \vdots & \vdots & & \vdots \\ c_{n1} & c_{n2} & \cdots & c_{nk} & b_{n1} & \cdots & b_{nn} \end{vmatrix}$。

解：令 $D_1=\begin{vmatrix} a_{11} & \cdots & a_{1k} \\ \vdots & & \vdots \\ a_{k1} & \cdots & a_{kk} \end{vmatrix}$，$D_2=\begin{vmatrix} b_{11} & \cdots & b_{1n} \\ \vdots & & \vdots \\ b_{n1} & \cdots & b_{nn} \end{vmatrix}$，利用性质 2.3.5，我们分别对 D_1 和 D_2 进行如下变换：

(1)对 D_1 中的元素反复做行运算 r_i+kr_j，直至将 D_1 其化为下三角行列式，即 $D_1=\begin{vmatrix} p_{11} & \cdots & 0 \\ \vdots & & \vdots \\ p_{k1} & \cdots & p_{kk} \end{vmatrix}=p_{11}\cdots p_{kk}$；

(2)对 D_2 中的元素反复做列运算 c_i+kc_j，直至将 D_2 化为下三角行列式，即 $D_2=\begin{vmatrix} q_{11} & \cdots & 0 \\ \vdots & & \vdots \\ q_{k1} & \cdots & q_{nn} \end{vmatrix}=q_{11}\cdots q_{nn}$；

对 $|\mathbf{A}|$ 前 k 行先做与上述 D_1 一致的行变换，再对其后 n 列做与上述 D_2 一致的列变换，那么最后我们就可以得到如下形式的行列式：

$$|\mathbf{A}_{k+n}|=\begin{vmatrix} p_{11} & \cdots & 0 & 0 & \cdots & 0 \\ \vdots & & \vdots & \vdots & & \vdots \\ p_{k1} & \cdots & p_{kk} & 0 & \cdots & 0 \\ c_{11} & \cdots & c_{1k} & q_{11} & \cdots & 0 \\ \vdots & & \vdots & \vdots & & \vdots \\ c_{n1} & \cdots & c_{nk} & q_{n1} & \cdots & q_{nn} \end{vmatrix}=p_{11}\cdots p_{kk}q_{11}\cdots q_{mm}=D_1D_2。$$

利用此结论，我们可以把高阶行列式“拆”称两个低阶行列式进行计算，当然，此结构亦可推广，如下：

$$|\mathbf{A}|=\begin{vmatrix} D_1 & 0 & 0 \\ * & D_2 & 0 \\ * & * & D_3 \end{vmatrix}=D_1D_2D_3, \quad |\mathbf{A}|=\begin{vmatrix} D_1 & 0 & \cdots & 0 \\ * & D_2 & \cdots & 0 \\ \vdots & \vdots & \ddots & \vdots \\ * & * & * & D_m \end{vmatrix}=D_1D_2\cdots D_m，$$

其中 D_i 为 k_i 阶行列式。

定理 2.3.1 设 $\mathbf{A}$、$\mathbf{B}$ 是两个 n 阶方阵，则 $|\mathbf{AB}|=|\mathbf{A}|\cdot|\mathbf{B}|$。

证明：记 $\mathbf{A}=(a_{ij})_{n\times n}$，$\mathbf{B}=(b_{ij})_{n\times n}$，设 D 为 $2n$ 阶行列式，根据例 2.3.3 可得：

$$D=\begin{vmatrix} a_{11} & \cdots & a_{1n} & 0 & \cdots & 0 \\ \vdots & & \vdots & \vdots & & \vdots \\ a_{n1} & \cdots & a_{nn} & 0 & \cdots & 0 \\ -1 & & 0 & b_{11} & & b_{1n} \\ \vdots & & \vdots & \vdots & & \vdots \\ 0 & \cdots & -1 & b_{n1} & \cdots & b_{nn} \end{vmatrix}=|\mathbf{A}|\cdot|\mathbf{B}|。$$

D 中以 b_{1j} 乘第 1 列，b_{2j} 乘第 2 列，…，b_{nj} 乘第 n 列，全部累加至第 $n+j$ 列上，其中 $j=1,2,\cdots n$，那么 $D=\begin{vmatrix} \mathbf{A} & \mathbf{C} \\ -\mathbf{E} & \mathbf{0} \end{vmatrix}$，并且

$$\mathbf{C}=(c_{ij})，其中\ c_{ij}=a_{i1}b_{1j}+a_{i2}b_{2j}+\cdots+a_{in}b_{nj}，$$

即 $\mathbf{C}=\mathbf{AB}$。

再对 $D=\begin{vmatrix} \mathbf{A} & \mathbf{C} \\ -\mathbf{E} & \mathbf{0} \end{vmatrix}$ 的行做一一对换两行 $r_j \leftrightarrow r_{n+j}, j=1,2,\cdots,n$，可得

$$D=(-1)^n \begin{vmatrix} -\mathbf{E} & \mathbf{0} \\ \mathbf{A} & \mathbf{C} \end{vmatrix}=(-1)^n|-\mathbf{E}|\cdot|\mathbf{C}|$$

$$=(-1)^n(-1)^n|-\mathbf{E}|\cdot|\mathbf{C}|=|\mathbf{C}|=|\mathbf{A}\cdot\mathbf{B}|。$$

综上所述，$|\mathbf{AB}|=|\mathbf{A}|\cdot|\mathbf{B}|$。□

推论 2.3.3 设 $\mathbf{A}_1,\mathbf{A}_2,\cdots,\mathbf{A}_k$ 均为 n 阶方阵，则

$$|\mathbf{A}_1\mathbf{A}_2\cdots\mathbf{A}_k|=|\mathbf{A}_1|\cdot|\mathbf{A}_2|\cdots\cdots|\mathbf{A}_k|。$$

推论 2.3.4 设 $\mathbf{A}$ 为 n 阶方阵，则 $|\mathbf{A}^n| \doteq |\mathbf{A}|^n$。

注意：若 **A**、**B** 为一般矩阵，则上述结论不成立。例如，**A** 为 $m\times n$ 矩阵，**B** 为 $n\times m$ 矩阵，其中 $m\neq n$，无论 $|\mathbf{AB}|$，或是 $|\mathbf{BA}|$ 都存在，但单独 **A** 或 **B** 的行列式都不存在。然而，如果增加条件“**A**、**B** 为 n 阶方阵”，我们不难发现，$|\mathbf{A}\cdot\mathbf{B}|=|\mathbf{A}|\cdot|\mathbf{B}|=|\mathbf{B}|\cdot|\mathbf{A}|=|\mathbf{B}\cdot\mathbf{A}|$，但这也并不意味着 $\mathbf{A}\cdot\mathbf{B}=\mathbf{B}\cdot\mathbf{A}$。

三、方阵行列式的计算

有了行列式的性质，对于简化行列式、提高运算速度都非常有利。这一部分我们将通过一些例题，让读者体会如何使用性质对行列式进行化简计算。

例 2.3.4 已知 $\mathbf{A}_5=\begin{pmatrix} 1 & -1 & 2 & -3 & 1 \\ -3 & 3 & -7 & 9 & -5 \\ 2 & 0 & 4 & -2 & 1 \\ 3 & -5 & 7 & -14 & 6 \\ 4 & -4 & 10 & -10 & 2 \end{pmatrix}$，计算 $|\mathbf{A}_5|$。

解：$|\mathbf{A}_5|=$

$$\begin{vmatrix} 1 & -1 & 2 & -3 & 1 \\ -3 & 3 & -7 & 9 & -5 \\ 2 & 0 & 4 & -2 & 1 \\ 3 & -5 & 7 & -14 & 6 \\ 4 & -4 & 10 & -10 & 2 \end{vmatrix} \xlongequal[\substack{r_4-3r_1 \\ r_5-4r_1}]{\substack{r_2+3r_1 \\ r_3-2r_1}} \begin{vmatrix} 1 & -1 & 2 & -3 & 1 \\ 0 & 0 & -1 & 0 & -2 \\ 0 & 2 & 0 & 4 & -1 \\ 0 & -2 & 1 & -5 & 3 \\ 0 & 0 & 2 & 2 & -2 \end{vmatrix}$$

$$\xlongequal{r_2\leftrightarrow r_4} -\begin{vmatrix} 1 & -1 & 2 & -3 & 1 \\ 0 & -2 & 1 & -5 & 3 \\ 0 & 2 & 0 & 4 & -1 \\ 0 & 0 & -1 & 0 & -2 \\ 0 & 0 & 2 & 2 & -2 \end{vmatrix} \xlongequal[\substack{r_4+r_3 \\ r_5-2r_3}]{r_3+r_2} -\begin{vmatrix} 1 & -1 & 2 & -3 & 1 \\ 0 & -2 & 1 & -5 & 3 \\ 0 & 0 & 1 & -1 & 2 \\ 0 & 0 & 0 & -1 & 0 \\ 0 & 0 & 0 & 4 & -6 \end{vmatrix}$$

$$\xlongequal{r_5+4r_4}-\begin{vmatrix}1&-1&2&-3&1\\0&-2&1&-5&3\\0&0&1&-1&2\\0&0&0&-1&0\\0&0&0&0&-6\end{vmatrix}=12。$$

例 2.3.5 已知 $\mathbf{A}_n=\begin{pmatrix}a&b&b&\cdots&b\\b&a&b&\cdots&b\\b&b&a&\cdots&b\\\vdots&\vdots&\vdots&&\vdots\\b&b&b&\cdots&a\end{pmatrix}$，求 $|\mathbf{A}_n|$。

解：$|\mathbf{A}_n|=$

$$\begin{vmatrix}a&b&b&\cdots&b\\b&a&b&\cdots&b\\b&b&a&\cdots&b\\\vdots&\vdots&\vdots&&\vdots\\b&b&b&\cdots&a\end{vmatrix}\xlongequal[i=2,3,\cdots,n]{r_1+r_i}\begin{vmatrix}a+(n-1)b&b&b&\cdots&b\\a+(n-1)b&a&b&\cdots&b\\a+(n-1)b&b&a&\cdots&b\\\vdots&\vdots&\vdots&&\vdots\\a+(n-1)b&b&b&\cdots&a\end{vmatrix}$$

$$=\!=\!=[a+(n-1)b]\begin{vmatrix}1&b&b&\cdots&b\\1&a&b&\cdots&b\\1&b&a&\cdots&b\\\vdots&\vdots&\vdots&&\vdots\\1&b&b&\cdots&a\end{vmatrix}$$

$$\xlongequal[i=2,3,\cdots,n]{r_i+(-b)r_1}[a+(n-1)b]\begin{vmatrix}1&0&0&\cdots&0\\1&a-b&0&\cdots&0\\1&0&a-b&\cdots&0\\\vdots&\vdots&\vdots&&\vdots\\1&0&0&\cdots&a-b\end{vmatrix}$$

$$=[a+(n-1)b](a-b)^{n-1}。$$

例 2.3.6 已知 n 维向量 $\boldsymbol{\alpha}=\begin{pmatrix}a_1\\a_2\\\vdots\\a_n\end{pmatrix}$，$\boldsymbol{\beta}\begin{pmatrix}b_1\\b_2\\\vdots\\b_n\end{pmatrix}$，求 $\mathbf{A}=\boldsymbol{\alpha}\boldsymbol{\beta}^T$ 及 $|\mathbf{A}|$。

$$解:\mathbf{A}=\boldsymbol{\alpha}\boldsymbol{\beta}^T=\begin{pmatrix}a_1\\a_2\\\vdots\\a_n\end{pmatrix}(b_1\quad b_2\quad\cdots\quad b_n)=\begin{pmatrix}a_1b_1&a_1b_2&\cdots&a_1b_n\\a_2b_1&a_2b_2&\cdots&a_2b_n\\\vdots&\vdots&\vdots&\vdots\\a_nb_1&a_nb_2&\cdots&a_nb_n\end{pmatrix},$$

显然,矩阵 $\mathbf{A}$ 的特点是任意两行或两列元素都对应成比例,根据性质 2.3.4 和推论 2.3.1,可得 $|\mathbf{A}|=0$。

例 2.3.7　已知 4 阶矩阵 $\mathbf{A}_4=\begin{pmatrix}a^2+\frac{1}{a^2}&a&\frac{1}{a}&1\\b^2+\frac{1}{b^2}&b&\frac{1}{b}&1\\c^2+\frac{1}{c^2}&c&\frac{1}{c}&1\\d^2+\frac{1}{d^2}&d&\frac{1}{d}&1\end{pmatrix}$,其中 $abcd=1$,求 $|\mathbf{A}_4|$。

$$解:|\mathbf{A}|\xlongequal{性质 2.3.3(2)}\begin{vmatrix}a^2&a&\frac{1}{a}&1\\b^2&b&\frac{1}{b}&1\\c^2&c&\frac{1}{c}&1\\d^2&d&\frac{1}{d}&1\end{vmatrix}+\begin{vmatrix}\frac{1}{a^2}&a&\frac{1}{a}&1\\\frac{1}{b^2}&b&\frac{1}{b}&1\\\frac{1}{c^2}&c&\frac{1}{c}&1\\\frac{1}{d^2}&d&\frac{1}{d}&1\end{vmatrix}$$

$$=abcd\begin{vmatrix}a&1&\frac{1}{a^2}&\frac{1}{a}\\b&1&\frac{1}{b^2}&\frac{1}{b}\\c&1&\frac{1}{c^2}&\frac{1}{c}\\d&1&\frac{1}{d^2}&\frac{1}{d}\end{vmatrix}+(-1)^3\begin{vmatrix}a&1&\frac{1}{a^2}&\frac{1}{a}\\b&1&\frac{1}{b^2}&\frac{1}{b}\\c&1&\frac{1}{c^2}&\frac{1}{c}\\d&1&\frac{1}{d^2}&\frac{1}{d}\end{vmatrix}=0。$$

例 2.3.8 证明范德蒙德($Vandermonde$)行列式

$$D_n=\begin{vmatrix}1 & 1 & \cdots & 1\\ x_1 & x_2 & \cdots & x_n\\ x_1^2 & x_2^2 & \cdots & x_n^2\\ \vdots & \vdots & & \vdots\\ x_1^{n-1} & x_2^{n-1} & \cdots & x_n^{n-1}\end{vmatrix}=\prod_{1\leqslant i<j\leqslant n}(x_j-x_i)。$$

证明:利用数学归纳法来证明范德蒙德行列式。

当 $n=2$ 时,$D_2=\begin{vmatrix}1 & 1\\ x_1 & x_2\end{vmatrix}=x_2-x_1=\prod\limits_{1\leqslant i<j\leqslant n}(x_j-x_i)$;

假设 $n-1$ 阶范德蒙德行列式成立,即

$$D_{n-1}=\begin{vmatrix}1 & 1 & \cdots & 1\\ x_2 & x_3 & \cdots & x_n\\ x_2^2 & x_3^2 & \cdots & x_n^2\\ \vdots & \vdots & & \vdots\\ x_2^{n-2} & x_3^{n-2} & \cdots & x_n^{n-2}\end{vmatrix}=\prod_{2\leqslant i<j\leqslant n}(x_j-x_i)。$$

那么,我们有

$$D_n\xlongequal[i=n,n-1,\cdots,2]{r_i+(-x_1)\cdot r_{i-1}}\begin{vmatrix}1 & 1 & 1 & \cdots & 1\\ 0 & x_2-x_1 & x_3-x_1 & \cdots & x_n-x_1\\ 0 & x_2(x_2-x_1) & x_3(x_3-x_1) & \cdots & x_n(x_n-x_1)\\ \vdots & \vdots & \vdots & & \vdots\\ 0 & x_2^{n-2}(x_2-x_1) & x_3^{n-2}(x_3-x_1) & \cdots & x_n^{n-2}(x_n-x_1)\end{vmatrix}$$

$$=(x_2-x_1)(x_3-x_1)\cdots(x_n-x_1)\begin{vmatrix}1 & 1 & \cdots & 1\\ x_2 & x_3 & \cdots & x_n\\ x_2^2 & x_3^2 & \cdots & x_n^2\\ \vdots & \vdots & & \vdots\\ x_2^{n-2} & x_3^{n-2} & \cdots & x_n^{n-2}\end{vmatrix}$$

$$=(x_2-x_1)(x_3-x_1)\cdots(x_n-x_1)\prod_{2\leqslant i<j\leqslant n}(x_j-x_i)$$

$$=\prod_{1\leqslant i<j\leqslant n}(x_j-x_i)。$$

范德蒙德行列式的证明过程是行列式定义、性质与数学归纳法的综合应用,它是线性代数中著名的行列式之一。范德蒙德行列式与线性泛函逼近、函数插值、数字信号等自然科学或工程技术的实际应用问题密切相关。范德蒙德

行列式在线性空间和线性变换的研究中也有着非常重要的作用，随着本书内容的深入，读者可以逐渐感受到这一点。

例 2.3.9 设$|\mathbf{A}|=\begin{vmatrix}1&2&3&4&5\\6&6&6&7&7\\2&3&4&5&6\\3&3&3&8&8\\4&5&2&3&1\end{vmatrix}$，计算 $A_{31}+A_{32}+A_{33}$。

解：$A_{31}+A_{32}+A_{33}=1\cdot A_{31}+1\cdot A_{32}+1\cdot A_{33}+0\cdot A_{34}+0\cdot A_{35}$，此算式等于用 1,1,1,0,0 替换$|\mathbf{A}|$中第 3 行的元素所得的行列式，即

$$\mathbf{A}_{31}+\mathbf{A}_{32}+\mathbf{A}_{33}=\begin{vmatrix}1&2&3&4&5\\6&6&6&7&7\\1&1&1&0&0\\3&3&3&8&8\\4&5&2&3&1\end{vmatrix}\xlongequal[r_4-3r_3]{r_2-6r_3}\begin{vmatrix}1&2&3&4&5\\0&0&0&7&7\\1&1&1&0&0\\0&0&0&8&8\\4&5&2&3&1\end{vmatrix}\xlongequal{r_4-\frac{8}{7}r_2}$$

$$\begin{vmatrix}1&2&3&4&5\\0&0&0&7&7\\1&1&1&0&0\\0&0&0&0&0\\4&5&2&3&1\end{vmatrix}$$。所以，$A_{11}+A_{12}+A_{13}=0$。

我们在学习高等数学时，曾经接触过关于向量的"乘法"运算——外积（叉乘积），如果借助行列式，就可以更好地帮助我们理解这种积的含义。

例如，在 $\mathbb{R}^2$ 中，$\mathbf{e}_1$，$\mathbf{e}_2$，为标准正交基，向量 $\boldsymbol{\alpha}=a_{11}\mathbf{e}_1+a_{12}\mathbf{e}_2$，$\boldsymbol{\beta}=a_{21}\mathbf{e}_1+a_{22}\mathbf{e}_2$，那么

$$\boldsymbol{\alpha}\times\boldsymbol{\beta}=(a_{11}\mathbf{e}_1+a_{12}\mathbf{e}_2)\times(a_{21}\mathbf{e}_1+a_{22}\mathbf{e}_2)$$
$$=a_{11}a_{21}\mathbf{e}_1\times\mathbf{e}_1+a_{11}a_{22}\mathbf{e}_1\times\mathbf{e}_2+a_{12}a_{21}\mathbf{e}_2\times\mathbf{e}_1+a_{12}a_{22}\mathbf{e}_2\times\mathbf{e}_2$$

又知 $\mathbf{e}_1\times\mathbf{e}_1=\mathbf{0}$，$\mathbf{e}_2\times\mathbf{e}_2=\mathbf{0}$，$\mathbf{e}_1\times\mathbf{e}_2=-\mathbf{e}_2\times\mathbf{e}_1$，则有

$$\boldsymbol{\alpha}\times\boldsymbol{\beta}=a_{11}a_{22}\mathbf{e}_1\times\mathbf{e}_2-a_{21}a_{21}\mathbf{e}_1\times\mathbf{e}_2=\begin{vmatrix}a_{11}&a_{12}\\a_{21}&a_{22}\end{vmatrix}\mathbf{e}_1\times\mathbf{e}_2。$$

从上面的例子中，我们不难看出，当有了 n 阶行列式的概念时，将有助于人们更加方便地研究$\mathbb{R}^n$ 中 n 个向量的外积问题。

习题 2—3

1. 计算下列行列式。

(1) $\begin{vmatrix} a-b-c & 2a & 2a \\ 2b & b-c-a & 2b \\ 2c & 2c & c-a-b \end{vmatrix}$；

(2) $\begin{vmatrix} 2008 & 2009 \\ 2017 & 2018 \end{vmatrix}$；

(3)已知 2 阶行列式 $\begin{vmatrix} a_1 & a_2 \\ b_1 & b_2 \end{vmatrix}=m$，$\begin{vmatrix} b_1 & b_2 \\ c_1 & c_2 \end{vmatrix}=n$，计算 $\begin{vmatrix} b_1 & b_2 \\ a_1+c_1 & a_2+c_2 \end{vmatrix}=m$；

(4) $\begin{vmatrix} a_{11} & 0 & 0 & a_{14} \\ 0 & a_{22} & a_{23} & 0 \\ 0 & a_{32} & a_{33} & 0 \\ a_{41} & 0 & 0 & a_{44} \end{vmatrix}$；

(5)已知 5 阶行列式 $D=4$，按照下面的顺序对作变换：先交换第 1 列与第 5 列，再转置。接着，用 3 乘所有元素，再用(—7)乘第 2 行元素之后对应加到第 1 行元素上，最后用 18 除第 2 行所有元素，将经过这 5 次变换后的行列式记作 D_5，计算 D_5。

2. 若 $\boldsymbol{\alpha}=\begin{pmatrix} a_1 \\ a_2 \\ \vdots \\ a_n \end{pmatrix}$，$\boldsymbol{\beta}=\begin{pmatrix} b_1 \\ b_2 \\ \vdots \\ b_n \end{pmatrix}$，则分别计算 $\boldsymbol{\alpha}^T\boldsymbol{\beta}$，$|\boldsymbol{\alpha}^T\boldsymbol{\beta}|$，$\boldsymbol{\alpha}\boldsymbol{\beta}^T$，$(\boldsymbol{\alpha}\boldsymbol{\beta}^T)^n$。

3. 设多项式 $f(x)=\begin{vmatrix} a_{11}+x & a_{12}+x & a_{13}+x \\ a_{21}+x & a_{22}+x & a_{23}+x \\ a_{31}+x & a_{32}+x & a_{33}+x \end{vmatrix}$，其中 $a_{ij}(i,j=1,2,3)$为实数，那么该多项式的次数的取值范围是多少？

4. 设 $|\mathbf{A}|=\begin{vmatrix} 1 & 2 & 3 & 4 & 5 \\ 2 & 2 & 3 & 3 & 3 \\ 6 & 7 & 8 & 9 & 0 \\ 5 & 5 & 7 & 7 & 7 \\ 4 & 1 & 3 & 9 & 5 \end{vmatrix}$，计算 $A_{31}+A_{32}+A_{33}$。

5. 计算 $n(n\geqslant 3)$ 阶行列式 $D_n=\begin{vmatrix} 1 & 3 & 3 & \cdots & 3 & 3 \\ 3 & 2 & 3 & \cdots & 3 & 3 \\ 3 & 3 & 3 & \cdots & 3 & 3 \\ \vdots & \vdots & \vdots & & \vdots & \vdots \\ 3 & 3 & 3 & \cdots & n-1 & 3 \\ 3 & 3 & 3 & \cdots & 3 & n \end{vmatrix}$。

6. 计算 $n(n\geqslant 3)$ 阶行列式 $D_n=\begin{vmatrix} a & b & 0 & \cdots & 0 & 0 \\ 0 & a & b & \cdots & 0 & 0 \\ 0 & 0 & a & \cdots & 0 & 0 \\ \vdots & \vdots & \vdots & & \vdots & \vdots \\ 0 & 0 & 0 & \cdots & a & b \\ b & 0 & 0 & \cdots & 0 & a \end{vmatrix}$。

7. 计算 $n(n\geqslant 3)$ 阶行列式 $D_n=\begin{vmatrix} 1 & 2 & 3 & 4 & \cdots & n-1 & n \\ 1 & 1 & 2 & 3 & \cdots & n-2 & n-1 \\ 1 & x & 1 & 2 & \cdots & n-3 & n-2 \\ 1 & x & x & 1 & \cdots & n-4 & n-3 \\ \vdots & \vdots & \vdots & \vdots & & \vdots & \vdots \\ 1 & x & x & x & \cdots & 1 & 2 \\ 1 & x & x & x & \cdots & x & 1 \end{vmatrix}$。

第三章　特殊矩阵与矩阵的秩

为了更好地了解矩阵这个工具,本章首先介绍几种常见的特殊矩阵及其运算,层层递进,再介绍几种应用较为广泛的矩阵,使读者从不同角度来欣赏线性代数的这个重要工具。最后,我们来学习矩阵的"基因"——秩。

第一节　几种常见的特殊矩阵

本节所介绍的几种矩阵,虽然结构非常简单,一般的运算也简单,但正是这种"简单的特性"使得其具有极大的应用价值,也是我们后续学习的基础。

一、对角矩阵

定义 3.1.1　非主对角线上的元素皆为零的 n 阶矩阵称为 n 阶**对角矩阵**(简称对角阵),记作 $\mathbf{\Lambda}$,或 $drag(\lambda_1,\lambda_2,\cdots\lambda_n)$,即

$$\mathbf{\Lambda}=\begin{pmatrix}\lambda_1 & 0 & \cdots & 0\\ 0 & \lambda_2 & \cdots & 0\\ \vdots & \vdots & \ddots & \vdots\\ 0 & 0 & \cdots & \lambda_n\end{pmatrix}$$

显然,单位矩阵 $\mathbf{E}_n$ 是一种特殊的对角阵。对角阵在计算上有着自己得天独厚的优势。例如,设 $\mathbf{A}$,$\mathbf{B}$ 分别为 n 阶对角矩阵,记作:

$$\mathbf{A}=\begin{pmatrix}a_1 & 0 & \cdots & 0\\ 0 & a_2 & \cdots & 0\\ \vdots & \vdots & \ddots & \vdots\\ 0 & 0 & \cdots & a_n\end{pmatrix},\mathbf{B}\begin{pmatrix}b_1 & 0 & \cdots & 0\\ 0 & b_2 & \cdots & 0\\ \vdots & \vdots & \ddots & \vdots\\ 0 & 0 & \cdots & b_n\end{pmatrix}.$$

那么,

(1) $\mathbf{A}+\mathbf{B}=\begin{pmatrix} a_1+b_1 & 0 & \cdots & 0 \\ 0 & a_2+b_2 & \cdots & 0 \\ \vdots & \vdots & \ddots & \vdots \\ 0 & 0 & \cdots & a_n+b_n \end{pmatrix}$；

(2) $k\in\mathbb{R}$，$k\cdot\mathbf{A}=\begin{pmatrix} ka_1 & 0 & \cdots & 0 \\ 0 & ka_2 & \cdots & 0 \\ \vdots & \vdots & \ddots & \vdots \\ 0 & 0 & \cdots & ka_n \end{pmatrix}$；

(3) $\mathbf{A}\cdot\mathbf{B}=\begin{pmatrix} a_1b_1 & 0 & \cdots & 0 \\ 0 & a_2b_2 & \cdots & 0 \\ \vdots & \vdots & \ddots & \vdots \\ 0 & 0 & \cdots & a_nb_n \end{pmatrix}$；

(4) $n\in\mathbb{N}^+$，$\mathbf{A}^n=\begin{pmatrix} a_1^n & 0 & \cdots & 0 \\ 0 & a_2^n & \cdots & 0 \\ \vdots & \vdots & \ddots & \vdots \\ 0 & 0 & \cdots & a_n^n \end{pmatrix}$；

(5)若已知多项式函数 $f(x)=k_nx^n+k_{n-1}x^{n-1}+\cdots+k_1x+k_0$，则对应的矩阵方程为

$$f(\mathbf{A})=k_n\mathbf{A}^n+\cdots+k_1\mathbf{A}+k_0\mathbf{E}=\begin{pmatrix} f(a_1) & 0 & \cdots & 0 \\ 0 & f(a_2) & \cdots & 0 \\ \vdots & \vdots & \ddots & \vdots \\ 0 & 0 & \cdots & f(a_n) \end{pmatrix};$$

(6) $|\mathbf{A}|=a_1a_2\cdots a_n$；

(7)与矩阵 $\mathbf{A}$ 对应的列向量组：$\begin{pmatrix} a_1 \\ 0 \\ \vdots \\ 0 \end{pmatrix},\begin{pmatrix} 0 \\ a_2 \\ \vdots \\ 0 \end{pmatrix},\cdots,\begin{pmatrix} 0 \\ 0 \\ \vdots \\ a_n \end{pmatrix}$。显然，当 $a_i\neq 0$，$i=1,2,\cdots,n$ 时，此向量组线性无关，并且与向量组 $\begin{pmatrix} 1 \\ 0 \\ \vdots \\ 0 \end{pmatrix},\begin{pmatrix} 0 \\ 1 \\ \vdots \\ 0 \end{pmatrix},\cdots,\begin{pmatrix} 0 \\ 0 \\ \vdots \\ 1 \end{pmatrix}$ 等价。

例 3.1.1 设 $\mathbf{A}=\begin{pmatrix}\lambda & 1 & 0\\0 & \lambda & 1\\0 & 0 & \lambda\end{pmatrix}$,计算 $\mathbf{A}^n$,其中 n 为正整数。

解:令 $\mathbf{\Lambda}=\begin{pmatrix}\lambda & 0 & 0\\0 & \lambda & 0\\0 & 0 & \lambda\end{pmatrix}$,$\mathbf{B}=\begin{pmatrix}0 & 1 & 0\\0 & 0 & 1\\0 & 0 & 0\end{pmatrix}$,可知 $\mathbf{\Lambda}\cdot\mathbf{B}=\mathbf{B}\cdot\mathbf{\Lambda}$。

$\mathbf{B}^2=\begin{pmatrix}0 & 1 & 0\\0 & 0 & 1\\0 & 0 & 0\end{pmatrix}\begin{pmatrix}0 & 1 & 0\\0 & 0 & 1\\0 & 0 & 0\end{pmatrix}=\begin{pmatrix}0 & 0 & 1\\0 & 0 & 0\\0 & 0 & 0\end{pmatrix}$,

$\mathbf{B}^3=\begin{pmatrix}0 & 0 & 1\\0 & 0 & 0\\0 & 0 & 0\end{pmatrix}\begin{pmatrix}0 & 1 & 0\\0 & 0 & 1\\0 & 0 & 0\end{pmatrix}=\begin{pmatrix}0 & 0 & 0\\0 & 0 & 0\\0 & 0 & 0\end{pmatrix}$,

$\mathbf{B}^4=\cdots=\mathbf{B}^n=\mathbf{0}$。

那么,

$$
\begin{aligned}
\mathbf{A}^n &=(\mathbf{\Lambda}+\mathbf{B})^n=\sum_{i=0}^{n}\mathbf{C}_n^i\mathbf{\Lambda}^{n-i}\mathbf{B}^i\\
&=\mathbf{\Lambda}^n+n\mathbf{\Lambda}^{n-1}\mathbf{B}+\frac{n(n-1)}{2}\mathbf{\Lambda}^{n-2}\mathbf{B}^2\\
&=\begin{pmatrix}\lambda^n & n\lambda^{n-1} & \frac{n(n-1)}{2}\lambda^{n-2}\\0 & \lambda^n & n\lambda^{n-1}\\0 & 0 & \lambda^n\end{pmatrix}。
\end{aligned}
$$

二、对称矩阵

定义 3.1.2 设 $\mathbf{A}=(a_{ij})$为 n 阶方阵,如果 $\mathbf{A}^T=\mathbf{A}$,则称矩阵 $\mathbf{A}$ 为**对称矩阵**。对称矩阵的元素特征是 $a_{ij}=a_{ji}$,其中 $i,j=1,2,\cdots,n$。对称矩阵的结构特点是元素以主对角线为对称轴对应相等。对角矩阵显然是对称矩阵。

注意:

1. 任意一个 n 阶方阵 $\mathbf{A}$ 至少可以构造出一个对称矩阵,如$\frac{\mathbf{A}+\mathbf{A}^T}{2}$。

2. 虽然对称矩阵要求必须是方阵,但是任意一个 $m\times n$ 矩阵 $\mathbf{A}$ 也可以构造出对称矩阵,如 $\mathbf{A}\cdot\mathbf{A}^T$,$\mathbf{A}^T\cdot\mathbf{A}$ 都是对称矩阵,并且前者为 m 阶的,后者为 n 阶的。

3. 若 $\mathbf{A}$ 为对称矩阵,$\mathbf{B}$ 也为对称矩阵,则 $k\mathbf{A}$(其中 $k\in\mathbb{R}$),$\mathbf{A}+\mathbf{B}$ 均为对称

矩阵。$\mathbf{A}\cdot\mathbf{B}$ 亦为对称矩阵当且仅当 $\mathbf{A}\cdot\mathbf{B}=\mathbf{B}\cdot\mathbf{A}$。

定义 3.1.3　设 $\mathbf{A}=(a_{ij})$ 为 n 阶方阵，如果 $\mathbf{A}=-\mathbf{A}^T$，则矩阵 $\mathbf{A}$ 为**反对称矩阵**。反对称矩阵的元素特征是 $a_{ij}=-a_{ji}$，$i,j=1,2,\cdots,n$。那么，当 $i=j$ 时，有 $a_{ii}=-a_{ii}$，即 $a_{ii}=0$。所以，其结构特点是主对角线元素全部为零，其它元素以主对角线为对称轴相应互为相反数。

注意：

1. 任意一个 n 阶方阵 $\mathbf{A}$ 至少可以构造出一个反对称矩阵，如 $\mathbf{A}-\mathbf{A}^T$。
2. 任意一个 n 阶方阵 $\mathbf{A}$ 可以写成一个对称矩阵和一个反对称矩阵的和。
3. 任意一个奇数阶的反对称矩阵 $\mathbf{A}_n$，有 $|\mathbf{A}_n|=0$。

因为 $|\mathbf{A}_n|=|-\mathbf{A}_n^T|=(-1)^n|\mathbf{A}_n^T|=(-1)^n|\mathbf{A}_n|$，$n$ 为奇数，故 $|\mathbf{A}_n|=-|\mathbf{A}_n|$，即 $|\mathbf{A}_n|=0$。

三、伴随矩阵

定义 3.1.4　若 $\mathbf{A}$ 为 n 阶方阵，A_{ij} 为 $\mathbf{A}$ 中元素 a_{ij} 的代数余子式，其中 $i,j=1,2,\cdots,n$，称如下结构的矩阵为矩阵 $\mathbf{A}$ 的**伴随矩阵**（简称伴随阵），记作 $\mathbf{A}^*$，或 $adj(\mathbf{A})$，即

$$\mathbf{A}^*=\begin{pmatrix} A_{11} & A_{21} & \cdots & A_{n1} \\ A_{12} & A_{22} & \cdots & A_{n2} \\ \vdots & \vdots & & \vdots \\ A_{1n} & A_{2n} & \cdots & A_{nn} \end{pmatrix}。$$

换句话说，$\mathbf{A}^*$ 第 i 行元素是 $\mathbf{A}$ 中第 i 列元素对应的代数余子式。因为对于任意方阵 $\mathbf{A}$，它都有属于自己的 $\mathbf{A}^*$，如影相随，故形象地称为“伴随”。

在矩阵的计算和讨论中，常常会遇到伴随矩阵，通过伴随矩阵实现简化计算或深入分析。下面我们介绍一些伴随矩阵的基本性质，随着本书内容的深入，读者会在后面的内容中陆续学习到有关伴随矩阵的其他性质。

性质 3.1.1　若 $\mathbf{A}$ 为 n 阶方阵，$\mathbf{A}^*$ 为其伴随矩阵，则

$$\mathbf{A}\mathbf{A}^*=\mathbf{A}^*\mathbf{A}=|\mathbf{A}|\mathbf{E}。$$

证明：令 $\mathbf{A}=\begin{pmatrix} a_{11} & a_{12} & \cdots & a_{1n} \\ a_{21} & a_{22} & \cdots & a_{2n} \\ \vdots & \vdots & & \vdots \\ a_{n1} & a_{n2} & \cdots & a_{nn} \end{pmatrix}$，$\mathbf{A}^*=\begin{pmatrix} A_{11} & A_{21} & \cdots & A_{n1} \\ A_{12} & A_{22} & \cdots & A_{n2} \\ \vdots & \vdots & & \vdots \\ A_{1n} & A_{2n} & \cdots & A_{nn} \end{pmatrix}$，

利用行列式按行展开的定义，可知

$$\mathbf{AA}^* = \begin{pmatrix} |\mathbf{A}| & & & \\ & |\mathbf{A}| & & \\ & & \ddots & \\ & & & |\mathbf{A}| \end{pmatrix} = |\mathbf{A}|\mathbf{E}$$

类似地，$\mathbf{AA}^* = |\mathbf{A}|\mathbf{E}$。□

性质 3.1.2 若 $\mathbf{A}$ 为 n 阶方阵，且 $|\mathbf{A}| \neq 0$，则 $\mathbf{A}^* = |\mathbf{A}|^{n-1}$。

证明：由性质 3.1.1 可知，$|\mathbf{A}^*| = \| \mathbf{A}|\mathbf{E}| = |\mathbf{A}|^n$，即 $|\mathbf{A}| \cdot |\mathbf{A}^*| = |\mathbf{A}|^n$，$|\mathbf{A}| \neq 0$，故 $|\mathbf{A}^*| = |\mathbf{A}|^{n-1}$。□

性质 3.1.3 若 $\mathbf{A}$ 为 n 阶方阵，且 $|\mathbf{A}| \neq 0$，那么 $(\mathbf{A}^*)^* = |\mathbf{A}|^{n-2}\mathbf{A}$。

证明：若 $(\mathbf{A}^*)^* \cdot \mathbf{A}^* = |\mathbf{A}^*|\mathbf{E} = |\mathbf{A}|^{n-1}\mathbf{E}$，两边同时右乘以 $\mathbf{A}$，有

$$(\mathbf{A}^*)^* \cdot \mathbf{A}^* \cdot \mathbf{A} = |\mathbf{A}|^{n-1}\mathbf{A}$$

$(\mathbf{A}^*)^* \cdot |\mathbf{A}|\mathbf{E} = |\mathbf{A}|^{n-1}\mathbf{A}$，所以 $(\mathbf{A}^*)^* = |\mathbf{A}|^{n-2}\mathbf{A}$。□

性质 3.1.4 若 $\mathbf{A}$、$\mathbf{B}$ 均为 n 阶方阵，且 $|\mathbf{A}| \neq 0$，$|\mathbf{B}| \neq 0$，则 $(\mathbf{AB})^* = \mathbf{B}^*\mathbf{A}^*$。

证明：因为 $(\mathbf{AB})^*\mathbf{AB} = |\mathbf{AB}| \cdot \mathbf{E} = |\mathbf{A}| \cdot |\mathbf{B}|\mathbf{E}$，两边同时右乘以矩阵 $\mathbf{B}^*$，有

$$(\mathbf{AB})^*\mathbf{AB} \cdot \mathbf{B}^* = |\mathbf{A}| \cdot |\mathbf{B}| \cdot \mathbf{B}^*,$$

即 $(\mathbf{AB})^* \cdot \mathbf{A} = |\mathbf{A}|\mathbf{B}^*$。两边再同时右乘以矩阵 $\mathbf{A}^*$，有

$$(\mathbf{AB})^*\mathbf{AA}^* = |\mathbf{A}|\mathbf{B}^*\mathbf{A}^*,$$

故 $(\mathbf{AB})^* = \mathbf{B}^*\mathbf{A}^*$。□

性质 3.1.5 若 $\mathbf{A}$ 为 n 阶方阵，$\mathbf{A}^T$ 为 $\mathbf{A}$ 的转置，则 $(\mathbf{A}^T)^* = (\mathbf{A}^*)^T$。

证明：令 $\mathbf{A} = \begin{pmatrix} a_{11} & a_{12} & \cdots & a_{1n} \\ a_{21} & a_{22} & \cdots & a_{2n} \\ \vdots & \vdots & & \vdots \\ a_{n1} & a_{n2} & \cdots & a_{nn} \end{pmatrix}$，$\mathbf{A}^T = \begin{pmatrix} a_{11} & a_{21} & \cdots & a_{n1} \\ a_{12} & a_{22} & \cdots & a_{n2} \\ \vdots & \vdots & & \vdots \\ a_{1n} & a_{2n} & \cdots & a_{nn} \end{pmatrix}$，

根据伴随矩阵的定义和性质 2.3.1，可得

$$(\mathbf{A}^*)^T = \begin{pmatrix} A_{11} & A_{12} & \cdots & A_{1n} \\ A_{21} & A_{22} & \cdots & A_{2n} \\ \vdots & \vdots & & \vdots \\ A_{n1} & A_{n2} & \cdots & A_{nn} \end{pmatrix},$$

$$(\mathbf{A}^T)^* = \begin{pmatrix} a_{11} & a_{21} & \cdots & a_{n1} \\ a_{12} & a_{22} & \cdots & a_{n2} \\ \vdots & \vdots & & \vdots \\ a_{1n} & a_{2n} & \cdots & a_{nn} \end{pmatrix}^* = \begin{pmatrix} A_{11} & A_{12} & \cdots & A_{1n} \\ A_{21} & A_{22} & \cdots & A_{2n} \\ \vdots & \vdots & & \vdots \\ A_{n1} & A_{n2} & \cdots & A_{nn} \end{pmatrix},$$

故有$(\mathbf{A}^T)^* = (\mathbf{A}^*)^T$。□

性质 3.1.6　若 $\mathbf{A}$ 为对称矩阵，则其伴随矩阵 $\mathbf{A}^*$ 也是对称矩阵。

性质 3.1.7　若 n 阶方阵 $\mathbf{A}$ 与 n 阶方阵 $\mathbf{B}$ 等价，则 $\mathbf{A}^*$ 与 $\mathbf{B}^*$ 等价。

性质 3.1.8　若 $\mathbf{A}$ 为 n 阶方阵，$a \in \mathbb{R}$，则$(a\mathbf{A})^* = a^{n-1}\mathbf{A}^*$。

性质 3.1.6 至性质 3.1.8 的证明请读者自行完成。

例 3.1.2　设 $n(n \geqslant 3)$维向量 $\boldsymbol{\alpha} = \begin{pmatrix} a_1 \\ a_2 \\ \vdots \\ a_n \end{pmatrix}$，$\boldsymbol{\beta} = \begin{pmatrix} b_1 \\ b_2 \\ \vdots \\ b_n \end{pmatrix}$，$\mathbf{A} = \boldsymbol{\alpha}\boldsymbol{\beta}^T$，计算 $\mathbf{A}^*$。

解：由例 2.3.6 可知，矩阵 $\mathbf{A} = \boldsymbol{\alpha}\boldsymbol{\beta}^T$ 的结构特点是任意两行或两列元素都对应比例。因此 $\mathbf{A}$ 中任意元素 a_{ij} 对应的代数余子式 $\mathbf{A}_{ij} = 0$，其中 $i, j = 1, 2, \cdots, n$，故 $\mathbf{A}^* = 0$。

例 3.1.3　设 $\mathbf{A}$、$\mathbf{B}$ 均为 3 阶方阵，$|\mathbf{A}| = -1$，$|\mathbf{B}| = 2$，计算 $\left|\frac{1}{2}\mathbf{A}^*\mathbf{B}^T\right|$。

解：$\left|\frac{1}{2}\mathbf{A}^*\mathbf{B}^T\right| = \left(\frac{1}{2}\right)^3 |\mathbf{A}^*| \cdot |\mathbf{B}^\mathbf{T}| = \frac{1}{8}|\mathbf{A}|^2 \cdot |\mathbf{B}| = \frac{1}{8} \times (-1)^2 \cdot 2 = \frac{1}{4}$。

例 3.1.4　已知 $\mathbf{A}$ 为 3 阶方阵，$a_{ij} = A_{ij}(i, j = 1, 2, 3)$，其中 A_{ij} 是 a_{ij} 在 $\mathbf{A}$ 中的代数余子式，且 $a_{11} \neq 0$，计算$|\mathbf{A}|$。

解：因 $a_{ij} = A_{ij}$，所以 $\mathbf{A}^* = \mathbf{A}^T$，又 $\mathbf{A} \cdot \mathbf{A}^* = |\mathbf{A}| \cdot \mathbf{E}$，两边同取行列式，有$|\mathbf{A}\mathbf{A}^*| = |\mathbf{A}| \cdot |\mathbf{A}^*| = |\mathbf{A}| \cdot |\mathbf{A}^T| = |\mathbf{A}|^2 = |\mathbf{A}|^3$，即$|\mathbf{A}| = 0$ 或$|\mathbf{A}| = 1$。

又知 $a_{11} \neq 0$，那么 $\mathbf{A} \cdot \mathbf{A}^T$ 的第一个元素为 $a_{11}^2 + \sum_{j=2}^{n} a_{1j}^2 \neq 0$，$|\mathbf{A}| = 0$ 舍去(因为假设$|\mathbf{A}| = 0$，有 $\mathbf{A} \cdot \mathbf{A}^T = \mathbf{A}\mathbf{A}^* = |\mathbf{A}| \cdot \mathbf{E} = \mathbf{0}$，与 $\mathbf{A} \cdot \mathbf{A}^\mathbf{T}$ 的第一个元素非零相矛盾。)，故$|\mathbf{A}| = 1$。

习题 3－1

1. 设矩阵 $\mathbf{A}$，$\mathbf{B}$ 均为 n 阶对称矩阵，证明：$\mathbf{A} \cdot \mathbf{B} + \mathbf{B} \cdot \mathbf{A}$ 是对称矩阵。

2. 设 $\mathbf{A}$ 为 n 阶方阵，证明：$(\mathbf{A}^*)^T = (\mathbf{A}^T)^*$。

3. 设 $\mathbf{A} = \begin{pmatrix} 1 & 0 & 0 \\ 2 & 3 & 0 \\ 4 & 6 & 3 \end{pmatrix}$，计算 $\mathbf{A}^*$。

4. 若 $\boldsymbol{\alpha} = \begin{pmatrix} a_1 \\ a_2 \\ \vdots \\ a_n \end{pmatrix}$，$\boldsymbol{\beta} = \begin{pmatrix} b_1 \\ b_2 \\ \vdots \\ b_n \end{pmatrix}$，则计算$(\boldsymbol{\alpha}\boldsymbol{\beta}^T)^*$。

5. 设 $\mathbf{A}=\begin{pmatrix}1 & 0 & 2\\ -1 & 3 & 0\\ 9 & 5 & 3\end{pmatrix}$，计算 $|2\mathbf{A}^T\mathbf{A}^*|$。

第二节　可逆矩阵

可逆矩阵是一种重要的矩阵，在矩阵论中占据相当重要的地位，如何判断一个矩阵可逆？如果一个矩阵可逆，那么其逆矩阵是什么？可逆矩阵的性质等知识点都将是我们学习的重点内容。

一、可逆矩阵的基本概念

在数字的运算中，我们知道，当 $a\neq 0$ 时，存在 a^{-1}，使得 $a^{-1}\cdot a=a\cdot a^{-1}=1$，则可将 a^{-1} 称为 a 的逆（初等数学中称其为“倒数”）。在数字有了“逆”这个概念后，对于一元线性方程 $ax=b$，$a\neq 0$ 时，可得解 $x=a^{-1}b$。人们不禁要问，对于矩阵 $\mathbf{A}$ 是否也存在类似的情况？为此，我们引入下面可逆矩阵的定义。

定义 3.2.1　对于 n 阶方阵 $\mathbf{A}$，如果存在一个 n 阶方阵 $\mathbf{B}$，使得 $\mathbf{AB}=\mathbf{BA}=\mathbf{E}$，称 $\mathbf{A}$ 是**可逆的**，并把 $\mathbf{B}$ 称为 $\mathbf{A}$ 的**逆矩阵**。

注意：

1. 一般的 $m\times n$ 矩阵不讨论可逆性，只有方阵才可能具有逆矩阵。

2. 若 $\mathbf{A}$ 是可逆的，将 $\mathbf{A}$ 的逆矩阵记作 $\mathbf{A}^{-1}$。

3. 逆矩阵具有唯一性。假设矩阵 $\mathbf{B}$，$\mathbf{C}$ 都是 $\mathbf{A}$ 的逆矩阵，那么

$$\mathbf{B}=\mathbf{B}\cdot\mathbf{E}=\mathbf{B}\cdot(\mathbf{A}\cdot\mathbf{C})=(\mathbf{B}\cdot\mathbf{A})\cdot\mathbf{C}=\mathbf{E}\cdot\mathbf{C}=\mathbf{C}。$$

例 3.2.1　设对角矩阵 $\mathbf{\Lambda}=\begin{pmatrix}\lambda_1 & 0 & \cdots & 0\\ 0 & \lambda_2 & \cdots & 0\\ \vdots & \vdots & \ddots & \vdots\\ 0 & 0 & \cdots & \lambda_n\end{pmatrix}$，且 $\lambda_1,\lambda_2,\cdots\lambda_n$ 均不为零，求 $\mathbf{\Lambda}^{-1}$。

解：显然，
$$\begin{pmatrix}\lambda_1 & 0 & \cdots & 0\\ 0 & \lambda_2 & \cdots & 0\\ \vdots & \vdots & \ddots & \vdots\\ 0 & 0 & \cdots & \lambda_n\end{pmatrix}\begin{pmatrix}\frac{1}{\lambda_1} & 0 & \cdots & 0\\ 0 & \frac{1}{\lambda_2} & \cdots & 0\\ \vdots & \vdots & \ddots & \vdots\\ 0 & 0 & \cdots & \frac{1}{\lambda_n}\end{pmatrix}=\begin{pmatrix}1 & 0 & \cdots & 0\\ 0 & 1 & \cdots & 0\\ \vdots & \vdots & \ddots & \vdots\\ 0 & 0 & \cdots & 1\end{pmatrix}=\mathbf{E}$$

并且$\begin{pmatrix} \frac{1}{\lambda_1} & 0 & \cdots & 0 \\ 0 & \frac{1}{\lambda_2} & \cdots & 0 \\ \vdots & \vdots & \ddots & \vdots \\ 0 & 0 & \cdots & \frac{1}{\lambda_n} \end{pmatrix} \begin{pmatrix} \lambda_1 & 0 & \cdots & 0 \\ 0 & \lambda_2 & \cdots & 0 \\ \vdots & \vdots & \ddots & \vdots \\ 0 & 0 & \cdots & \lambda_n \end{pmatrix} = \begin{pmatrix} 1 & 0 & \cdots & 0 \\ 0 & 1 & \cdots & 0 \\ \vdots & \vdots & & \\ 0 & 0 & \cdots & 1 \end{pmatrix} = \mathbf{E}$。

因此，$\mathbf{\Lambda}^{-1} = \begin{pmatrix} \frac{1}{\lambda_1} & 0 & \cdots & 0 \\ 0 & \frac{1}{\lambda_2} & \cdots & 0 \\ \vdots & \vdots & \ddots & \vdots \\ 0 & 0 & \cdots & \frac{1}{\lambda_n} \end{pmatrix}$。

例 3.2.2　设 $\mathbf{A} = \begin{pmatrix} 2 & 1 \\ -1 & 0 \end{pmatrix}$，求 $\mathbf{A}^{-1}$。

解：利用待定系数法，设 $\mathbf{B} = \begin{pmatrix} a & b \\ c & d \end{pmatrix}$，根据定义可得

$$\mathbf{AB} = \begin{pmatrix} 2 & 1 \\ -1 & 0 \end{pmatrix} \begin{pmatrix} a & b \\ c & d \end{pmatrix} = \begin{pmatrix} 1 & 0 \\ 0 & 1 \end{pmatrix} \Rightarrow \begin{pmatrix} 2a+c & 2b+d \\ -a & -b \end{pmatrix} = \begin{pmatrix} 1 & 0 \\ 0 & 1 \end{pmatrix}$$

有

$$\begin{cases} 2a+c=1 \\ 2b+d=0 \\ -a=0 \\ -b=1 \end{cases} \Rightarrow \begin{cases} a=0 \\ b=-1 \\ c=1 \\ d=2 \end{cases}。$$

进一步验证 $\mathbf{BA} = \begin{pmatrix} 0 & -1 \\ 1 & 2 \end{pmatrix} \begin{pmatrix} 2 & 1 \\ -1 & 0 \end{pmatrix} = \mathbf{E}$，　所以 $\mathbf{A}^{-1} = \begin{pmatrix} 0 & -1 \\ 1 & 2 \end{pmatrix}$。

待定系数法是基于可逆矩阵的定义来判定其是否可逆的基本方法，不难看出，待定系数法对于处理 2 阶方阵的逆矩阵求解是比较有效的。如果对应的线性方程组有解，则方阵可逆；如果对应的线性方程组无解，则该方阵不可逆。当方阵 $\mathbf{A}$ 的阶数为 3 阶及以上时，待定系数法理论上是成立的，但实操中显然运算量比较大，需要利用其它性质进行判断或求解。接下来介绍可逆矩阵的性质。

二、方阵可逆的条件及性质

定理 3.2.1　方阵 $\mathbf{A}$ 可逆的充分必要条件是 $|\mathbf{A}| \neq 0$，且若 $|\mathbf{A}| \neq 0$，则 $\mathbf{A}^{-1} =$

$\frac{1}{|\mathbf{A}|}\mathbf{A}^*$，其中 $\mathbf{A}^*$ 是 $\mathbf{A}$ 的伴随矩阵。

证明:"⇒"已知矩阵 $\mathbf{A}$ 可逆，即存在 $\mathbf{A}^{-1}$，使得 $\mathbf{A}\cdot\mathbf{A}^{-1}=\mathbf{E}$。等式两边同取行列式，有 $|\mathbf{A}|\cdot|\mathbf{A}^{-1}|=|\mathbf{E}|=1$，所以 $|\mathbf{A}|\neq 0$。

"⇐"已知 $|\mathbf{A}|\neq 0$，又 $\mathbf{A}\mathbf{A}^*=\mathbf{A}^*\mathbf{A}=|\mathbf{A}|\mathbf{E}$，两边同乘以 $\frac{1}{|\mathbf{A}|}$，有

$$\mathbf{A}\left(\frac{1}{|\mathbf{A}|}\mathbf{A}^*\right)=\left(\frac{1}{|\mathbf{A}|}\mathbf{A}^*\right)\mathbf{A}=\mathbf{E},$$

由可逆矩阵的定义，得 $\mathbf{A}^{-1}=\frac{1}{|\mathbf{A}|}\mathbf{A}^*$。□

定理 3.2.1 不仅给出了方阵 $\mathbf{A}$ 可逆的充分必要条件，同时还提供了一种求 $\mathbf{A}^{-1}$ 的方法。同时，我们也知道，若 $|\mathbf{A}|=0$，则方阵 $\mathbf{A}$ 不可逆。我们利用定理 3.2.1 不难得到并验证如下一些可逆矩阵的基本性质。

性质 3.2.1 若 $\mathbf{A}$ 可逆，则 $\mathbf{A}^{-1}$， $k\cdot\mathbf{A}$(k 为非零实数)， $\mathbf{A}^T$， $\mathbf{A}^*$ 均可逆，并且它们对应的逆矩阵分别为

(1)$(\mathbf{A}^{-1})^{-1}=\mathbf{A}$；

(2)$(k\mathbf{A})^{-1}=\frac{1}{k}\mathbf{A}^{-1}$；

(3)$(\mathbf{A}^*)^{-1}=\frac{1}{|\mathbf{A}|}\mathbf{A}$；

(4)$(\mathbf{A}^T)^{-1}=(\mathbf{A}^{-1})^T$。

性质 3.2.2 若 $\mathbf{A}$、$\mathbf{B}$ 均可逆，则 $\mathbf{A}\cdot\mathbf{B}$ 亦可逆，并且 $(\mathbf{AB})^{-1}=\mathbf{B}^{-1}\mathbf{A}^{-1}$。

性质 3.2.3 若 $\mathbf{A}$、$\mathbf{B}$ 为 n 阶方阵，$\mathbf{A}\cdot\mathbf{B}$ 可逆，则 $\mathbf{A}$、$\mathbf{B}$ 均可逆。

注意:

1. 性质 3.2.3 如果缺少"方阵"这个必要条件，则结论不成立，请读者自行思考原因。

2. $\mathbf{A}$、$\mathbf{B}$ 均可逆，但 $\mathbf{A}+\mathbf{B}$ 不一定可逆。例如，$\mathbf{A}=\begin{pmatrix}1&0\\0&1\end{pmatrix}$，$\mathbf{B}=\begin{pmatrix}-1&0\\0&1\end{pmatrix}$，$\mathbf{A}+\mathbf{B}=\begin{pmatrix}0&0\\0&1\end{pmatrix}$，显然 $|\mathbf{A}+\mathbf{B}|=0$，所以 $\mathbf{A}+\mathbf{B}$ 不可逆。

性质 3.2.4 若 $\mathbf{A}$ 可逆，且 $\mathbf{AB}=\mathbf{AC}$，则 $\mathbf{B}=\mathbf{C}$。

此结论对于一般矩阵乘法不成立。

性质 3.2.5 若 $\mathbf{A}$ 可逆，且 $\mathbf{A}\cdot\mathbf{B}=\mathbf{0}$，则 $\mathbf{B}=\mathbf{0}$。

性质 3.2.6 若 $\mathbf{A}$ 可逆，$|\mathbf{A}^{-1}|=|\mathbf{A}|^{-1}$，$(\mathbf{A}^{-1})^*=\frac{1}{|\mathbf{A}|}\mathbf{A}$；若 $\mathbf{A}$ 可逆并且为对称矩阵，则 $\mathbf{A}^{-1}$ 也是对称矩阵。

性质 3.2.7　已知 n 元线性方程组 $\begin{cases} a_{11}x_1+a_{12}x_2+\cdots+a_{1n}x_n=b_1 \\ a_{21}x_1+a_{22}x_2+\cdots+a_{2n}x_n=b_2 \\ \cdots\cdots \\ a_{n1}x_1+a_{n2}x_2+\cdots+a_{nn}x_n=b_n \end{cases}$，若其系数矩阵 $\mathbf{A}=\begin{pmatrix} a_{11} & a_{12} & \cdots & a_{1n} \\ a_{21} & a_{22} & \cdots & a_{2n} \\ \vdots & \vdots & & \vdots \\ a_{n1} & a_{n2} & \cdots & a_{nn} \end{pmatrix}$ 可逆，则该线性方程组有唯一解。

将线性方程组改写成矩阵的形式 $\mathbf{Ax}=\mathbf{b}$，其中 $\mathbf{x}=\begin{pmatrix} x_1 \\ x_2 \\ \vdots \\ x_n \end{pmatrix}$，$\mathbf{b}=\begin{pmatrix} b_1 \\ b_2 \\ \vdots \\ b_n \end{pmatrix}$。因为 $\mathbf{A}$ 可逆，两边同时右乘以 $\mathbf{A}^{-1}$，有 $\mathbf{A}^{-1}\mathbf{Ax}=\mathbf{Ab}$，即 $\mathbf{x}=\mathbf{A}^{-1}\mathbf{b}$。

性质 3.2.8　已知 n 个 n 维列向量组 $\boldsymbol{\alpha}_1=\begin{pmatrix} a_{11} \\ a_{21} \\ \vdots \\ a_{n1} \end{pmatrix}$，$\boldsymbol{\alpha}_2=\begin{pmatrix} a_{12} \\ a_{22} \\ \vdots \\ a_{n2} \end{pmatrix}$，$\cdots$，$\boldsymbol{\alpha}_n=\begin{pmatrix} a_{1n} \\ a_{2n} \\ \vdots \\ a_{nn} \end{pmatrix}$，若与之对应的矩阵记作 $\mathbf{A}=\begin{pmatrix} a_{11} & a_{12} & \cdots & a_{1n} \\ a_{21} & a_{22} & \cdots & a_{2n} \\ \vdots & \vdots & & \vdots \\ a_{n1} & a_{n2} & \cdots & a_{nn} \end{pmatrix}$，则该向量组线性无关的充分必要条件是矩阵 $\mathbf{A}$ 可逆。

证明:充分性。存在 $k_1,k_2,\cdots,k_n\in\mathbb{R}$，使得 $k_1\boldsymbol{\alpha}_1+k_2\boldsymbol{\alpha}_2+\cdots+k_n\boldsymbol{\alpha}_n=\mathbf{0}$。有 $(\boldsymbol{\alpha}_1,\boldsymbol{\alpha}_2,\cdots,\boldsymbol{\alpha}_n)\begin{pmatrix} k_1 \\ k_2 \\ \vdots \\ k_n \end{pmatrix}=\mathbf{0}$，即 $\mathbf{Ak}=\mathbf{0}$，其中 $\mathbf{k}=\begin{pmatrix} k_1 \\ k_2 \\ \vdots \\ k_n \end{pmatrix}$，又 $\mathbf{A}$ 可逆，有 $\mathbf{k}=\mathbf{0}$，即 $k_1=k_2=\cdots=k_n=0$，故向量组线性无关。

必要性。已知向量组线性无关，则有 $(\boldsymbol{\alpha}_1,\boldsymbol{\alpha}_2,\cdots,\boldsymbol{\alpha}_n)\begin{pmatrix} x_1 \\ \vdots \\ x_n \end{pmatrix}=\mathbf{0}$，即线性方程组 $\mathbf{A}\bar{x}=\mathbf{0}$ 具有唯一的零解。根据高斯消元法，此线性方程组与 $\begin{cases} x_1 & & & =0 \\ & x_2 & & =0 \\ & & \cdots\cdots & \\ & & & x_n=0 \end{cases}$ 是同

解方程组。再根据行列式性质和高斯消元法的变换可知$|\mathbf{A}|\neq 0$，所以$\mathbf{A}$可逆. □

定理 3.2.2 n方阵$\mathbf{A}$可逆的充分必要条件是存在n阶方阵$\mathbf{B}$，使得$\mathbf{AB}=\mathbf{E}$(或者$\mathbf{BA}=\mathbf{E}$)，并且当$\mathbf{A}$可逆时，$\mathbf{B}=\mathbf{A}^{-1}$。

证明："⇒"$\mathbf{A}$可逆，则取$\mathbf{B}=\mathbf{A}^{-1}$，有$\mathbf{AB}=\mathbf{E}$。

"⇐"$\mathbf{AB}=\mathbf{E}$，两边同取行列式$|\mathbf{A}|\cdot|\mathbf{B}|=1$，故$|\mathbf{A}|\neq 0$，即$\mathbf{A}$可逆。在$\mathbf{AB}=\mathbf{E}$两边同时左乘以$\mathbf{A}^{-1}$，有$\mathbf{A}^{-1}\mathbf{AB}=\mathbf{A}^{-1}$，即$\mathbf{B}=\mathbf{A}^{-1}$。□

推论 3.2.1 n阶方阵$\mathbf{A}$和$\mathbf{B}$，有$\mathbf{AB}=\mathbf{E}$，则$\mathbf{A}$、$\mathbf{B}$都可逆且互为逆矩阵。

例 3.2.3 求方阵$\mathbf{A}=\begin{pmatrix}1&2&3\\1&1&2\\3&2&0\end{pmatrix}$的逆矩阵。

解：因为$|\mathbf{A}|=5\neq 0$，所以$\mathbf{A}^{-1}$存在。由定理3.2.1可得

$$A_{11}=\begin{vmatrix}1&2\\2&0\end{vmatrix}=-4,A_{12}=-\begin{vmatrix}1&2\\3&0\end{vmatrix}=6。$$

同理可得，

$A_{13}=-1,A_{21}=6,A_{22}=-9,A_{23}=4,A_{31}=1,A_{32}=1,A_{33}=-1$。

那么$\mathbf{A}^{*}=\begin{pmatrix}-4&6&1\\6&-9&1\\-1&4&-1\end{pmatrix}$，因此$\mathbf{A}^{-1}=\begin{pmatrix}-\frac{4}{5}&\frac{6}{5}&\frac{1}{5}\\\frac{6}{5}&-\frac{9}{5}&\frac{1}{5}\\-\frac{1}{5}&\frac{4}{5}&-\frac{1}{5}\end{pmatrix}$。

例 3.2.4 设方阵$\mathbf{A}$满足矩阵方程$\mathbf{A}^2-\mathbf{A}-2\mathbf{E}=\mathbf{0}$。证明：$\mathbf{A}+2\mathbf{E}$可逆，并求其逆矩阵。

解：重新整理方程，可得

$$\mathbf{A}^2-\mathbf{A}-2\mathbf{E}=\mathbf{0}\Rightarrow(\mathbf{A}+2\mathbf{E})(\mathbf{A}-3\mathbf{E})+4\mathbf{E}=\mathbf{0}\Rightarrow(\mathbf{A}+2\mathbf{E})\left(-\frac{\mathbf{A}-3\mathbf{E}}{4}\right)=\mathbf{E}$$

等式两边同取行列式，有$|\mathbf{A}+2\mathbf{E}|\cdot\left|-\frac{\mathbf{A}-3\mathbf{E}}{4}\right|=1$。所以$\mathbf{A}+2\mathbf{E}$可逆，且$(\mathbf{A}+2\mathbf{E})^{-1}=-\frac{\mathbf{A}-3\mathbf{E}}{4}$。

例 3.2.5 设3阶矩阵$\mathbf{A}$满足$\mathbf{A}^{-1}\mathbf{BA}=6\mathbf{A}+\mathbf{BA}$，且$\mathbf{A}=\begin{pmatrix}\frac{1}{2}&0&0\\0&\frac{1}{4}&0\\0&0&\frac{1}{7}\end{pmatrix}$，求

矩阵 $\mathbf{B}$。

解：$\mathbf{A}^{-1}\mathbf{B}\mathbf{A}=6\mathbf{A}+\mathbf{B}\mathbf{A}$，两边同时左乘以 $\mathbf{A}$，有

$$\mathbf{A}\mathbf{A}^{-1}\mathbf{B}\mathbf{A}=6\mathbf{A}^2+\mathbf{A}\mathbf{B}\mathbf{A},\mathbf{B}\mathbf{A}=6\mathbf{A}^2+\mathbf{A}\mathbf{B}\mathbf{A}。$$

两边再同时右乘以 $\mathbf{A}^{-1}$，可得 $\mathbf{B}=6\mathbf{A}+\mathbf{A}\mathbf{B}$。所以，

$$(\mathbf{E}-\mathbf{A})\mathbf{B}=6\mathbf{A}\Rightarrow\mathbf{B}=6(\mathbf{E}-\mathbf{A})^{-1}\mathbf{A}。$$

下面我们将已知的矩阵分别代入计算，得

$$\mathbf{B}=6\begin{pmatrix}\frac{1}{2}&0&0\\0&\frac{3}{4}&0\\0&0&\frac{6}{7}\end{pmatrix}^{-1}\begin{pmatrix}\frac{1}{2}&0&0\\0&\frac{1}{4}&0\\0&0&\frac{1}{7}\end{pmatrix}=6\begin{pmatrix}2&0&0\\0&\frac{4}{3}&0\\0&0&\frac{7}{6}\end{pmatrix}\begin{pmatrix}\frac{1}{2}&0&0\\0&\frac{1}{4}&0\\0&0&\frac{1}{7}\end{pmatrix}=$$

$$\begin{pmatrix}6&0&0\\0&2&0\\0&0&1\end{pmatrix}。$$

例 3.2.6　设 $\mathbf{A}$ 为 3 阶方阵，且 $|\mathbf{A}|=\frac{1}{8}$，求 $|(2\mathbf{A})^{-1}-2\mathbf{A}^*|$。

解：$|(2\mathbf{A})^{-1}-2\mathbf{A}^*|=\left|\frac{1}{2}\mathbf{A}^{-1}-2\mathbf{A}^*\right|=\left|\frac{1}{2}\cdot\frac{1}{|\mathbf{A}|}\cdot\mathbf{A}^*-2\mathbf{A}^*\right|=|2\mathbf{A}^*|=$

$2^3\cdot|\mathbf{A}|^{3-1}=8\cdot\left(\frac{1}{8}\right)^2=\frac{1}{8}$。

例 3.2.7　已知 $\mathbf{A}\mathbf{P}=\mathbf{P}\mathbf{B}$，其中 $\mathbf{B}=\begin{pmatrix}1&0&0\\0&0&0\\0&0&-1\end{pmatrix}$，$\mathbf{P}=\begin{pmatrix}1&0&0\\2&-1&0\\2&1&1\end{pmatrix}$，求 $\mathbf{A}^n$。

解：因为 $|\mathbf{P}|=-1\neq0$，所以 $\mathbf{P}$ 可逆，$\mathbf{B}$ 为对角矩阵，并且我们可以推导如下关系式

$$\mathbf{A}\mathbf{P}=\mathbf{P}\mathbf{B}\Rightarrow\mathbf{A}=\mathbf{P}\mathbf{B}\mathbf{P}^{-1}\Rightarrow\mathbf{A}^n=\underbrace{\mathbf{P}\mathbf{B}\mathbf{P}^{-1}\mathbf{P}\mathbf{B}\mathbf{P}^{-1}\cdots\mathbf{P}\mathbf{B}\mathbf{P}^{-1}}_{n\text{组}}=\mathbf{P}\mathbf{B}^n\mathbf{P}^{-1}。$$

那么，$\mathbf{B}^n=\begin{pmatrix}1&0&0\\0&0&0\\0&0&(-1)^n\end{pmatrix}$，$\mathbf{P}^{-1}=\begin{pmatrix}1&0&0\\2&-1&0\\-4&1&1\end{pmatrix}$。

故

$$\mathbf{A}^n=\begin{pmatrix}1&0&0\\2&0&0\\2+(-1)^{n+1}4&(-1)^n&(-1)^n\end{pmatrix}。$$

定理 3.2.3 方阵 $\mathbf{A}$ 可逆的充分必要条件是 $\mathbf{A}$ 与单位矩阵 $\mathbf{E}$ 等价。换句话说，$\mathbf{A}$ 可逆的充分必要条件是 $\mathbf{A}$ 的标准型为单位矩阵 $\mathbf{E}$。

证明：设 $\mathbf{A}=\begin{pmatrix} a_{11} & a_{12} & \cdots & a_{1n} \\ a_{21} & a_{22} & \cdots & a_{2n} \\ \vdots & \vdots & & \vdots \\ a_{n1} & a_{n2} & \cdots & a_{nn} \end{pmatrix}$，经初等变换可化为如下形式

$$\mathbf{A}'=\begin{pmatrix} q_{11} & q_{12} & \cdots & q_{1n} \\ 0 & q_{22} & \cdots & q_{2n} \\ \vdots & \vdots & & \vdots \\ 0 & 0 & \cdots & q_{nn} \end{pmatrix}。$$

根据行列式的性质 2.3.3(1)，性质 2.3.5 和性质 2.3.6，初等变换不改变方阵行列式是否为零，那么 $|\mathbf{A}|\neq 0$，则 $|\mathbf{A}'|\neq 0$，即 $q_{11}\cdot q_{12}\cdot\cdots\cdot q_{nn}\neq 0$。

进一步，$\mathbf{A}'$ 显然可以经过有限次初等变换化为 $\mathbf{E}$(标准型)。若不然，$\mathbf{A}'$ 经过有限次初等变换化为标准型为 $\begin{pmatrix} \mathbf{E}_r & \mathbf{0} \\ \mathbf{0} & \mathbf{0} \end{pmatrix}$，其中 $r<n$，那么 $\begin{vmatrix} \mathbf{E}_r & \mathbf{0} \\ \mathbf{0} & \mathbf{0} \end{vmatrix}=0$，而 $|\mathbf{A}'|\neq 0$，矛盾。又因为初等变换是可逆的，故矩阵 $\mathbf{A}$ 与单位矩阵 $\mathbf{E}$ 等价。□

由定理 3.2.3 及矩阵等价的传递性，我们发现，所有 n 阶可逆方阵均是等价的。再仿照第二章第二节例 2.2.6，我们知道，一个 n 阶方阵 $\mathbf{A}$ 是 $\mathbb{R}^n$ 到 $\mathbb{R}^n$ 的一个线性变换，即 $\forall\, \boldsymbol{\zeta}=\begin{pmatrix} x_1 \\ x_2 \\ \vdots \\ x_n \end{pmatrix}\in\mathbb{R}^n$，令 $\sigma(\boldsymbol{\zeta})=\mathbf{A}\boldsymbol{\zeta}$。若方阵 $\mathbf{A}$ 可逆，则有 $\mathbf{A}^{-1}\mathbf{A}\boldsymbol{\zeta}=\boldsymbol{\zeta}$，令 $\tau(\boldsymbol{\zeta})=\mathbf{A}^{-1}\boldsymbol{\zeta}$，即 $\tau\sigma(\boldsymbol{\zeta})=\sigma\tau(\boldsymbol{\zeta})=\boldsymbol{\zeta}$，我们称 τ 为 σ 的**逆变换**。但是对于一般矩阵构成的线性变换不一定存在逆变换。从某个角度来看，变换和逆变换类似我们中学时学习的函数和反函数。

此外，当我们有了可逆矩阵的概念，就可以对一些特殊的矩阵方程进行求解了。例如，$\mathbf{AX}=\mathbf{B}$，当 $\mathbf{A}$ 为可逆矩阵时，$\mathbf{X}=\mathbf{A}^{-1}\mathbf{B}$；再如 $\mathbf{XA}=\mathbf{B}$，当 $\mathbf{A}$ 为可逆矩阵时，$\mathbf{X}=\mathbf{BA}^{-1}$。进而，我们可以得到，若 n 阶方阵 $\mathbf{A}_n$ 可逆，则以 $\mathbf{A}_n$ 作为系数矩阵的齐次线性方程组 $\mathbf{A}_n\mathbf{x}=\mathbf{0}$ 仅有唯一零解。

关于向量组，若向量组 $\mathbf{A}:\boldsymbol{\alpha}_1,\boldsymbol{\alpha}_2,\cdots,\boldsymbol{\alpha}_n$ 和向量组 $\mathbf{B}:\boldsymbol{\beta}_1,\boldsymbol{\beta}_2,\cdots,\boldsymbol{\beta}_n$，其中 $\mathbf{A}$ 可由 $\mathbf{B}$ 线性表示并且系数矩阵 $\mathbf{K}$ 可逆，则 $\mathbf{A}$ 与 $\mathbf{B}$ 是等价向量组，并且 $\mathbf{A}$ 与 $\mathbf{B}$ 具有相同的线性相关性。此处证明略去，请读者自行完成。

习题 3—2

1. 判断下列矩阵是否可逆？若可逆，求其逆矩阵。

(1)$\begin{pmatrix} -1 & 2 \\ 7 & 3 \end{pmatrix}$；

(2)$\begin{pmatrix} \sin\theta & -\cos\theta \\ \cos\theta & \sin\theta \end{pmatrix}$；

(3)$\begin{pmatrix} & & & \lambda_1 \\ & & \lambda_2 & \\ & \iddots & & \\ \lambda_n & & & \end{pmatrix}$，其中 $\lambda_i=0, i=1,2,\cdots,n$；

(4)$\begin{pmatrix} 1 & -1 & 2 \\ 1 & 2 & 4 \\ -1 & 1 & 1 \end{pmatrix}$。

2. 已知 3 阶方阵 $\mathbf{A}$ 的逆矩阵为 $\mathbf{A}^{-1}=\begin{pmatrix} 1 & 2 & 3 \\ 1 & 0 & 1 \\ 4 & 5 & 6 \end{pmatrix}$，求$(\mathbf{A}^*)^{-1}$。

3. 已知 3 阶方阵 $\mathbf{A}$ 可逆，$\mathbf{B}$ 为 3 阶方阵，且满足 $2\mathbf{A}^{-1}\mathbf{B}=\mathbf{B}-4\mathbf{E}$。

(1)证明：$\mathbf{A}-2\mathbf{E}$ 也为可逆矩阵，且写出$(\mathbf{A}-2\mathbf{E})^{-1}$；

(2)若 $\mathbf{B}=\begin{pmatrix} 1 & -2 & 0 \\ 1 & 2 & 0 \\ 0 & 0 & 2 \end{pmatrix}$，求矩阵 $\mathbf{A}$。

4. 设 n 阶方阵 $\mathbf{A}$ 满足 $\mathbf{A}^3=2\mathbf{E}$，令 $\mathbf{B}=\mathbf{A}^2+2\mathbf{A}-2\mathbf{E}$。证明：$\mathbf{B}$ 是可逆矩阵，并写出 $\mathbf{B}^{-1}$。

5. 设矩阵 $\mathbf{A}=\begin{pmatrix} 1 & 1 & 0 \\ 1 & 0 & -1 \\ 2 & 2 & -2 \end{pmatrix}$满足 $\mathbf{A}^*\mathbf{X}+4\mathbf{A}^{-1}=\mathbf{A}+\mathbf{X}$，求 $\mathbf{X}$。

6. 设 4 阶方阵 $\mathbf{A}$，且$|\mathbf{A}|=-2$，计算$|6\mathbf{A}^{-1}+\mathbf{A}^*|$。

7. 设 $\mathbf{A},\mathbf{B}$ 均为 n 阶方阵，且$|\mathbf{A}|=2$，$|\mathbf{B}|=-3$，计算$|\mathbf{A}^{-1}\mathbf{B}^*+\mathbf{A}^*\mathbf{B}^{-1}|$。

8. 已知 $\mathbf{A}^*=\begin{pmatrix} 1 & 0 & 0 \\ 2 & 9 & 0 \\ 1 & 7 & 3 \end{pmatrix}$，计算 $\mathbf{A}$。

第三节　分块矩阵及其运算

分块矩阵是线性代数中的另一个重要内容，它是处理阶数较高的矩阵时常采用的技巧。对矩阵进行适当分块，可使高阶矩阵的运算化为低阶矩阵的运算，同时也使得原矩阵的结构变得简单、清晰，从而大大简化运算或给矩阵的理论推导带来方便。

一、分块矩阵的概念

根据矩阵的特点和实际运算的需要，用若干条纵线和横线将矩阵分成若干个小矩阵，每个小矩阵称为矩阵的**子块**，以子块为元素的形式上的矩阵称为**分块矩阵**。将矩阵分割成分块矩阵的方法称为**矩阵的分块法**。同一矩阵，分成子块的方法有很多，应根据实际研究问题的背景或需要进行分块。

例 3.3.1 矩阵 $\mathbf{A}\begin{pmatrix} a & 1 & 0 & 0 \\ 0 & a & 0 & 0 \\ 1 & 0 & b & 1 \\ 0 & 1 & 1 & b \end{pmatrix}$可用如下多种方式分割：

(1) $\mathbf{A}=\left(\begin{array}{c:c:c:c} a & 1 & 0 & 0 \\ 0 & a & 0 & 0 \\ 1 & 0 & b & 1 \\ 0 & 1 & 1 & b \end{array}\right)=(\boldsymbol{\alpha}_1,\boldsymbol{\alpha}_2,\boldsymbol{\alpha}_3,\boldsymbol{\alpha}_4)$，其中 $\boldsymbol{\alpha}_1=\begin{pmatrix} a \\ 0 \\ 1 \\ 0 \end{pmatrix}$，$\boldsymbol{\alpha}_2=\begin{pmatrix} 1 \\ a \\ 0 \\ 1 \end{pmatrix}$，$\boldsymbol{\alpha}_3=\begin{pmatrix} 0 \\ 0 \\ b \\ 1 \end{pmatrix}$，$\boldsymbol{\alpha}_4=\begin{pmatrix} 0 \\ 0 \\ 1 \\ b \end{pmatrix}$；

(2) $\mathbf{A}=\left(\begin{array}{cc:cc} a & 1 & 0 & 0 \\ 0 & a & 0 & 0 \\ \hdashline 1 & 0 & b & 0 \\ 0 & 1 & 1 & b \end{array}\right)=\begin{pmatrix} \mathbf{A}_1 & \mathbf{0} \\ \mathbf{E}_2 & \mathbf{B}_1 \end{pmatrix}$，其中 $\mathbf{A}_1=\begin{pmatrix} a & 1 \\ 0 & a \end{pmatrix}$，$\mathbf{B}_1=\begin{pmatrix} b & 1 \\ 1 & b \end{pmatrix}$，$\mathbf{E}_2$ 为 2 阶单位矩阵；

(3) $\mathbf{A}=\left(\begin{array}{c:ccc} a & 1 & 0 & 0 \\ \hdashline 0 & a & 0 & 0 \\ 1 & 0 & b & 1 \\ 0 & 1 & 1 & b \end{array}\right)=\begin{pmatrix} \mathbf{A}_1 & \boldsymbol{\alpha}^T \\ \boldsymbol{\beta} & \mathbf{B}_1 \end{pmatrix}$，其中 $\boldsymbol{\alpha}=\begin{pmatrix} 1 \\ 0 \\ 0 \end{pmatrix}$，$\boldsymbol{\beta}=\begin{pmatrix} 0 \\ 1 \\ 0 \end{pmatrix}$，$\mathbf{A}_1=(a)$，

$$\mathbf{B}_1=\begin{pmatrix} a & 0 & 0 \\ 0 & b & 1 \\ 1 & 1 & b \end{pmatrix}。$$

二、分块矩阵的运算规则

1. 分块矩阵的加法。

设 $\mathbf{A},\mathbf{B}$ 都是 $m\times n$ 矩阵，采用相同的分块法，可分别得分块矩阵

$$\mathbf{A}=\begin{pmatrix} \mathbf{A}_{11} & \mathbf{A}_{12} & \cdots & \mathbf{A}_{1t} \\ \mathbf{A}_{21} & \mathbf{A}_{22} & \cdots & \mathbf{A}_{2t} \\ \vdots & \vdots & & \vdots \\ \mathbf{A}_{s1} & \mathbf{A}_{s2} & \cdots & \mathbf{A}_{st} \end{pmatrix},\mathbf{B}=\begin{pmatrix} \mathbf{B}_{11} & \mathbf{B}_{12} & \cdots & \mathbf{B}_{1t} \\ \mathbf{B}_{21} & \mathbf{B}_{22} & \cdots & \mathbf{B}_{2t} \\ \vdots & \vdots & & \vdots \\ \mathbf{B}_{s1} & \mathbf{B}_{s2} & \cdots & \mathbf{B}_{st} \end{pmatrix}$$

其中 $\mathbf{A}_{ij}$ 与 $\mathbf{B}_{ij}$ 为同型矩阵，规定

$$\mathbf{A}+\mathbf{B}=\begin{pmatrix} \mathbf{A}_{11}+\mathbf{B}_{11} & \mathbf{A}_{12}+\mathbf{B}_{12} & \cdots & \mathbf{A}_{1t}+\mathbf{B}_{1t} \\ \mathbf{A}_{21}+\mathbf{B}_{21} & \mathbf{A}_{22}+\mathbf{B}_{22} & \cdots & \mathbf{A}_{2t}+\mathbf{B}_{2t} \\ \vdots & \vdots & & \vdots \\ \mathbf{A}_{s1}+\mathbf{B}_{s1} & \mathbf{A}_{s2}+\mathbf{B}_{s2} & \cdots & \mathbf{A}_{st}+\mathbf{B}_{st} \end{pmatrix}。$$

换句话说，若两个同型矩阵的分块方法相同，它们相加时，即把对应子块相加，而每对子块之间的加法，按普通矩阵加法计算即可。

2. 分块矩阵的数乘。

设 $k\in\mathbb{R}$，矩阵 $\mathbf{A}$ 按照某种分块法得到相应的分块矩阵为

$$\mathbf{A}=\begin{pmatrix} \mathbf{A}_{11} & \mathbf{A}_{12} & \cdots & \mathbf{A}_{1t} \\ \mathbf{A}_{21} & \mathbf{A}_{22} & \cdots & \mathbf{A}_{2t} \\ \vdots & \vdots & & \vdots \\ \mathbf{A}_{s1} & \mathbf{A}_{s2} & \cdots & \mathbf{A}_{st} \end{pmatrix},$$

规定

$$k\mathbf{A}=\begin{pmatrix} k\mathbf{A}_{11} & k\mathbf{A}_{12} & \cdots & k\mathbf{A}_{1t} \\ k\mathbf{A}_{21} & k\mathbf{A}_{22} & \cdots & k\mathbf{A}_{2t} \\ \vdots & \vdots & & \vdots \\ k\mathbf{A}_{s1} & k\mathbf{A}_{s2} & \cdots & k\mathbf{A}_{st} \end{pmatrix}。$$

换句话说，分块矩阵的数乘运算就是用常数 k 遍乘矩阵 $\mathbf{A}$ 的所有子块，而数与子块的乘法则按普通矩阵数乘运算计算即可。

3. 分块矩阵的乘法。

设矩阵 $\mathbf{A}$ 为 $m\times l$ 型，$\mathbf{B}$ 为 $l\times n$ 型矩阵，按照特定的分块法将 $\mathbf{A}$ 和 $\mathbf{B}$ 分别

分块，得到相应的分块矩阵为

$$\mathbf{A}=\begin{pmatrix}\mathbf{A}_{11} & \mathbf{A}_{12} & \cdots & \mathbf{A}_{1t}\\ \mathbf{A}_{21} & \mathbf{A}_{22} & \cdots & \mathbf{A}_{2t}\\ \vdots & \vdots & & \vdots\\ \mathbf{A}_{s1} & \mathbf{A}_{s2} & \cdots & \mathbf{A}_{st}\end{pmatrix},\mathbf{B}=\begin{pmatrix}\mathbf{B}_{11} & \mathbf{B}_{12} & \cdots & \mathbf{B}_{1t}\\ \mathbf{B}_{21} & \mathbf{B}_{22} & \cdots & \mathbf{B}_{2t}\\ \vdots & \vdots & & \vdots\\ \mathbf{B}_{s1} & \mathbf{B}_{s2} & \cdots & \mathbf{B}_{st}\end{pmatrix},$$

其中每一个子块 $\mathbf{A}_{i1},\mathbf{A}_{i2},\cdots,\mathbf{A}_{it}$ 的列数分别等于子块 $\mathbf{B}_{1j},\mathbf{B}_{2j},\cdots,\mathbf{B}_{tj}$ 的行数，规定

$$\mathbf{A}\cdot\mathbf{B}=\begin{pmatrix}\mathbf{C}_{11} & \mathbf{C}_{12} & \cdots & \mathbf{C}_{1t}\\ \mathbf{C}_{21} & \mathbf{C}_{22} & \cdots & \mathbf{C}_{2t}\\ \vdots & \vdots & & \vdots\\ \mathbf{C}_{s1} & \mathbf{C}_{s2} & \cdots & \mathbf{C}_{st}\end{pmatrix},$$

其中 $\mathbf{C}_{ij}=\sum\limits_{k=1}^{t}\mathbf{A}_{ik}\mathbf{B}_{kj},i=1,\cdots,s,j=1,\cdots,r$。

分块矩阵的乘法要求对 **A** 的列的分块法一定要与对 **B** 的行的分块法一样，而对 **A** 的行与 **B** 的列的分块法可以任意，以能够使得运算简洁为准。乘法是以子块为元素按矩阵的乘法规则相乘，而在“局部”，其相应子块的乘法则按照普通矩阵的乘法计算即可。

4. 分块矩阵的转置。

设矩阵 **A** 按照某种分块法可得对应的分块矩阵为

$$\mathbf{A}=\begin{pmatrix}\mathbf{A}_{11} & \mathbf{A}_{12} & \cdots & \mathbf{A}_{1t}\\ \mathbf{A}_{21} & \mathbf{A}_{22} & \cdots & \mathbf{A}_{2t}\\ \vdots & \vdots & & \vdots\\ \mathbf{A}_{s1} & \mathbf{A}_{s2} & \cdots & \mathbf{A}_{st}\end{pmatrix},$$

规定

$$\mathbf{A}^{T}=\begin{pmatrix}\mathbf{A}_{11}^{T} & \mathbf{A}_{21}^{T} & \cdots & \mathbf{A}_{s1}^{T}\\ \mathbf{A}_{12}^{T} & \mathbf{A}_{22}^{T} & \cdots & \mathbf{A}_{s2}^{T}\\ \vdots & \vdots & & \vdots\\ \mathbf{A}_{1t}^{T} & \mathbf{A}_{2t}^{T} & \cdots & \mathbf{A}_{st}^{T}\end{pmatrix}。$$

换句话说，分块矩阵 **A** 的转置，不仅把分块矩阵 **A** 的每一“行”变换为同序号的“列”，同时每一个子块 $\mathbf{A}_{ij}$ 也要取其相应的转置。

5. 分块对角矩阵。

设 **A** 为 n 阶方阵，若 **A** 的分块矩阵只在主对角线上有非零子块，而其余子块均为零矩阵，且非零子块都是方阵，称 **A** 为**分块对角矩阵**，即

$$\mathbf{A}=\begin{pmatrix}\mathbf{A}_1 & \mathbf{0} & \cdots & \mathbf{0}\\ \mathbf{0} & \mathbf{A}_2 & \cdots & \mathbf{0}\\ \vdots & \vdots & & \vdots\\ \mathbf{0} & \mathbf{0} & \vdots & \mathbf{A}_s\end{pmatrix}。$$

注意：

(1)一般分块对角矩阵本身并不一定是对角矩阵。例如，

$$\begin{pmatrix}1 & \vdots & 0 & 0 & \vdots & 0\\ \cdots & \vdots & \cdots & \cdots & \vdots & \cdots\\ 0 & \vdots & 2 & 3 & \vdots & 0\\ 0 & \vdots & 4 & 5 & \vdots & 0\\ \cdots & \cdots & \cdots & \cdots & \cdots & \cdots\\ 0 & \vdots & 0 & 0 & \vdots & 6\end{pmatrix}。$$

(2)分块对角矩阵的行列式为$|\mathbf{A}|=|\mathbf{A}_1|\cdot|\mathbf{A}_2|\cdot\cdots\cdot|\mathbf{A}_s|$。

(3)分块对角矩阵$\mathbf{A}$可逆当且仅当每一个子块$\mathbf{A}_i$都可逆$i=1,\cdots,s$,并且有

$$\mathbf{A}^{-1}=\begin{pmatrix}\mathbf{A}_1^{-1} & \mathbf{0} & \cdots & \mathbf{0}\\ \mathbf{0} & \mathbf{A}_2^{-1} & \cdots & \mathbf{0}\\ \vdots & \vdots & \ddots & \vdots\\ \mathbf{0} & \mathbf{0} & \cdots & \mathbf{A}_s^{-1}\end{pmatrix}。$$

(4)特殊结构的分块矩阵

①设n阶方阵$\mathbf{A}=\begin{pmatrix}\mathbf{A}_1 & \mathbf{0}\\ \mathbf{C} & \mathbf{B}_1\end{pmatrix}$,其中$\mathbf{A}_1,\mathbf{B}_1$可逆,则$\mathbf{A}$可逆,并且

$$\mathbf{A}^{-1}=\begin{pmatrix}\mathbf{A}_1^{-1} & \mathbf{0}\\ -\mathbf{B}_1^{-1}\mathbf{C}\mathbf{A}_1^{-1} & \mathbf{B}_1^{-1}\end{pmatrix}。$$

提示:上述结论可利用待定系数法求得,请读者自行完成练习。类似地,读者也可以对形如$\begin{pmatrix}\mathbf{A}_1 & \mathbf{C}\\ \mathbf{0} & \mathbf{B}_1\end{pmatrix}$、$\begin{pmatrix}\mathbf{C} & \mathbf{A}_1\\ \mathbf{B}_1 & \mathbf{0}\end{pmatrix}$、$\begin{pmatrix}\mathbf{0} & \mathbf{A}_1\\ \mathbf{B}_1 & \mathbf{C}\end{pmatrix}$,当$\mathbf{A}_1,\mathbf{B}_1$都是可逆矩阵时,求这些分块矩阵的逆矩阵。

②设分块矩阵$\mathbf{C}=\begin{pmatrix}\mathbf{A} & \mathbf{0}\\ \mathbf{0} & \mathbf{B}\end{pmatrix}$,其中$\mathbf{A},\mathbf{B}$均为$n$阶方阵,$\mathbf{A}^*,\mathbf{B}^*$分别为$\mathbf{A},\mathbf{B}$的伴随矩阵,则$\mathbf{C}$的伴随矩阵$\mathbf{C}^*=\begin{pmatrix}|\mathbf{B}|\mathbf{A}^* & \mathbf{0}\\ \mathbf{0} & |\mathbf{A}|\mathbf{B}^*\end{pmatrix}$。提示:可利用伴随矩阵的性质 3.1.1 和待定系数法求得,此处略去。

三、分块矩阵与向量组

设 $\mathbf{A}$ 为 $m\times n$ 矩阵，$\mathbf{A}=\begin{pmatrix} a_{11} & a_{12} & \cdots & a_{1n} \\ a_{21} & a_{22} & \cdots & a_{2n} \\ \vdots & \vdots & & \vdots \\ a_{m1} & a_{m2} & \cdots & a_{mn} \end{pmatrix}$。利用分块法，可以把 $\mathbf{A}$ 分割成 n 个 m 维列向量组 $\boldsymbol{\alpha}_1=\begin{pmatrix} a_{11} \\ a_{12} \\ \vdots \\ a_{m1} \end{pmatrix}$，$\boldsymbol{\alpha}_2=\begin{pmatrix} a_{12} \\ a_{22} \\ \vdots \\ a_{m2} \end{pmatrix}$，$\cdots$，$\boldsymbol{\alpha}_n=\begin{pmatrix} a_{1n} \\ a_{2n} \\ \vdots \\ a_{mn} \end{pmatrix}$，或者 m 个 n 维行向量组，如下

$$\begin{array}{l} \boldsymbol{\beta}_1^T=(a_{11} \quad a_{12} \quad \cdots \quad a_{1n}) \\ \boldsymbol{\beta}_2^T=(a_{21} \quad a_{22} \quad \cdots \quad a_{2n}) \\ \quad \cdots \qquad \cdots \\ \boldsymbol{\beta}_m^T=(a_{m1} \quad a_{m2} \quad \cdots \quad a_{mn}) \end{array}。$$

对于一般线性方程组$\begin{cases} a_{11}x_1+a_{12}x_2+\cdots+a_{1n}x_n=b_1 \\ a_{21}x_1+a_{22}x_2+\cdots+a_{2n}x_n=b_2 \\ \cdots\cdots \\ a_{m1}x_1+a_{m2}x_2+\cdots+a_{mn}x_n=b_m \end{cases}$，我们可以像第二章第一节一样提取其系数矩阵 $\mathbf{A}=\begin{pmatrix} a_{11} & a_{12} & \cdots & a_{1n} \\ a_{21} & a_{22} & \cdots & a_{2n} \\ \vdots & \vdots & & \vdots \\ a_{m1} & a_{m2} & \cdots & a_{mn} \end{pmatrix}$，将方程组写为 $\mathbf{Ax}=\mathbf{b}$。用如上分块形式(列向量组)，该线性方程组也可以写成向量组的线性组合形式 $x_1\boldsymbol{\alpha}_1+x_2\boldsymbol{\alpha}_2+\cdots+x_n\boldsymbol{\alpha}_n=\mathbf{b}$，其中 $\boldsymbol{\alpha}_i=\begin{pmatrix} a_{1i} \\ a_{2i} \\ \vdots \\ a_{mi} \end{pmatrix}(i=1,\cdots,n)$，$\mathbf{b}=\begin{pmatrix} b_1 \\ b_2 \\ \vdots \\ b_m \end{pmatrix}$。

对于齐次线性方程组$\begin{cases} a_{11}x_1+a_{12}x_2+\cdots+a_{1n}x_n=0 \\ a_{21}x_1+a_{22}x_2+\cdots+a_{2n}x_n=0 \\ \cdots\cdots \\ a_{m1}x_1+a_{m2}x_2+\cdots+a_{mn}x_n=0 \end{cases}$，该方程组可写为 $\mathbf{Ax}$

$=\mathbf{0}$。用如上分块形式(列向量组)，就写成向量组的线性组合形式 $x_1\boldsymbol{\alpha}_1+x_2\boldsymbol{\alpha}_2+\cdots+x_n\boldsymbol{\alpha}_n=\mathbf{0}$，其中 $\boldsymbol{\alpha}_i=\begin{pmatrix}a_{1i}\\a_{2i}\\\vdots\\a_{mi}\end{pmatrix}$，$i=1,\cdots,n$。向量组线性相关当且仅当线性方程组有非零解。

对于矩阵 $\mathbf{A}=(a_{ij})_{m\times s}$，$\mathbf{B}=(b_{ij})_{s\times n}$，若 $\mathbf{A}$，$\mathbf{B}$ 如前方式分割为向量组的形式，那么它们的乘积可写为

$$\mathbf{AB}=\begin{pmatrix}\boldsymbol{\alpha}_1{}^T\\\boldsymbol{\alpha}_2{}^T\\\vdots\\\boldsymbol{\alpha}_m{}^T\end{pmatrix}(\boldsymbol{\beta}_1\quad\boldsymbol{\beta}_2\quad\cdots\quad\boldsymbol{\beta}_n)=\begin{pmatrix}\boldsymbol{\alpha}_1{}^T\boldsymbol{\beta}_1 & \boldsymbol{\alpha}_1{}^T\boldsymbol{\beta}_2 & \cdots & \boldsymbol{\alpha}_1{}^T\boldsymbol{\beta}_n\\\boldsymbol{\alpha}_2{}^T\boldsymbol{\beta}_1 & \boldsymbol{\alpha}_2{}^T\boldsymbol{\beta}_2 & \cdots & \boldsymbol{\alpha}_2{}^T\boldsymbol{\beta}_n\\\vdots & \vdots & & \vdots\\\boldsymbol{\alpha}_m{}^T\boldsymbol{\beta}_1 & \boldsymbol{\alpha}_m{}^T\boldsymbol{\beta}_2 & \cdots & \boldsymbol{\alpha}_m{}^T\boldsymbol{\beta}_n\end{pmatrix}=(c_{ij})_{m\times n},$$

其中 $c_{ij}=\boldsymbol{\alpha}_i{}^T\boldsymbol{\beta}_j=(a_{i1}\quad a_{i2}\quad\cdots\quad a_{is})\begin{pmatrix}b_{1j}\\b_{2j}\\\vdots\\b_{sj}\end{pmatrix}=\sum\limits_{k=1}^{s}a_{ik}b_{kj}$。

若 $\mathbf{A}_{n\times s}\cdot\mathbf{B}_{s\times n}=\mathbf{0}$，　$\mathbf{B}_{s\times n}=(\boldsymbol{\beta}_1\quad\boldsymbol{\beta}_2\quad\cdots\quad\boldsymbol{\beta}_n)_{1\times s}$，则 $\forall\boldsymbol{\beta}_i$，$i=1,\cdots,n$，都是齐次线性方程组 $\mathbf{Ax}=\mathbf{0}$ 的一个解。更进一步，若 $\mathbf{A}\cdot\mathbf{B}=\mathbf{C}$，其中 $\mathbf{B}=(\boldsymbol{\beta}_1\quad\boldsymbol{\beta}_2\quad\cdots\quad\boldsymbol{\beta}_n)$，　$\mathbf{C}=(\mathbf{r}_1\quad\mathbf{r}_2\quad\cdots\quad\mathbf{r}_n)$，则每一个 $\forall\boldsymbol{\beta}_i(i=1,\cdots,n)$，都是对应线性方程 $\mathbf{Ax}=\mathbf{r}_i$ 的一个解。

习题 3—3

1. 利用矩阵的分块方法计算 $\mathbf{A}\cdot\mathbf{B}$，其中

$$\mathbf{A}=\begin{pmatrix}1&2&3&0&0\\-4&0&5&0&0\\1&9&3&0&0\\0&0&0&1&0\\0&0&0&0&1\end{pmatrix},\mathbf{B}=\begin{pmatrix}1&0&0&9&8\\0&3&0&4&6\\0&0&5&2&-1\\0&0&0&3&7\\0&0&0&1&-2\end{pmatrix}。$$

2. 当 $\mathbf{A}_1$，$\mathbf{B}_1$ 都可逆矩阵时，利用待定系数的方法分别求分块矩阵 $\begin{pmatrix}\mathbf{A}_1&\mathbf{C}\\\mathbf{0}&\mathbf{B}_1\end{pmatrix}$、$\begin{pmatrix}\mathbf{C}&\mathbf{A}_1\\\mathbf{B}_1&\mathbf{0}\end{pmatrix}$和$\begin{pmatrix}\mathbf{0}&\mathbf{A}_1\\\mathbf{B}_1&\mathbf{C}\end{pmatrix}$的逆矩阵。

3. 设 $\mathbf{A}$，$\mathbf{B}$ 均为方阵，它们的伴随矩阵分别记作 $\mathbf{A}^*$，$\mathbf{B}^*$，令 $\mathbf{C}=\begin{pmatrix}\mathbf{A}&\mathbf{0}\\\mathbf{0}&\mathbf{B}\end{pmatrix}$，求 $\mathbf{C}^*$。

4. 设 $\mathbf{A}=\begin{pmatrix} 0 & \lambda_1 & 0 & \cdots & 0 \\ 0 & 0 & \lambda_2 & \cdots & 0 \\ \vdots & \vdots & \vdots & \ddots & \vdots \\ 0 & 0 & 0 & \cdots & \lambda_{n-1} \\ \lambda_n & 0 & 0 & \cdots & 0 \end{pmatrix}$，且 $\forall \lambda_i \neq 0, i=1,2,\cdots,n$，求 $\mathbf{A}^{-1}$。

5. 已知 $\mathbf{A},\mathbf{B}$ 为 2 阶方阵，且 $\mathbf{A}=(-3\boldsymbol{\alpha}_1+\boldsymbol{\alpha}_2,\boldsymbol{\alpha}_1-2\boldsymbol{\alpha}_2)$，$\mathbf{B}=(\boldsymbol{\alpha}_1,\boldsymbol{\alpha}_2)$，若 $|\mathbf{A}|=-3$，求 $|\mathbf{B}|$。

第四节　初等矩阵及其应用

前面，我们一起学习了矩阵的初等变换，包括：交换矩阵的某两行（列）；以数 $k\neq 0$ 乘矩阵的某一行（列）；把矩阵的某一行（列）的 k 倍加到另一行（列）上。对于任意一个矩阵都可以施行初等变换，若对单位矩阵 $\mathbf{E}_n$，只施加一次初等变换所得的矩阵结构自然也是很简单的，但它有没有其它一些不同的功能或特性呢？下面我们将一起研究一下。

一、初等矩阵的概念。

定义 3.4.1　对 n 阶单位矩阵 $\mathbf{E}$ 施行一次初等变换得到的矩阵称为**初等矩阵**，初等矩阵包括以下三类：

1. *初等对换法矩阵*。

对调单位矩阵 $\mathbf{E}_n$ 的第 i 行与第 j 行（或 i,j 两列），记为 $\mathbf{E}_n(i,j)$，即

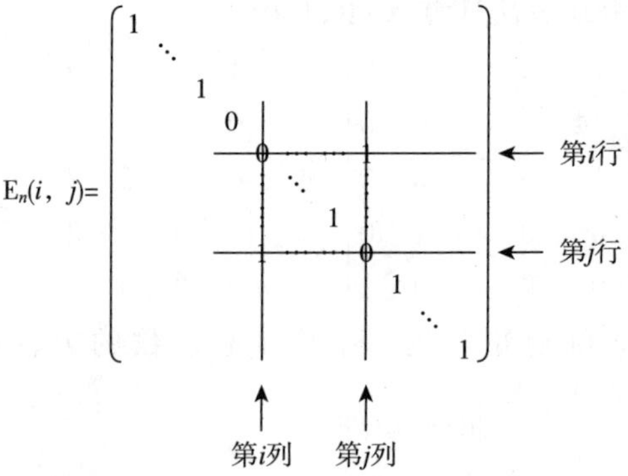

，

显然 $\mathbf{E}_n(i,j)$ 可逆，其逆矩阵 $(\mathbf{E}_n(i,j))^{-1}=\mathbf{E}_n(i,j)$。

设 $\mathbf{A}$ 为 $m\times n$ 矩阵，那么

$$\mathbf{E}_n(i,j)\mathbf{A}=\begin{pmatrix}1&&&&&&&&\\&\ddots&&&&&&&\\&&1&&&&&&\\&&&0&\cdots&1&&&\\&&&\vdots&&\vdots&&&\\&&&1&\cdots&0&&&\\&&&&&&1&&\\&&&&&&&\ddots&\\&&&&&&&&1\end{pmatrix}_{m\times n}\begin{pmatrix}a_{11}&a_{12}&\cdots&a_{1n}\\\vdots&\vdots&&\vdots\\a_{i1}&a_{i2}&\cdots&a_{in}\\\vdots&\vdots&&\vdots\\a_{j1}&a_{j2}&\cdots&a_{jn}\\\vdots&\vdots&&\vdots\\a_{m1}&a_{m2}&\cdots&a_{mn}\end{pmatrix}$$

$$=\begin{pmatrix}a_{11}&a_{12}&\cdots&a_{1n}\\\vdots&\vdots&&\vdots\\a_{j1}&a_{j2}&\cdots&a_{jn}\\\vdots&\vdots&&\vdots\\a_{i1}&a_{i2}&\cdots&a_{in}\\\vdots&\vdots&&\vdots\\a_{m1}&a_{m2}&\cdots&a_{mn}\end{pmatrix}\begin{matrix}\\\\\leftarrow i\text{ 行}\\\\\leftarrow j\text{ 行}\\\\\\\end{matrix};$$

$$\mathbf{AE}_m(i,j)=\begin{pmatrix}a_{11}&\cdots&a_{1i}&\cdots&a_{1j}&\cdots&a_{1n}\\\vdots&&\vdots&&\vdots&&\vdots\\a_{i1}&\cdots&a_{ii}&\cdots&a_{ij}&\cdots&a_{in}\\\vdots&&\vdots&&\vdots&&\vdots\\a_{j1}&\cdots&a_{ji}&\cdots&a_{jj}&\cdots&a_{jn}\\\vdots&&\vdots&&\vdots&&\vdots\\a_{m1}&\cdots&a_{mi}&\cdots&a_{mj}&\cdots&a_{mn}\end{pmatrix}\begin{pmatrix}1&&&&&&&&\\&\ddots&&&&&&&\\&&1&&&&&&\\&&&0&\cdots&1&&&\\&&&\vdots&&\vdots&&&\\&&&1&\cdots&0&&&\\&&&&&&1&&\\&&&&&&&\ddots&\\&&&&&&&&1\end{pmatrix}$$

$$=\begin{pmatrix}a_{11}&\cdots&a_{1j}&\cdots&a_{1i}&\cdots&a_{1n}\\\vdots&&\vdots&&\vdots&&\vdots\\a_{i1}&\cdots&a_{ij}&\cdots&a_{ii}&\cdots&a_{in}\\\vdots&&\vdots&&\vdots&&\vdots\\a_{j1}&\cdots&a_{jj}&\cdots&a_{ji}&\cdots&a_{jn}\\\vdots&&\vdots&&\vdots&&\vdots\\a_{m1}&\cdots&a_{mj}&\cdots&a_{mi}&\cdots&a_{mn}\end{pmatrix}。$$

$$\begin{matrix}&&\uparrow&&\uparrow&&\\&&i\text{ 列}&&j\text{ 列}&&\end{matrix}$$

结论：以 m 阶初等对换法矩阵 $\mathbf{E}_m(i,j)$ 左乘以矩阵 $\mathbf{A}_{m\times n}$，其结果是 $\mathbf{A}$ 的 i，

j 两行元素相应互换；以 n 阶初等对换法矩阵 $\mathbf{E}_n(i,j)$ 右乘以矩阵 $\mathbf{A}_{m\times n}$，其结果是 $\mathbf{A}$ 的 i,j 两列元素相应互换。

2. 初等倍法矩阵。

以数 $k\neq 0$ 乘单位矩阵 $\mathbf{E}_n$ 的第 i 行(列)，记为 $\mathbf{E}_n(i(k))$，即

$$\mathbf{E}_n(i(k))=\begin{pmatrix}1 & & & & & \\ & \ddots & & & & \\ & & 1 & & & \\ & & & k & & \\ & & & & 1 & \ddots & \\ & & & & & & 1\end{pmatrix}\begin{matrix}\\ \\ \\ \leftarrow i\text{ 行}\\ \\ \\ \end{matrix}$$

$$\uparrow$$
$$i\text{ 列}$$

显然，$k\neq 0$ 时，$\mathbf{E}_n(i(k))$ 是可逆矩阵，并且其逆矩阵 $(\mathbf{E}_n(i(k)))^{-1}=\mathbf{E}_n\left(i\left(\frac{1}{k}\right)\right)$。

同样，设 $\mathbf{A}$ 为 $m\times n$ 矩阵，那么

$\mathbf{E}_n(i(k))\mathbf{A}=$

$$\begin{pmatrix}1 & & & & \\ & \ddots & & & \\ & & k & & \\ & & & \ddots & \\ & & & & 1\end{pmatrix}\begin{pmatrix}a_{11} & a_{12} & \cdots & a_{1n}\\ a_{21} & a_{22} & \cdots & a_{2n}\\ \vdots & \vdots & & \vdots\\ a_{m1} & a_{m2} & \cdots & a_{mn}\end{pmatrix}=\begin{pmatrix}a_{11} & a_{12} & \cdots & a_{1n}\\ \vdots & \vdots & & \vdots\\ ka_{i1} & ka_{i2} & \cdots & ka_{in}\\ \vdots & \vdots & & \vdots\\ a_{m1} & a_{m2} & \cdots & a_{mn}\end{pmatrix},$$

$\mathbf{AE}_n(i(k))=$

$$\begin{pmatrix}a_{11} & a_{12} & \cdots & a_{1n}\\ a_{21} & a_{22} & \cdots & a_{2n}\\ \vdots & \vdots & & \vdots\\ a_{m1} & a_{m2} & \cdots & a_{mn}\end{pmatrix}\begin{pmatrix}1 & & & & \\ & \ddots & & & \\ & & k & & \\ & & & \ddots & \\ & & & & 1\end{pmatrix}=\begin{pmatrix}a_{11} & \cdots & ka_{1i} & \cdots & a_{1n}\\ \vdots & & & & \vdots\\ a_{i1} & \cdots & ka_{ii} & \cdots & a_{in}\\ \vdots & & & & \vdots\\ a_{m1} & \cdots & ka_{mi} & \cdots & a_{mn}\end{pmatrix}。$$

结论：以 m 阶初等倍法矩阵 $\mathbf{E}_m(i(k))$ 左乘以矩阵 $\mathbf{A}_{m\times n}$，其结果是 $\mathbf{A}$ 中第 i 行元素乘 k 倍；以 n 阶初等倍法矩阵 $\mathbf{E}_n(i(k))$ 右乘以矩阵 $\mathbf{A}_{m\times n}$，其结果 $\mathbf{A}$ 中第 i 列元素乘 k 倍。

3. 初等消法矩阵。

将单位矩阵 $\mathbf{E}_n$ 的第 j 行的 k 倍加到第 i 行上去(或第 i 列的 k 倍加到第 j

列上去)得到的矩阵称为初等消法矩阵,记作 $\mathbf{E}_n(i,j(k))$,即

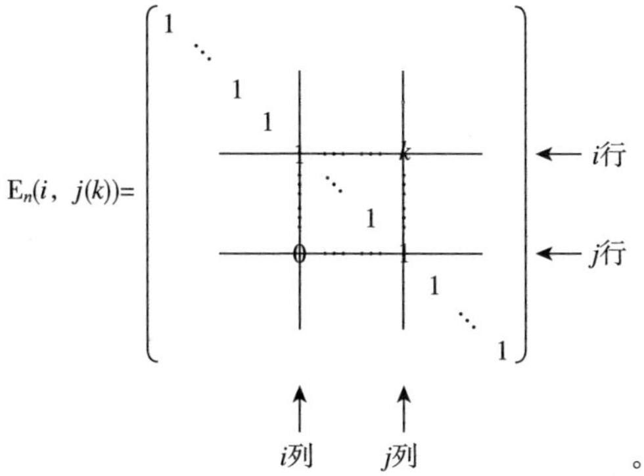

。

显然 $\mathbf{E}_n(i,j(k))$也是可逆矩阵,其逆矩阵$[\mathbf{E}_n(i,j(k))]^{-1}=\mathbf{E}_n(i,j(-k))$。

设 $\mathbf{A}$ 为 $m\times n$ 矩阵,那么

$$\mathbf{E}_m(i,j(k))\mathbf{A}=\begin{pmatrix}1&&&&&\\&\ddots&&&&\\&&1&\cdots&k&&\\&&&\ddots&\vdots&&\\&&&&1&&\\&&&&&\ddots&\\&&&&&&1\end{pmatrix}\begin{pmatrix}a_{11}&a_{12}&\cdots&a_{1n}\\a_{21}&a_{22}&\cdots&a_{2n}\\\vdots&\vdots&&\vdots\\a_{m1}&a_{m2}&\cdots&a_{mn}\end{pmatrix}$$

$$=\begin{pmatrix}a_{11}&a_{12}&\cdots&a_{1n}\\\vdots&\vdots&&\vdots\\a_{i1}+ka_{j1}&a_{i2}+a_{j2}&\cdots&ka_{in}+ka_{jn}\\\vdots&\vdots&&\vdots\\a_{m1}&a_{m2}&\cdots&a_{mn}\end{pmatrix}$$

$$\mathbf{A}\cdot\mathbf{E}_n(i,j(k))=\begin{pmatrix}a_{11}&a_{12}&\cdots&a_{1n}\\a_{21}&a_{22}&\cdots&a_{2n}\\\vdots&\vdots&&\vdots\\a_{m1}&a_{m2}&\cdots&a_{mn}\end{pmatrix}\begin{pmatrix}1&&&&&\\&\ddots&&&&\\&&1&\cdots&k&&\\&&&\ddots&\vdots&&\\&&&&1&&\\&&&&&\ddots&\\&&&&&&1\end{pmatrix}$$

$$\begin{pmatrix} a_{11} & \cdots & a_{1i} & \cdots & a_{1j}+ka_{1i} & \cdots & a_{1n} \\ a_{21} & \cdots & a_{2i} & \cdots & a_{2j}+ka_{2i} & \cdots & a_{2n} \\ \vdots & & \vdots & & \vdots & & \vdots \\ a_{m1} & \cdots & a_{mi} & \cdots & a_{mj}+ka_{mi} & \cdots & a_{mn} \end{pmatrix}$$

结论：以 m 阶初等消去矩阵 $\mathbf{E}_n(i,j(k))$ 左乘以矩阵 $\mathbf{A}_{m\times n}$，其结果是 $\mathbf{A}$ 中第 j 行元素乘 k 倍对应加到第 i 行元素上；以 n 阶初等消法矩阵 $\mathbf{E}_n(i,j(k))$ 右乘矩阵 $\mathbf{A}_{m\times n}$，其结果是 $\mathbf{A}$ 中第 i 列元素乘 k 倍对应加到第 j 列元素上。

综上所述，初等矩阵左乘以矩阵 $\mathbf{A}$，相当于对 $\mathbf{A}$ 施行相应的初等行变换；若初等矩阵右乘以矩阵 $\mathbf{A}$ 相当于对 $\mathbf{A}$ 施行相应的初等列变换。

二、初等矩阵的应用

定理 3.4.1 n 阶方阵 $\mathbf{A}$ 可逆，当且仅当，$\mathbf{A}$ 可以表示为有限个初等矩阵的乘积。

证明：由定理 3.2.3 可知，方阵 $\mathbf{A}$ 可逆当且仅当 $\mathbf{A}$ 与 $\mathbf{E}$ 等价。而 $\mathbf{A}$ 与 $\mathbf{E}$ 等价，说明 $\mathbf{E}$ 可以经过有限次初等变换得到 $\mathbf{A}$，即存在有限个初等矩阵 $\mathbf{P}_1,\cdots,\mathbf{P}_l$ 和 $\mathbf{Q}_1,\cdots,\mathbf{Q}_r$，使得 $\mathbf{A}=\mathbf{P}_1\cdot\cdots\cdot\mathbf{P}_l\mathbf{E}\mathbf{Q}_1\cdot\cdots\cdot\mathbf{Q}_r$，定理得证。□

有了初等矩阵，当我们在对某一矩阵施行初等变换时就可以用矩阵乘法运算建立等式关系。这一点对矩阵理论的证明或推演非常有利。

定理 3.4.2 对于任意 $m\times n$ 矩阵 $\mathbf{A}$，存在 m 阶初等矩阵 $\mathbf{P}_1,\cdots,\mathbf{P}_s$ 和 n 阶初等矩阵 $\mathbf{Q}_1,\cdots,\mathbf{Q}_l$，使得

$$\mathbf{P}_1\cdot\cdots\cdot\mathbf{P}_s\mathbf{A}\mathbf{Q}_1\cdot\cdots\cdot\mathbf{Q}_l=\begin{pmatrix}\mathbf{E}_r & \mathbf{0}\\ \mathbf{0} & \mathbf{0}\end{pmatrix}_{m\times n}=\mathbf{F}_{m\times n}。$$

定理 3.4.3 对于任意 $m\times n$ 矩阵 $\mathbf{A}$ 与 $\mathbf{B}$ 等价的充分必要条件是存在 m 阶可逆矩阵 $\mathbf{P}$ 和 n 阶可逆矩阵 $\mathbf{Q}$，使得 $\mathbf{PAQ}=\mathbf{B}$。

下面，我们介绍利用初等矩阵来求可逆矩阵的逆矩阵。

设 $\mathbf{A}$ 为可逆方阵，则存在有限个初等矩阵 $\mathbf{P}_1,\mathbf{P}_2,\cdots,\mathbf{P}_l$，使得

$$\mathbf{A}=\mathbf{P}_1,\mathbf{P}_2,\cdots,\mathbf{P}_l \tag{Ⅰ}$$

有 $\mathbf{P}_l^{-1}\cdots\mathbf{P}_2^{-1}\mathbf{P}_1^{-1}\mathbf{A}=\mathbf{E}$。显然，$\mathbf{P}_l^{-1}\cdots\mathbf{P}_2^{-1}\mathbf{P}_1^{-1}\cdot\mathbf{E}=\mathbf{A}^{-1}$，利用分块矩阵运算的规则，有 $\mathbf{P}_l^{-1}\cdots\mathbf{P}_2^{-1}\mathbf{P}_1^{-1}(\mathbf{A}\vdots\mathbf{E})=(\mathbf{E}\vdots\mathbf{A}^{-1})$。又知 $\mathbf{P}_1,\cdots,\mathbf{P}_l$ 是初等矩阵，它们的逆也是初等矩阵，上式表明，对 $n\times 2n$ 矩阵 $(\mathbf{A}\vdots\mathbf{E})$ 施行且只施行有限次初等行变换，当把 $\mathbf{A}$ 变换为 $\mathbf{E}$ 时，原来的 $\mathbf{E}$ 就变成为 $\mathbf{A}^{-1}$。

类似地，(Ⅰ)式也可以写成 $\mathbf{A}\mathbf{P}_l^{-1}\mathbf{P}_{l-1}{}^{-1}\cdots\mathbf{P}_1^{-1}=\mathbf{E}$，显然

$$\mathbf{E}\mathbf{P}_l^{-1}\mathbf{P}_{l-1}{}^{-1}\cdots\mathbf{P}_1^{-1}=\mathbf{A}^{-1},$$

同样利用分块矩阵的运算,可得

$$\begin{pmatrix}\mathbf{A}\\\mathbf{E}\end{pmatrix}\mathbf{P}_l^{-1}\mathbf{P}_{l-1}{}^{-1}\cdots\mathbf{P}_1^{-1}=\begin{pmatrix}\mathbf{E}\\\mathbf{A}^{-1}\end{pmatrix}$$

即对 $2n\times n$ 矩阵$\begin{pmatrix}\mathbf{A}\\\mathbf{E}\end{pmatrix}$施行且只施行有限次初等列变换,当把 $\mathbf{A}$ 变换为 $\mathbf{E}$ 时,原来的 $\mathbf{E}$ 就变成为 $\mathbf{A}^{-1}$。

例 3.4.1　设 $\mathbf{A}=\begin{pmatrix}3&2&1\\3&1&5\\3&2&3\end{pmatrix}$,利用初等变换求 $\mathbf{A}^{-1}$。

解:

$$\begin{pmatrix}3&2&1&1&0&0\\3&1&5&0&1&0\\3&2&3&0&0&1\end{pmatrix}\to\begin{pmatrix}3&2&1&1&0&0\\0&-1&4&-1&1&0\\0&0&2&-1&0&1\end{pmatrix}$$

$$\to\begin{pmatrix}3&2&1&1&0&0\\0&1&0&-1&-1&2\\0&0&2&-1&0&1\end{pmatrix}\to\begin{pmatrix}3&0&1&3&2&-4\\0&1&0&-1&-1&2\\0&0&1&-\frac{1}{2}&0&\frac{1}{2}\end{pmatrix}$$

$$\to\begin{pmatrix}3&0&0&\frac{7}{2}&2&-\frac{9}{2}\\0&1&0&-1&-1&2\\0&0&1&-\frac{1}{2}&0&\frac{1}{2}\end{pmatrix}\to\begin{pmatrix}1&0&0&\frac{7}{6}&\frac{2}{3}&-\frac{3}{2}\\0&1&0&-1&-1&2\\0&0&1&-\frac{1}{2}&0&\frac{1}{2}\end{pmatrix}$$

所以,$\mathbf{A}^{-1}=\begin{pmatrix}\frac{7}{6}&\frac{2}{3}&-\frac{3}{2}\\-1&-1&2\\-\frac{1}{2}&0&\frac{1}{2}\end{pmatrix}$。

除此以外,利用初等矩阵也可以求解某些特殊的矩阵方程。已知矩阵方程 $\mathbf{AX}=\mathbf{B}$,当 $\mathbf{A}$ 为可逆矩阵时,有 $\mathbf{A}^{-1}(\mathbf{A}\vdots\mathbf{B})=(\mathbf{E}\vdots\mathbf{A}^{-1}\mathbf{B})$,即对矩阵$(\mathbf{A}\vdots\mathbf{B})$施行初等行变换,当 $\mathbf{A}$ 变成 $\mathbf{E}$ 时,$\mathbf{B}$ 就变成 $\mathbf{X}=\mathbf{A}^{-1}\mathbf{B}$。

类似地,对于方程 $\mathbf{XA}=\mathbf{B}$,当 $\mathbf{A}$ 为可逆矩阵时,$\begin{pmatrix}\mathbf{A}\\\mathbf{B}\end{pmatrix}\mathbf{A}^{-1}=\begin{pmatrix}\mathbf{E}\\\mathbf{BA}^{-1}\end{pmatrix}$,即对矩阵$\begin{pmatrix}\mathbf{A}\\\mathbf{B}\end{pmatrix}$施行初等列变换,当 $\mathbf{A}$ 变成 $\mathbf{E}$ 时,$\mathbf{B}$ 就变成 $\mathbf{X}=\mathbf{BA}^{-1}$。

例 3.4.2 利用初等变换解矩阵方程 $\mathbf{X}\begin{pmatrix}1 & 4\\2 & 7\end{pmatrix}=\begin{pmatrix}1 & 2\\3 & 4\end{pmatrix}$。

解：$\begin{pmatrix}1 & 4\\2 & 7\\1 & 2\\3 & 4\end{pmatrix}\rightarrow\begin{pmatrix}1 & 0\\2 & -1\\1 & -2\\3 & -8\end{pmatrix}\rightarrow\begin{pmatrix}1 & 0\\2 & 1\\1 & 2\\3 & 8\end{pmatrix}\rightarrow\begin{pmatrix}1 & 0\\0 & 1\\-3 & 2\\-13 & 8\end{pmatrix}$，所以，$\mathbf{X}=\begin{pmatrix}-3 & 2\\-13 & 8\end{pmatrix}$。

例 3.4.3 已知 n 阶方阵 $\mathbf{A}=\begin{pmatrix}2 & 2 & 2 & \cdots & 2\\0 & 1 & 1 & \cdots & 1\\0 & 0 & 1 & \cdots & 1\\\vdots & \vdots & \vdots & & \vdots\\0 & 0 & 0 & \cdots & 1\end{pmatrix}$，求 $\mathbf{A}$ 中所有元素的代数余子式之和 $\sum\limits_{i,j=1}^{n}\mathrm{A}_{ij}$。

解：矩阵 $\mathbf{A}$ 的伴随矩阵 $\mathbf{A}^*$ 中的元素就是所有代数余子式，且 $|\mathbf{A}|=2\neq 0$，$\mathbf{A}$ 可逆，所以 $\mathbf{A}^*=|\mathbf{A}|\mathbf{A}^{-1}$。

$$(\mathbf{A}\vdots\mathbf{E})=\begin{pmatrix}2 & 2 & 2 & \cdots & 2 & 1 & 0 & 0 & \cdots & 0\\0 & 1 & 1 & \cdots & 1 & 0 & 1 & 0 & \cdots & 0\\0 & 0 & 1 & \cdots & 1 & 0 & 0 & 1 & \cdots & 0\\\vdots & \vdots & \vdots & & \vdots & \vdots & \vdots & \vdots & & \vdots\\0 & 0 & 0 & \cdots & 1 & 0 & 0 & 0 & \cdots & 1\end{pmatrix}\longrightarrow$$

$$\begin{pmatrix}1 & 0 & 0 & \cdots & 0 & \frac{1}{2} & -1 & 0 & \cdots & 0\\0 & 1 & 0 & \cdots & 0 & 0 & 1 & -1 & \cdots & 0\\0 & 0 & 1 & \cdots & 0 & 0 & 0 & 1 & \cdots & 0\\\vdots & \vdots & \vdots & & \vdots & \vdots & \vdots & \vdots & & \vdots\\0 & 0 & 0 & \cdots & 1 & 0 & 0 & 0 & \cdots & 1\end{pmatrix},$$

因此，$\mathbf{A}^{-1}=\begin{pmatrix}\frac{1}{2} & -1 & 0 & \cdots & 0 & 0\\0 & 1 & -1 & \cdots & 0 & 0\\\vdots & \vdots & \vdots & & \vdots & \vdots\\0 & 0 & 0 & \cdots & 1 & -1\\0 & 0 & 0 & \cdots & 0 & 1\end{pmatrix}$。故 $\sum\limits_{i,j=1}^{n}\mathrm{A}_{ij}=2\left[\frac{1}{2}+(n-1)-(n-1)\right]=1$。

习题 3－4

1. 利用初等变换的方法求下列矩阵的逆矩阵。

(1)$\begin{pmatrix} -1 & 2 \\ 3 & 1 \end{pmatrix}$；　　(2)$\begin{pmatrix} 1 & 0 & 0 \\ 4 & 2 & 0 \\ 5 & 6 & 3 \end{pmatrix}$；

(3)$\begin{pmatrix} 1 & -1 & 0 & 0 \\ -1 & 2 & 0 & 0 \\ 0 & 0 & 3 & -2 \\ 0 & 0 & 1 & 4 \end{pmatrix}$。

2. 利用初等变换的方法求下列矩阵方程。

(1)$\mathbf{X}\begin{pmatrix} 0 & 3 \\ -1 & 2 \end{pmatrix}=\begin{pmatrix} 2 & 5 \\ 9 & -4 \end{pmatrix}$；

(2)$\begin{pmatrix} 5 & 4 & -1 \\ 0 & 3 & 2 \\ 1 & 8 & 0 \end{pmatrix}\mathbf{X}=\begin{pmatrix} 0 & 3 \\ 7 & 5 \\ -2 & 1 \end{pmatrix}$。

3. 设 $\mathbf{A}$ 为 3 阶方阵，将 $\mathbf{A}$ 的第 3 行元素对应加到第 1 行元素上，再将第 1 列元素的(－1)倍加到第 2 列上得到矩阵 $\mathbf{B}$，请选择恰当的初等矩阵，利用矩阵乘积表达前述初等变换过程。

第五节　矩阵的秩

当我们对一个 $m\times n$ 矩阵 $\mathbf{A}$ 施行初等变换时，都会使得变换后的矩阵和原矩阵不相等。但同时我们也发现当该矩变换为行阶梯矩阵、行最简形矩阵或者标准型时，这三类矩阵虽并不相等，但它们的非零行的行数是相同的，并且是一个确定数字 r。这个正整数 r 可以帮助我们更好地认识矩阵，认识线性代数中的其它知识点。下面我们将利用行列式这个工具来描述“矩阵的秩”的概念。

一、矩阵的秩的概念

首先，我们基于矩阵的结构及其元素可以构成一系列的行列式。

定义 3.5.1　在 $m\times n$ 矩阵 $\mathbf{A}$ 中任取 k 行 k 列，位于这些行列交叉点处的 k^2 个元素(不改变元素的相对位置)所构成的 k 阶行列式，称为矩阵 $\mathbf{A}$ 的一个 k **阶子式**。

注意：

(1)$1\leqslant k\leqslant \min(m,n)$；

(2)一个 $m\times n$ 矩阵 $\mathbf{A}$ 的 k 阶子式，共有 $C_m^k\cdot C_n^k$ 个；

(3)对于任意 $m\times n$ 矩阵 $\mathbf{A}=\begin{pmatrix} a_{11} & a_{12} & \cdots & a_{1n} \\ a_{21} & a_{22} & \cdots & a_{2n} \\ \vdots & \vdots & & \vdots \\ a_{m1} & a_{m2} & \cdots & a_{mn} \end{pmatrix}$，总可以经过初等变换化为 $\mathbf{A}'=\begin{pmatrix} 1 & 0 & \cdots & 0 & c_{1r+1} & \cdots & c_{1n} \\ 0 & 1 & \cdots & 0 & c_{2r+1} & \cdots & c_{2n} \\ \vdots & \vdots & & \vdots & \vdots & & \vdots \\ 0 & 0 & \cdots & 1 & c_{rr+1} & \cdots & c_{rn} \\ 0 & 0 & \cdots & 0 & 0 & \cdots & 0 \\ \vdots & \vdots & & \vdots & \vdots & & \vdots \\ 0 & 0 & \cdots & 0 & 0 & \cdots & 0 \end{pmatrix}$。若 $r>0$，$\mathbf{A}'$ 含 r 阶非零子式，而任意 $r+1$ 阶子式及高于 $r+1$ 阶的子式(如果存在的话)全为零。注意初等变换保持行列式的非零性，即若行列式非零，则经过初等变换的行列式也非零，反之亦然。

定义 3.5.2 一个矩阵 $\mathbf{A}$ 中不等于零的子式的最大阶数叫做这个矩阵的**秩**，记作 $R(\mathbf{A})$。若一个矩阵 $\mathbf{A}$ 没有不等于零的子式，即 $\mathbf{A}$ 中所有阶子式均为零，则该矩阵的秩为零。

注意：

(1)若 $\mathbf{A}$ 为 $m\times n$ 矩阵，由子式的定义知，矩阵的秩的“天然”取值范围是 $1\leqslant R(\mathbf{A})\leqslant \min(m,n)$。

(2)矩阵 $\mathbf{A}$ 为零矩阵当且仅当 $R(\mathbf{A})=0$；$\mathbf{A}\neq\mathbf{0}$ 当且仅当 $R(\mathbf{A})\geqslant 1$。

(3)$m\times n$ 矩阵 $\mathbf{A}$，$R(\mathbf{A})=r$ 当且仅当 $\mathbf{A}$ 中存在一个非零的 r 阶子式，并且 $\mathbf{A}$ 中所有 $r+1$ 阶子式(如果存在的话)全等于零。

(4)当 $R(\mathbf{A})=r$ 时，每一个 k 阶子式($k=1,\cdots,r-1$)中至少存在一个非零的子式。同时，当 $R(\mathbf{A})=r$ 时，除所有 $r+1$ 阶子式为零以外，其它高于 $r+1$ 阶的子式(如果存在的话)均为零。

定理 3.5.1 若 $\mathbf{A}$ 为 $m\times n$ 矩阵，且 $R(\mathbf{A})=r$，则 $R(\mathbf{A}^T)=r$。

证明：由于行列式转置后值不变，所以 $\mathbf{A}^T$ 中非零子式的最高阶数与 $\mathbf{A}$ 中非零子式的最高阶数相等，故 $R(\mathbf{A}^T)=R(\mathbf{A})=r$。□

定理 3.5.2 n 阶方阵 $\mathbf{A}$ 可逆当且仅当 $R(\mathbf{A})=n$。

证明：n 阶方阵 $\mathbf{A}$ 可逆当且仅当 $|\mathbf{A}|\neq 0$，即 $|\mathbf{A}|$ 是矩阵 $\mathbf{A}$ 的最高阶非零子式，故 $R(\mathbf{A})=n$。反之亦然。□

所以，可逆矩阵的秩等于其阶数，故可逆矩阵又称**满秩矩阵**，否则称为**降秩矩阵**。根据性质 3.2.8 以及定理 3.5.2，可以看出，n 个 n 维向量构成的向量组线性无关的充要条件是该向量组构成的方阵的秩等于 n。进而，n 个 n 维向量构成的向量组线性相关的充要条件是该向量组构成的方阵的秩小于 n。

例 3.5.1　求矩阵 $\mathbf{A}=\begin{pmatrix}1 & 2 & 3\\ 2 & 3 & -5\\ 4 & 7 & 1\end{pmatrix}$ 的秩。

解：在矩阵 $\mathbf{A}$ 中，$\begin{vmatrix}1 & 2\\ 2 & 3\end{vmatrix}=-1\neq 0$，$\begin{vmatrix}1 & 2 & 3\\ 2 & 3 & -5\\ 4 & 7 & 1\end{vmatrix}=0$，所以 $R(\mathbf{A})=2$。

例 3.5.2　设 n 维非零向量 $\boldsymbol{\alpha}=\begin{pmatrix}a_1\\ a_2\\ \vdots\\ a_n\end{pmatrix}$，$\boldsymbol{\beta}=\begin{pmatrix}b_1\\ b_2\\ \vdots\\ b_n\end{pmatrix}$，令 $\mathbf{A}=\boldsymbol{\alpha}\boldsymbol{\beta}^T$，求 $R(\mathbf{A})$。

解：$\mathbf{A}=\boldsymbol{\alpha}\boldsymbol{\beta}^T=\begin{pmatrix}a_1\\ a_2\\ \vdots\\ a_n\end{pmatrix}(b_1\quad b_2\quad \cdots\quad b_n)=\begin{pmatrix}a_1b_1 & a_1b_2 & \cdots & a_1b_n\\ a_2b_1 & a_2b_2 & \cdots & a_2b_n\\ \vdots & \vdots & \vdots & \vdots\\ a_nb_1 & a_nb_2 & \cdots & a_nb_n\end{pmatrix}$，

显然，矩阵 $\mathbf{A}$ 的特点是任意两行或两列元素都对应成比例，所以 $\mathbf{A}$ 的任意 2 阶子式 $\begin{vmatrix}a_ib_j & a_ib_k\\ a_lb_j & a_lb_k\end{vmatrix}=0$，其中 $i\neq l,j\neq k,i,j,k,l=1,2,\cdots,n$，即 $R(\mathbf{A})<2$。

又因为 $\boldsymbol{\alpha},\boldsymbol{\beta}$ 均为非零向量，所以存在 i_0,j_0，使得 $a_{i_0}\neq 0,b_{j_0}\neq 0,a_{i_0}\cdot b_{j_0}\neq 0$，故 $\mathbf{A}\neq\mathbf{0}$，　即 $0<R(\mathbf{A})<2$，　$R(\mathbf{A})$ 为整数，　所以 $R(\mathbf{A})=1$。

二、利用初等变换求矩阵的秩

如前所述，当我们把一个矩阵 $\mathbf{A}$ 化为行阶梯矩阵、行最简矩阵或者标准型时，这三类经过变换后的矩阵均与 $\mathbf{A}$ 等价，它们的最高阶非零子式很容易求得，即只要在阶梯状态下选取每个非零"台阶"第一个非零元素所在行和列构成的子式即为其自身一个最高阶的非零子式。下面的定理将是我们利用初等变换求矩阵的秩的理论依据。

定理 3.5.3　初等变换不改变矩阵的秩。

证明:先证明,若 **A** 经过一次初等行变换变为 **B**,则 $R(\mathbf{A})\leqslant R(\mathbf{B})$。设 $R(\mathbf{A})=r$,D_r 是 **A** 中的一个非零 r 阶子式,即 $D_r\neq 0$。

当交换 i,j 两行,或 **A** 的第 i 行乘 k 倍时,即 $\mathbf{A}\xrightarrow{r_i\leftrightarrow r_j}\mathbf{B}$ 或 $\mathbf{A}\xrightarrow{kr_i}\mathbf{B}$,在 **B** 中总能找到与 D_r 相对应的 r 阶子式 D_1,D_1 与 D_r 相比较或维持不变(前述初等变换未涉及中的行列元素),或交换 i,j 两行,再或第 i 行乘 k 倍,进而可得,$D_1=D_r$ 或 $D_1=-D_r$,再或者 $D_1=kD_r$,无论何种情况,有 $D_1\neq 0$,故 $R(\mathbf{B})\geqslant r$。

当矩阵 **A** 第 j 行元素的 k 倍对应加到第 i 行上去,即 $\mathbf{A}\xrightarrow{r_i+kr_j}\mathbf{B}$。如上已证明交换两行时结论成立,那么不妨只考虑 $\mathbf{A}\xrightarrow{r_1+kr_2}\mathbf{B}$ 这种特殊情况,下面分两种情形进行讨论:

①**A** 的 r 阶非零子式 D_r 不包含 **A** 的第 1 行,这时 D_r 也是 **B** 的 R 阶非零子式,故 $R(\mathbf{B})\geqslant r$。

②**A** 的 r 阶非零子式 D_r 包含 **A** 的第 1 行,这时把 **B** 中与 D_r 对应的的 r 阶子式 D_1,记作 $\mathrm{D}_1=\begin{vmatrix}\mathrm{r}_1^T+k\mathrm{r}_2^T\\ \mathbf{r}_p^T\\ \vdots\\ \mathbf{r}_q^T\end{vmatrix}=\begin{vmatrix}\mathbf{r}_1^T\\ \mathbf{r}_p^T\\ \vdots\\ \mathbf{r}_q^T\end{vmatrix}+k\begin{vmatrix}\mathbf{r}_2^T\\ \mathbf{r}_p^T\\ \vdots\\ \mathbf{r}_q^T\end{vmatrix}=\mathrm{D}_r+k\mathrm{D}_2$。若 $p=2$,则 $\mathrm{D}_2=0$,$\mathrm{D}_1=\mathrm{D}_r\neq 0$;若 $p\neq 2$ 则 D_2 亦是 **B** 的 r 阶子式,又知 $\mathrm{D}_1-k\mathrm{D}_2=\mathrm{D}_r\neq 0$,$\mathrm{D}_1$ 与 D_2 不同时为零,所以,**B** 中总存在 r 阶非零子式 D_1 或 D_2,$R(\mathbf{B})\geqslant r$。

以上证明了,若 **A** 经过一次初等行变换为 **B**,则 $R(\mathbf{A})\leqslant R(\mathbf{B})$。由于 **B** 亦可经过一次初等行变换为 **A**,故也有 $R(\mathbf{B})\leqslant R(\mathbf{A})$,因此,$R(\mathbf{A})=R(\mathbf{B})$。

简言之,矩阵经过一次初等行变换不改变该矩阵的秩。又知,$R(\mathbf{A})=R(\mathbf{A}^T)$,当 **A** 进行初等行变换时,相当于 $\mathbf{A}^T$ 进行相应的初等列变换,说明经过初等列变换,矩阵的秩亦不变。

综上所述,初等变换不改变矩阵的秩。□

那么,以后我们求矩阵 **A** 的秩时,不仅可以利用非零子式,也可以利用初等变换将矩阵化为行阶梯形时,非零行数就是矩阵 **A** 的秩。

例 3.5.3 设 $\mathbf{A}=\begin{pmatrix}3&2&0&5&0\\3&-2&3&6&-1\\2&0&1&5&-3\\1&6&-4&-1&4\end{pmatrix}$,求矩阵 **A** 的秩。

解:对 **A** 作初等行变换,化为行阶梯矩阵,如下

$$\mathbf{A}\xrightarrow{r_1\leftrightarrow r_4}\begin{pmatrix}1&6&-4&-1&4\\3&-2&3&6&-1\\2&0&1&5&-3\\3&2&0&5&0\end{pmatrix}\xrightarrow{r_4-r_2}\begin{pmatrix}1&6&-4&-1&4\\3&-2&3&6&-1\\2&0&1&5&-3\\0&4&-3&-1&1\end{pmatrix}$$

$$\xrightarrow[r_3-2r_1]{r_2-3r_1}\begin{pmatrix}1&6&-4&-1&4\\0&-20&15&9&-13\\0&-12&9&7&-11\\0&4&-3&-1&1\end{pmatrix}\xrightarrow{r_2\leftrightarrow r_4}\begin{pmatrix}1&6&-4&-1&4\\0&4&-3&-1&1\\0&-12&9&7&-11\\0&-20&15&9&-13\end{pmatrix}$$

$$\xrightarrow[r_4+5r_2]{r_3+3r_2}\begin{pmatrix}1&6&-4&-1&4\\0&4&-3&-1&1\\0&0&0&4&-8\\0&0&0&4&-8\end{pmatrix}\xrightarrow{r_4-r_3}\begin{pmatrix}1&6&-4&-1&4\\0&4&-3&-1&1\\0&0&0&4&-8\\0&0&0&0&0\end{pmatrix}$$

所以，$R(\mathbf{A})=3$。

例 3.5.4　已知矩阵 $\mathbf{A}=\begin{pmatrix}1&1&2&a&3\\2&2&3&1&4\\1&0&1&1&5\\2&3&5&5&4\end{pmatrix}$ 的秩为 3，求 a 的值。

解：$\mathbf{A}\rightarrow\begin{pmatrix}1&1&2&a&3\\0&0&-1&1-2a&-2\\0&-1&-1&1-a&2\\0&1&1&5-2a&-2\end{pmatrix}$

$$\rightarrow\begin{pmatrix}1&1&2&a&3\\0&0&1&2a-1&2\\0&1&1&5-2a&-2\\0&0&0&6-3a&0\end{pmatrix}\rightarrow\begin{pmatrix}1&1&2&a&3\\0&1&1&5-2a&-2\\0&0&1&2a-1&2\\0&0&0&6-3a&0\end{pmatrix}。$$

因为 $R(\mathbf{A})=3$，那么 $6-3a=0$，即 $a=2$。

我们知道一个 $m\times n$ 矩阵 $\mathbf{A}$ 的 k 阶子式，共有 $C_m^k\cdot C_n^k$ 个。若 $R(\mathbf{A})=r$，如何快速地找到 $\mathbf{A}$ 中一个 r 阶非零子式？这里给出一点提示，利用初等行变换将矩阵 $\mathbf{A}$ 化为行阶梯矩阵 $\mathbf{A}'$，那么 $\mathbf{A}'$ 每个非零“台阶”第一个非零元素所在列对应 $\mathbf{A}$ 中的相应列数 r，我们可以在这 m 行 r 列的元素中选取 r 行构成的子式中必有一个非零，即为 $\mathbf{A}$ 的一个 r 阶的非零子式。本书只给出的实操的做法，请读者自己思考相应的理论依据。例如，例 3.5.3 中 $R(\mathbf{A})=3$ 时，矩阵 $\mathbf{A}$ 的 r

阶子式共有 $C_4^3 \cdot C_5^3=40$ 个，在 $\begin{pmatrix}3 & 2 & 5\\3 & -2 & 6\\2 & 0 & 5\\1 & 6 & -1\end{pmatrix}$ 中选取3行构成3阶子式，其中至少有一个非零。只需要在 $C_4^3=4$ 中便可以很快速地找到一个最高阶非零子式。

推论 3.5.1 若可逆矩阵 $\mathbf{P},\mathbf{Q}$，使得 $\mathbf{PAQ}=\mathbf{B}$，则 $R(\mathbf{A})=R(\mathbf{B})$。

三、矩阵的秩与向量组的秩

定理 3.5.4 $m\times n$ 矩阵 $\mathbf{A}$，则 $R(\mathbf{A})=\mathbf{A}$ 对应的行向量组的秩 $=\mathbf{A}$ 对应的列向量组的秩。

证明：记 $\mathbf{A}=(\boldsymbol{\alpha}_1,\boldsymbol{\alpha}_2,\cdots,\boldsymbol{\alpha}_n)$，即 $\boldsymbol{\alpha}_1,\boldsymbol{\alpha}_2,\cdots,\boldsymbol{\alpha}_n$ 为 n 个 m 维列向量组，设 $R(\mathbf{A})=r$，并有 $\mathbf{A}$ 的 r 阶子式 $\mathrm{D}_r\neq 0$，根据定理1.3.3，由 $\mathrm{D}_r\neq 0$ 知 D_r 所在的 r 列组成的向量组线性无关；又 $\mathbf{A}$ 中所有的 $r+1$ 阶子式均为零，可知 $\mathbf{A}$ 中的任意 $r+1$ 个列向量组成的向量组线性相关。显然，D_r 所在的 r 列是 $\mathbf{A}$ 的列向量组的一个最大无关组，所以列向量组的秩为 r，即 $R(\mathbf{A})=\mathbf{A}$ 的列向量组的秩。

又因为，$\mathbf{A}$ 的行向量组的秩 $=\mathbf{A}^T$ 的列向量组的秩 $=R(\mathbf{A}^T)=R(\mathbf{A})$，所以，$R(\mathbf{A})=\mathbf{A}$ 的行向量组的秩 $=\mathbf{A}$ 的列向量组的秩。

根据此定理，通过初等变换我们亦可得到求向量组的秩和其最大无关组的方法，即对于列向量组 $\boldsymbol{\alpha}_1,\boldsymbol{\alpha}_2,\cdots,\boldsymbol{\alpha}_n$，其对应的矩阵 $\mathbf{A}$ 施行初等行变换，当化为行阶梯形时，非零行数为 $R(\mathbf{A})$，亦为向量组的秩。最高非零阶子式所对应的向量构成的向量组即为原向量组的最大无关组。类似地，行向量组对应的矩阵施行初等列变换。□

推论 3.5.2 若 $\mathbf{A}$、$\mathbf{B}$ 均为 $m\times n$ 矩阵，则 $R(\mathbf{A}+\mathbf{B})\leqslant R(\mathbf{A})+R(\mathbf{B})$。

证明：令 $\mathbf{A}=(\boldsymbol{\alpha}_1,\boldsymbol{\alpha}_2,\cdots,\boldsymbol{\alpha}_n)$，$\mathbf{B}=(\boldsymbol{\beta}_1,\boldsymbol{\beta}_2,\cdots,\boldsymbol{\beta}_n)$，设 $R(\mathbf{A})=r$，$R(\mathbf{B})=s$。那么 $\mathbf{A}+\mathbf{B}=(\boldsymbol{\alpha}_1+\boldsymbol{\beta}_1,\boldsymbol{\alpha}_2+\boldsymbol{\beta}_2,\cdots,\boldsymbol{\alpha}_n+\boldsymbol{\beta}_n)$。再设 $\boldsymbol{\alpha}_1,\boldsymbol{\alpha}_2,\cdots,\boldsymbol{\alpha}_r$ 和 $\boldsymbol{\beta}_1,\boldsymbol{\beta}_2,\cdots,\boldsymbol{\beta}_s$ 分别是 $\mathbf{A}$ 与 $\mathbf{B}$ 的最大无关组，所以 $\boldsymbol{\alpha}_1+\boldsymbol{\beta}_1,\boldsymbol{\alpha}_2+\boldsymbol{\beta}_2,\cdots,\boldsymbol{\alpha}_n+\boldsymbol{\beta}_n$ 可由向量组 $\boldsymbol{\alpha}_1,\boldsymbol{\alpha}_2,\cdots,\boldsymbol{\alpha}_r,\boldsymbol{\beta}_1,\boldsymbol{\beta}_2,\cdots,\boldsymbol{\beta}_s$ 线性表示，因此 $R(\mathbf{A}+\mathbf{B})=(\mathbf{A}+\mathbf{B})$ 的列向量组的秩 $\leqslant R(\boldsymbol{\alpha}_1,\boldsymbol{\alpha}_2,\cdots,\boldsymbol{\alpha}_r,\boldsymbol{\beta}_1,\boldsymbol{\beta}_2,\cdots,\boldsymbol{\beta}_s)\leqslant r+s=R(\mathbf{A})+R(\mathbf{B})$。□

推论 3.5.3 若 $\mathbf{A}$ 为 $m\times s$ 矩阵，$\mathbf{B}$ 为 $s\times n$ 矩阵，则

$$R(\mathbf{AB})\leqslant \min(R(\mathbf{A}),R(\mathbf{B}))。$$

证明：令 $\mathbf{C}=\mathbf{AB}=(\mathbf{r}_1,\mathbf{r}_2,\cdots,\mathbf{r}_n)$，$\mathbf{A}=(\boldsymbol{\alpha}_1,\boldsymbol{\alpha}_2,\cdots,\boldsymbol{\alpha}_s)$ 有

$$\mathbf{C}=(\mathbf{r}_1,\mathbf{r}_2,\cdots,\mathbf{r}_n)=(\boldsymbol{\alpha}_1,\boldsymbol{\alpha}_2,\cdots,\boldsymbol{\alpha}_s)\begin{pmatrix}b_{11} & \cdots & b_{1n}\\ \vdots & & \vdots\\ b_{s1} & \cdots & b_{sn}\end{pmatrix}。$$

知向量组 $\mathbf{r}_1,\mathbf{r}_2,\cdots\mathbf{r}_n$ 可由向量组 $\boldsymbol{\alpha}_1,\boldsymbol{\alpha}_2,\cdots,\boldsymbol{\alpha}_s$ 线性表示，$R(\mathbf{AB})=(\mathbf{AB})$的列向量组的秩≤向量组 $\mathbf{A}$ 的秩$=R(\mathbf{A})$。类似地，$R(\mathbf{AB})\leqslant R(\mathbf{B})$。

综上所述，$R(\mathbf{AB})\leqslant\min(R(\mathbf{A}),R(\mathbf{B}))$。□

例 3.5.5　设 $\mathbf{A}$ 为 $m\times n$ 矩阵，$\mathbf{B}$ 为 $n\times s$ 矩阵，证明：

$$R(\mathbf{A})+R(\mathbf{B})\leqslant n+R(\mathbf{AB})。$$

证明：构造一个分块矩阵 $\mathbf{C}=\begin{pmatrix}\mathbf{E}_n & \mathbf{B}\\ \mathbf{A} & \mathbf{0}\end{pmatrix}_{(m+n)\times(n+s)}$，其中 $\mathbf{E}_n$ 为 n 阶单位矩阵。根据定理 1.3.3 可知，在 $\mathbf{C}$ 中，$\mathbf{A}$ 与 $\mathbf{B}$ 各自的最大无关组的所在列是线性无关的，因此 $R(\mathbf{C})\geqslant R(\mathbf{A})+R(\mathbf{B})$。

再构造分块矩阵 $\mathbf{P}=\begin{pmatrix}\mathbf{E}_n & \mathbf{0}\\ -\mathbf{A} & \mathbf{E}_m\end{pmatrix}_{(m+n)\times(m+n)}$，显然 $\mathbf{PC}=\begin{pmatrix}\mathbf{E}_n & \mathbf{B}\\ \mathbf{0} & -\mathbf{AB}\end{pmatrix}_{(m+n)\times(n+s)}$；以及分块矩阵 $\mathbf{Q}=\begin{pmatrix}\mathbf{E}_n & -\mathbf{B}\\ \mathbf{0} & \mathbf{E}_s\end{pmatrix}_{(n+s)\times(n+s)}$，可以验证 $\mathbf{PCQ}=\begin{pmatrix}\mathbf{E}_n & \mathbf{0}\\ \mathbf{0} & -\mathbf{AB}\end{pmatrix}_{(m+n)\times(n+s)}$。又知 $|\mathbf{P}|=1$，$|\mathbf{Q}|=1$，且它们分别为下三角矩阵和上三角矩阵，所以 $\mathbf{P}$ 和 $\mathbf{Q}$ 均为可逆矩阵。根据推论 3.5.1，可知

$$R(\mathbf{C})=R(\mathbf{PCQ})=R(\mathbf{E}_n)+R(-\mathbf{AB})=n+R(\mathbf{AB}),$$

即 $R(\mathbf{A})+R(\mathbf{B})\leqslant n+R(\mathbf{AB})$。

设 $\mathbf{A}$ 为 $m\times n$ 矩阵，$\mathbf{B}$ 为 $n\times s$ 矩阵，且 $\mathbf{A}\cdot\mathbf{B}=\mathbf{0}$，根据例 3.5.5 的结论可得，

$$R(\mathbf{A})+R(\mathbf{B})\leqslant n。$$

例 3.5.6　设 n 阶方阵 $\mathbf{A}^*$ 为 $\mathbf{A}$ 的伴随矩阵，证明：

$$R(\mathbf{A}^*)=\begin{cases}n & \text{当 } R(\mathbf{A})=n\\ 1 & \text{当 } R(\mathbf{A})=n-1\\ 0 & \text{当 } R(\mathbf{A})<n-1\end{cases}。$$

证明：当 $R(\mathbf{A})=n$ 时，$|\mathbf{A}|\neq0$，则 $|\mathbf{A}^*|\neq0$，即 $R(\mathbf{A}^*)=n$；

当 $R(\mathbf{A})=n-1$ 时，矩阵 $\mathbf{A}$ 存在 $n-1$ 阶非零子式，即 $\mathbf{A}^*\neq\mathbf{0}$，显然 $R(\mathbf{A}^*)\geqslant1$；但 $|\mathbf{A}|=0$，而 $\mathbf{A}\cdot\mathbf{A}^*=|\mathbf{A}|\cdot\mathbf{E}=\mathbf{0}$，则有 $R(\mathbf{A})+R(\mathbf{A}^*)\leqslant n$，得 $R(\mathbf{A}^*)\leqslant n-R(\mathbf{A})=n-(n-1)=1$，所以 $R(\mathbf{A}^*)=1$。

当 $R(\mathbf{A})<n-1$ 时，矩阵 $\mathbf{A}$ 的所有 $n-1$ 阶子式均为零，有 $\mathbf{A}^*=\mathbf{0}$，所以 $R(\mathbf{A}^*)=0$。

本节给出的几个例题是十分经典的关于矩阵的秩的结论，读者在今后的练习中可以直接应用，在学习中注意矩阵与向量组之间的“切换”与“转换”。

习题 3－5

1. 求下列矩阵的秩。

(1)$\begin{pmatrix} 5 & 4 & -1 \\ 0 & 3 & 2 \\ 1 & 8 & 0 \end{pmatrix}$；　　(2)$\begin{pmatrix} 0 & 3 \\ 7 & 5 \\ -2 & 1 \end{pmatrix}$；

(3)$\begin{pmatrix} 0 & 1 & 9 & 0 & 2 \\ -3 & -2 & 6 & 7 & 3 \\ 4 & 3 & -5 & 1 & -2 \end{pmatrix}$；　　(4)$\begin{pmatrix} 3 & -5 & 1 & 8 \\ -1 & 2 & 0 & -6 \\ 1 & 0 & 3 & -7 \\ 0 & -2 & 1 & 4 \end{pmatrix}$。

2. 设矩阵 $\mathbf{A}=\begin{pmatrix} 1 & 1 & k \\ 1 & k & 1 \\ k & 1 & 1 \end{pmatrix}$，且 $R(\mathbf{A})=2$，求参数 k。

3. 设 $n(n\geqslant 1)$ 阶方阵 $\mathbf{A}=\begin{pmatrix} a & b & b & \cdots & b \\ b & a & b & \cdots b & \\ \vdots & \vdots & \vdots & & \vdots \\ b & b & b & \cdots & a \end{pmatrix}$，求 $R(\mathbf{A})$。

4. 已知 $n(n\geqslant 3)$ 阶矩阵 $\mathbf{A}=\begin{pmatrix} 1 & b & b & \cdots & b \\ b & 1 & b & \cdots & b \\ \vdots & \vdots & \vdots & & \vdots \\ b & b & b & \cdots & 1 \end{pmatrix}$，$\mathbf{A}$ 的伴随矩阵为 $\mathbf{A}^*$，若 $R(\mathbf{A}^*)=1$，计算参数 b 的取值范围。

5. 设 $\mathbf{A}$ 为 $m\times n$ 矩阵，$\mathbf{B}$ 为 $s\times t$ 矩阵，且 $R(\mathbf{A})=r_1$，$R(\mathbf{B})=r_2$，令 $\mathbf{C}=\begin{pmatrix} \mathbf{A} & \mathbf{0} \\ \mathbf{0} & \mathbf{B} \end{pmatrix}$，计算 $R(\mathbf{C})$。

第四章　向量组、矩阵与线性方程组

前面的章节已经介绍过常用的线性方程组，具体可分为齐次线性方程组和非齐次线性方程组。这里，我们对线性方程组的讨论主要集中在以下几个问题：①线性方程组何时有解；②若线性方程组有解，那么解的个数；③对有解方程组求无穷多解时，解的结构。

显然，齐次线性方程组一定有解，对于齐次线性方程组我们更关心它何时仅有唯一的零解，何时有非零解以及解的结构。除了以前学习过的高斯消元法，还有很多判断或求解线性方程组的方法。本章，我们将利用向量组和矩阵作为工具来研究线性方程组。

第一节　Cramer 法则

对于 n 个未知量 n 个方程的线性方程组，如下：

$$\begin{cases} a_{11}x_1+a_{12}x_2+\cdots+a_{1n}x_n=b_1 \\ a_{21}x_1+a_{22}x_2+\cdots+a_{2n}x_n=b_2 \\ \qquad\cdots\cdots \\ a_{n1}x_1+a_{n2}x_2+\cdots+a_{nn}x_n=b_n \end{cases} \tag{Ⅰ}$$

我们可以利用行列式进行求解。

定理 4.1.1（Cramer 法则）　线性方程组(Ⅰ)的系数矩阵为

$$\mathbf{A}=\begin{pmatrix} a_{11} & a_{12} & \cdots & a_{1n} \\ a_{21} & a_{22} & \cdots & a_{2n} \\ \vdots & \vdots & & \vdots \\ a_{n1} & a_{n2} & \cdots & a_{nn} \end{pmatrix},$$

若其对应的行列式 $\mathrm{D}=|\mathbf{A}|\neq 0$，则线性方程组有唯一解，解为 $x_i=\dfrac{\mathrm{D}_i}{\mathrm{D}}(i=1,2,\cdots,n)$，其中 D_i 是用常数项 $b_1,b_2,\cdots,b_n$ 替换 D 中第 i 列元素后所成的行列式，

即

$$D_i=\begin{vmatrix} a_{11} & \cdots & a_{1(i-1)} & b_1 & a_{1(i+1)} & \cdots & a_{1n} \\ a_{21} & \cdots & a_{2(i-1)} & b_2 & a_{2(i+1)} & \cdots & a_{2n} \\ \vdots & & \vdots & \vdots & \vdots & & \vdots \\ a_{n1} & \cdots & a_{n(i-1)} & b_n & a_{n(i+1)} & \cdots & a_{nn} \end{vmatrix}$$

证明:用 D 中第 i 列元素的代数余子式 $A_{1i}, A_{2i}, \cdots, A_{ni}$ 依次乘以方程组(Ⅰ),得

$$\begin{cases} (a_{11}x_1+a_{12}x_2+\cdots+a_{1n}x_n)A_{1i}=b_1A_{1i} \\ (a_{21}x_1+a_{22}x_2+\cdots+a_{2n}x_n)A_{2i}=b_2A_{2i} \\ \cdots\cdots \\ (a_{n1}x_1+a_{n2}x_2+\cdots+a_{nn}x_n)A_{ni}=b_nA_{ni} \end{cases}$$

再把上面的方程一次相加,可得

$$\left(\sum_{k=1}^{n}a_{k1}A_{ki}\right)x_1+\left(\sum_{k=1}^{n}a_{k2}A_{ki}\right)x_2+\cdots+\left(\sum_{k=1}^{n}a_{ki}A_{ki}\right)x_i+\cdots+\left(\sum_{k=1}^{n}a_{kn}A_{ki}\right)x_n=\sum_{k=1}^{n}b_kA_{ki}$$

利用行列式性质可知,上式 x_i 的系数等于 D,而其余 $x_j(i\neq j)$ 的系数均为 0;等式右端等于 D_i,于是有 $Dx_i=D_i$;当 $D\neq 0$ 时,方程组有唯一解

$$\begin{pmatrix} x_1 \\ x_2 \\ \vdots \\ x_n \end{pmatrix}=\begin{pmatrix} \frac{D_1}{D} \\ \frac{D_2}{D} \\ \vdots \\ \frac{D_n}{D} \end{pmatrix}。$$

推论 4.1.1 线性方程组(Ⅰ)的系数行列式 $|\mathbf{A}|=0$ 当且仅当该方程组无解或至少有两个不同的解。

当 $b_1=b_2=\cdots=b_n=0$ 时,称线性方程组(Ⅰ)为齐次线性方程组,此时 $D_i=0$,其中 $i=1,2,\cdots,n$,从而我们可以得到如下定理。

定理 4.1.2 齐次线性方程组

$$\begin{cases} a_{11}x_1+a_{12}x_2+\cdots+a_{1n}x_n=0 \\ a_{21}x_1+a_{22}x_2+\cdots+a_{2n}x_n=0 \\ \cdots\cdots \\ a_{n1}x_1+a_{n2}x_2+\cdots+a_{nn}x_n=0 \end{cases} \tag{Ⅱ}$$

有唯一零解当且仅当 $|\mathbf{A}|\neq 0$;齐次线性方程组(Ⅱ)有非零解当且仅当 $|\mathbf{A}|=0$。

例 4.1.1　利用 Cramer 法则求解非齐次线性方程组

$$\begin{cases}2x_1+x_2-5x_3+x_4=8\\x_1-3x_2-6x_4=9\\2x_2-x_3+2x_4=-5\\x_1+4x_2-7x_3+6x_4=0\end{cases}$$

解：

$$D=\begin{vmatrix}2&1&-5&1\\1&-3&0&-6\\0&2&-1&2\\1&4&-7&6\end{vmatrix}\xlongequal[r_4-r_2]{r_1-2r_2}\begin{vmatrix}0&7&-5&13\\1&-3&0&-6\\0&2&-1&2\\0&7&-7&12\end{vmatrix}=-\begin{vmatrix}7&-5&13\\2&-1&2\\7&-7&12\end{vmatrix}$$

$$\xlongequal[c_3+2c_2]{c_1+2c_2}-\begin{vmatrix}-3&-5&3\\0&-1&0\\-7&-7&-2\end{vmatrix}=\begin{vmatrix}-3&3\\-7&-2\end{vmatrix}=27\neq0$$

同时亦可得到

$$D_1=\begin{vmatrix}8&1&-5&1\\9&-3&0&-6\\-5&2&-1&2\\0&4&-7&6\end{vmatrix}=81;\quad D_2=\begin{vmatrix}2&8&-5&1\\1&9&0&-6\\0&-5&-1&2\\1&0&-7&6\end{vmatrix}=-108;$$

$$D_3=\begin{vmatrix}2&1&8&1\\1&-3&9&-6\\0&2&-5&2\\1&4&0&6\end{vmatrix}=-27;\quad D_4=\begin{vmatrix}2&1&-5&8\\1&-3&0&9\\0&2&-1&-5\\1&4&-7&0\end{vmatrix}=27$$

所以，$x_1=\frac{D_1}{D}=3$，$x_2=\frac{D_2}{D}=-4$，$x_3=\frac{D_3}{D}=-1$，$x_4=\frac{D_4}{D}=1$，即此线性方程有唯一解 $\boldsymbol{\zeta}=\begin{pmatrix}3\\-4\\-1\\1\end{pmatrix}$。

例 4.1.2　λ 为何值时，齐次线性方程组 $\begin{cases}(5-\lambda)x_1+2x_2+2x_3=0\\2x_1+(6-\lambda)x_2=0\\2x_1+(4-\lambda)x_3=0\end{cases}$ 仅有唯一零解？

解:欲使该方程组仅有唯一零解,则须系数行列式不等于零,即

$$|\mathbf{A}|=\begin{vmatrix}5-\lambda & 2 & 2\\ 2 & 6-\lambda & 0\\ 2 & 0 & 4-\lambda\end{vmatrix}=-(\lambda-2)(\lambda-5)(\lambda-8)\neq 0$$

因此,当 $\lambda\in\mathbb{R}$ 且 $\lambda\neq 2$, $\lambda\neq 5$, $\lambda\neq 8$ 时,$|\mathbf{A}|\neq 0$,齐次线性方程组仅有唯一零解。

习题 4—1

1. 利用 Cramer 法则求解下列方程组。

(1) $\begin{cases}x_1+2x_2-x_3=-1\\ -x_2+3x_3=2\\ 2x_1+x_2-2x_3=1\end{cases}$;

(2) $\begin{cases}2x_1+3x_2-4x_3+x_4=0\\ x_1+2x_2+x_3-x_4=1\\ 3x_1-x_2+3x_3+2x_4=-1\\ 4x_1+x_2+2x_3-x_4=2\end{cases}$;

(3) $\begin{cases}x_1+a_1x_2+a_1^2x_3=1\\ x_1+a_2x_2+a_2^2x_3=1\\ x_1+a_3x_2+a_3^2x_3=1\end{cases}$,其中 a_1,a_2,a_3 互不相等。

2. 齐次线性方程组

$$\begin{cases}(1-\lambda)x_1+x_2-3x_3=0\\ x_1+(2-\lambda)x_2+x_3=0\\ x_1+(\lambda-3)x_3=0\end{cases}$$

参数 λ 取何值时,该方程组有非零解。

第二节　线性方程组有解的条件

在第一章中我们介绍了如何用高斯消元法求解线性方程组,其实质就是利用变换将一部分未知量的系数等价变为"0",进而实现"消元"的目的。这个"消元"的过程相当于是对线性方程组对应的矩阵施行初等行变换。下面我们将利用矩阵来解决线性方程组的求解问题。对于一般的线性方程组,即 n 个未知量 m 个方程

$$\begin{cases} a_{11}x_1+a_{12}x_2+\cdots+a_{1n}x_n=b_1 \\ a_{21}x_1+a_{22}x_2+\cdots+a_{2n}x_n=b_2 \\ \cdots\cdots \\ a_{m1}x_1+a_{m2}x_2+\cdots+a_{mn}x_n=b_m \end{cases} \tag{Ⅲ}$$

称矩阵 $\mathbf{A}_{m\times n}=\begin{pmatrix} a_{11} & a_{12} & \cdots & a_{1n} \\ a_{21} & a_{22} & \cdots & a_{2n} \\ \vdots & \vdots & & \vdots \\ a_{m1} & a_{m2} & \cdots & a_{mn} \end{pmatrix}$ 为线性方程组的**系数矩阵**，令 $\mathbf{b}=\begin{pmatrix} b_1 \\ b_2 \\ \vdots \\ b_m \end{pmatrix}$，矩阵 $\mathbf{B}_{m\times(n+1)}=\begin{pmatrix} a_{11} & a_{12} & \cdots & a_{1n} & \vdots & b_1 \\ a_{12} & a_{22} & \cdots & a_{2n} & \vdots & b_2 \\ \vdots & \vdots & & \vdots & \vdots & \vdots \\ a_{m1} & a_{m2} & \cdots & a_{mn} & \vdots & b_m \end{pmatrix}=(\mathbf{A}\vdots\mathbf{b})$ 为线性方程组的**增广矩阵**，显然有 $R(\mathbf{A})\leqslant R(\mathbf{B})$。若 $R(\mathbf{A})<R(\mathbf{B})$，则 $R(\mathbf{B})=R(\mathbf{A})+1$。

系数矩阵 $\mathbf{A}$ 对应的向量组记为 $\boldsymbol{\alpha}_1=\begin{pmatrix} a_{11} \\ a_{21} \\ \vdots \\ a_{m1} \end{pmatrix}$，$\boldsymbol{\alpha}_2=\begin{pmatrix} a_{11} \\ a_{21} \\ \vdots \\ a_{m2} \end{pmatrix}$，…，$\boldsymbol{\alpha}_n=\begin{pmatrix} a_{1n} \\ a_{2n} \\ \vdots \\ a_{mn} \end{pmatrix}$，因此方程组(Ⅲ)可记为

$$\mathbf{Ax}=\mathbf{b},$$

或者

$$\boldsymbol{\alpha}_1x_1+\boldsymbol{\alpha}_2x_2+\cdots+\boldsymbol{\alpha}_nx_n=\mathbf{b},$$

这些表达形式与线性方程组(Ⅲ)都是等价的。

若线性方程组(Ⅲ)有解，则称其为相容方程组；若无解，则称其为不相容方程组。

当 $x_1=\zeta_1, x_2=\zeta_2, \cdots, x_n=\zeta_n$ 时方程组(Ⅲ)成立，则称其为解向量，记作 $\boldsymbol{\zeta}=\begin{pmatrix} \zeta_1 \\ \zeta_2 \\ \vdots \\ \zeta_n \end{pmatrix}$，简称**解**。从另一个角度来看，解 $\boldsymbol{\zeta}=\begin{pmatrix} \zeta_1 \\ \zeta_2 \\ \vdots \\ \zeta_n \end{pmatrix}$ 亦是向量组 $\boldsymbol{\alpha}_1,\boldsymbol{\alpha}_2,\cdots,\boldsymbol{\alpha}_n$ 线性表示向量 $\mathbf{b}$ 的一组系数。

定理 4.2.1（线性方程组可解的判别法） 线性方程组(Ⅲ)有解的充分必要条件是其系数矩阵与增广矩阵的秩相等。

证明：利用初等行变换，将增广矩阵 $\mathbf{B}$ 化为如下行最简矩阵结构

$$\widetilde{\mathbf{B}}=\begin{pmatrix} 1 & 0 & \cdots & 0 & c_{1r+1} & \cdots & c_{1n} & d_1 \\ 0 & 1 & \cdots & 0 & c_{2r+1} & \cdots & c_{2n} & d_2 \\ \vdots & \vdots & & \vdots & \vdots & & \vdots & \vdots \\ 0 & 0 & \cdots & 1 & c_{rr+1} & \cdots & c_{rn} & d_r \\ 0 & 0 & \cdots & 0 & 0 & \cdots & 0 & d_{r+1} \\ \vdots & \vdots & & \vdots & \vdots & & \vdots & \vdots \\ 0 & 0 & \cdots & 0 & 0 & \cdots & 0 & 0 \end{pmatrix}。$$

显然，$R(\mathbf{A})=R(\mathbf{B}$ 的前 n 列$)$，$R(\mathbf{B})=R(\widetilde{\mathbf{B}})$，$R(\widetilde{\mathbf{B}})=\begin{cases} r, & d_{r+1}=0 \\ r+1, & d_{r+1}\neq 0 \end{cases}$，若 $R(\mathbf{B})=r+1$，那么当将 $\mathbf{B}$ 施行初等行变换化为 $\widetilde{\mathbf{B}}$ 时，第 $r+1$ 行对应矛盾方程，即 $0=1$，不成立。当 $R(\mathbf{A})=R(\mathbf{B})=R(\widetilde{\mathbf{B}})=r$ 时，对应方程组为

$$\begin{cases} x_1=-c_{1r+1}x_{r+1}-\cdots-c_{1n}x_n+d_1 \\ x_2=-c_{2r+1}x_{r+1}-\cdots-c_{2n}x_n+d_2 \\ \qquad\cdots\cdots \\ x_r=-c_{rr+1}x_{r+1}-\cdots-c_{rn}x_n+d_r \end{cases}$$

当给 $x_{r+1},x_{r+2},\cdots,x_n$ 赋值后，相应一定可以求得 $x_1,x_2,\cdots,x_r$，从而可得方程组的一个解。

故当系数矩阵与增广矩阵的秩相等时，方程组有解。□

推论 4.2.1 线性方程组(Ⅲ)有唯一解，当且仅当，$R(\mathbf{A})=R(\mathbf{B})=n$。

推论 4.2.2 线性方程组(Ⅲ)有无穷解，当且仅当，$R(\mathbf{A})=R(\mathbf{B})=r<n$。

推论 4.2.3 线性方程组(Ⅲ)无解，当且仅当，$R(\mathbf{A})\neq R(\mathbf{B})$。

定理 4.2.2 n 个未知量 m 个方程构成的齐次线性方程组 $\mathbf{A}_{m\times n}\mathbf{x}=\mathbf{0}$ 仅有唯一零解的充分必要条件是 $R(\mathbf{A})=n$。

例 4.2.1 求解齐次线性方程组 $\begin{cases} x_1+2x_2+2x_3+x_4=0 \\ 2x_1+x_2-2x_3-2x_4=0 \\ x_1-x_2-4x_3-3x_4=0 \end{cases}$。

解：对该方程组的系数矩阵 $\mathbf{A}$ 施行初等行变换，可得

$$\mathbf{A}=\begin{pmatrix} 1 & 2 & 2 & 1 \\ 2 & 1 & -2 & -2 \\ 1 & -1 & -4 & -3 \end{pmatrix}\to\begin{pmatrix} 1 & 2 & 2 & 1 \\ 0 & -3 & -6 & -4 \\ 0 & -3 & -6 & -4 \end{pmatrix}\to\begin{pmatrix} 1 & 2 & 2 & 1 \\ 0 & 3 & 6 & 4 \\ 0 & 0 & 0 & 0 \end{pmatrix}$$

$$\rightarrow\begin{pmatrix}1&2&2&1\\0&1&2&\frac{4}{3}\\0&0&0&0\end{pmatrix}\rightarrow\begin{pmatrix}1&0&-2&-\frac{5}{3}\\0&1&2&\frac{4}{3}\\0&0&0&0\end{pmatrix},$$

对应的同解方程组为

$$\begin{cases}x_1=2x_3+\frac{5}{3}x_4\\x_2=-2x_3-\frac{4}{3}x_4\end{cases}（x_3,x_4\text{ 可取任意值}）。$$

令 $x_3=c_1,x_4=c_2$,可得解$\begin{cases}x_1=2c_1+\frac{5}{3}c_2\\x_2=-c_4-\frac{4}{3}c_2\\x_3=c_1\\x_4=c_2\end{cases}$,写成向量的线性组合形式为

$$\boldsymbol{\zeta}=\begin{pmatrix}x_1\\x_2\\x_3\\x_4\end{pmatrix}=c_1\begin{pmatrix}2\\-2\\1\\0\end{pmatrix}+c_2\begin{pmatrix}\frac{5}{3}\\-\frac{4}{3}\\0\\1\end{pmatrix},\text{其中 }c_1、c_2\text{ 为任意实数。}$$

例 4.2.2　求解非齐次线性方程组$\begin{cases}x_1+2x_2+3x_3-x_4=1\\3x_1+3x_2+5x_3-3x_4=2\\2x_1+x_2+2x_3-2x_4=3\end{cases}$。

解:对增广矩阵 **B** 进行初等行变换:

$$\mathbf{B}=\begin{pmatrix}1&2&3&-1&1\\3&3&5&-3&2\\2&1&2&-2&3\end{pmatrix}\rightarrow\begin{pmatrix}1&2&3&-1&1\\0&-3&-4&0&-1\\0&-3&-4&0&1\end{pmatrix}\rightarrow\begin{pmatrix}1&2&3&-1&1\\0&3&4&0&1\\0&0&0&0&2\end{pmatrix},$$

$R(\mathbf{A})=2$，　$R(\mathbf{B})=3$，　$R(\mathbf{A})\neq R(\mathbf{B})$，　因此该线性方程组无解。

例 4.2.3　求解非齐次线性方程组$\begin{cases}x_1-x_2-x_3+x_4=0\\x_1-x_2+x_3-3x_4=1\\x_1-x_2-2x_3+3x_4=-\frac{1}{2}\end{cases}$。

解:对增广矩阵 **B** 施行初等行变换

$$\mathbf{B}=\begin{pmatrix}1&-1&-1&1&0\\1&-1&1&-3&1\\1&-1&-2&3&-\frac{1}{2}\end{pmatrix}\rightarrow\begin{pmatrix}1&-1&-1&1&0\\0&0&2&-4&1\\0&0&-1&2&-\frac{1}{2}\end{pmatrix}\rightarrow$$

$$\begin{pmatrix}1&-1&0&-1&\frac{1}{2}\\0&0&1&-2&\frac{1}{2}\\0&0&0&0&0\end{pmatrix}。$$

$R(\mathbf{A})=R(\mathbf{B})$，该线性方程组有解，对应的同解线性方程组为

$$\begin{cases}x_1=x_2+x_4+\frac{1}{2}\\x_3=2x_4+\frac{1}{2}\end{cases}\Rightarrow\begin{cases}x_1=x_2+x_4+\frac{1}{2}\\x_2=x_2+0\cdot x_4\\x_3=0\cdot x_2+2x_4+\frac{1}{2}\\x_4=0\cdot x_2+x_4\end{cases}$$

令 $x_2=c_1$，$x_4=c_2$，所以方程组的通解为

$$\boldsymbol{\zeta}=\begin{pmatrix}x_1\\x_2\\x_3\\x_4\end{pmatrix}=c_1\begin{pmatrix}1\\1\\0\\0\end{pmatrix}+c_2\begin{pmatrix}0\\0\\2\\1\end{pmatrix}+\begin{pmatrix}\frac{1}{2}\\0\\\frac{1}{2}\\0\end{pmatrix}，其中 c_1、c_2 为任意实数。$$

通过上面的例子以及定理的证明过程，我们可以总结如下：①齐次线性方程组系数矩阵化为行最简矩阵，可写出其对应的同解方程组，进而得其解；②非齐次线性方程组增广矩阵化成行阶梯形矩阵，可判断方程组是否有解；若有解，进而化为行最简矩阵，写出与其对应的同解方程组，得解。

定理 4.2.3 矩阵方程 $\mathbf{AX}=\mathbf{B}$ 有解的充分必要条件是 $R(\mathbf{A})=R(\mathbf{A},\mathbf{B})$。

证明：设 $\mathbf{A}$ 为 $m\times n$ 矩阵，$\mathbf{B}$ 为 $m\times l$ 矩阵，显然 $\mathbf{X}$ 为 $n\times l$ 矩阵，当 $\mathbf{X}$ 与 $\mathbf{B}$ 写成向量组的形式有

$$\mathbf{A}(\mathbf{x}_1,\mathbf{x}_2,\cdots,\mathbf{x}_l)=(\mathbf{b}_1,\mathbf{b}_2,\cdots,\mathbf{b}_l)$$

等价于 $\mathbf{Ax}_i=\mathbf{b}_i$，其中 $i=1,2,\cdots,l$。又设 $R(\mathbf{A})=r$，$\mathbf{A}$ 的行阶梯矩阵为 $\widetilde{\mathbf{A}}$，那么有

$$(\mathbf{A},\mathbf{B})=(\mathbf{A},\mathbf{b}_1,\mathbf{b}_2,\cdots,\mathbf{b}_l)\rightarrow(\widetilde{\mathbf{A}},\tilde{\mathbf{b}}_1,\tilde{\mathbf{b}}_2,\cdots,\tilde{\mathbf{b}}_l)。$$

又知$(\mathbf{A},\mathbf{b}_i)\to(\widetilde{\mathbf{A}},\widetilde{\mathbf{b}}_i)$，其中$i=1,2,\cdots,l$。那么，矩阵方程$\mathbf{AX}=\mathbf{B}$有解。

$\Leftrightarrow\mathbf{Ax}_i=\mathbf{b}_i(i=1,2,\cdots,l)$有解。

$\Leftrightarrow R(\mathbf{A})=R(\mathbf{A}\vdots\mathbf{b}_i)\quad(i=1,2,\cdots,l)$。

$\Leftrightarrow\widetilde{\mathbf{b}}_i(i=1,2,\cdots,l)$的后$m-r$个元全为零。

$\Leftrightarrow(\widetilde{\mathbf{b}}_1,\widetilde{\mathbf{b}}_2,\cdots,\widetilde{\mathbf{b}}_l)$的后$m-r$个行全为零。

$\Leftrightarrow R(\mathbf{A}\vdots\mathbf{B})=R(\mathbf{A})$。

习题 4—2

1. 设$\mathbf{A}$是$m\times n$矩阵，$\mathbf{Ax}=\mathbf{0}$是非齐次线性方程组$\mathbf{Ax}=\mathbf{b}$所对应的齐次线性方程组，若$\mathbf{Ax}=\mathbf{b}$有无穷多解，证明：$\mathbf{Ax}=\mathbf{0}$有非零解。

2. 非齐次线性方程组

$$\begin{cases}ax_1+2x_2-x_3=-1\\ x_1-2bx_2+3x_3=0\\ x_1+bx_2+x_3=1\end{cases}$$

当参数a,b为何值时，方程组有唯一解？无穷多解？无解？

3. 讨论线性方程组

$$\begin{cases}x_1+x_2+3x_3+2x_4=1\\ x_1+3x_2+x_3+6x_4=3\\ x_1-5x_2+10x_3-10x_4=b\\ 3x_1-x_2+15x_3-2ax_4=3\end{cases}$$

当参数a,b为何值时，方程组无解？有唯一解？无穷多解？有解时，写出这些解。

4. 选择题。设$\mathbf{A}$是$m\times n$矩阵，$\mathbf{B}$是$n\times m$矩阵，若$n<m$，则线性方程组$(\mathbf{AB})\mathbf{x}=\mathbf{0}$的解(　　)

A. 无解　　　　B. 只有零解

C. 必有无穷多解　　　　D. 无法判断

第三节　线性方程组解的结构

在了解线性方程组有解的判别条件之后，下面我们来讨论线性方程组解的结构，当方程组的解是唯一解时，自然没有结构问题。当有无穷多解时，解的结构就是解与解之间的关系，并且需要将其全部的解表示出来。下面，我们讨论当线性方程组有无穷多解时，如何用有限个解将解集合表示出来。

一、齐次线性方程组解的结构

定理 4.3.1 若向量 $\mathbf{x}=\boldsymbol{\zeta}_1,\mathbf{x}=\boldsymbol{\zeta}_2$ 都是 $\mathbf{A}_{m\times n}\mathbf{x}=\mathbf{0}$ 的解，则 $\mathbf{x}=\boldsymbol{\zeta}_1+\boldsymbol{\zeta}_2$ 也是 $\mathbf{A}_{m\times n}\mathbf{x}=\mathbf{0}$。

证明:因为 $\mathbf{x}=\boldsymbol{\zeta}_1,\mathbf{x}=\boldsymbol{\zeta}_2$ 都是解，则 $\mathbf{A}\boldsymbol{\zeta}_1=\mathbf{0},\mathbf{A}\boldsymbol{\zeta}_2=\mathbf{0}$。又知

$$\mathbf{A}(\boldsymbol{\zeta}_1+\boldsymbol{\zeta}_2)=\mathbf{A}\boldsymbol{\zeta}_1+\mathbf{A}\boldsymbol{\zeta}_2=\mathbf{0}+\mathbf{0}=\mathbf{0},$$

所以 $\mathbf{x}=\boldsymbol{\zeta}_1+\boldsymbol{\zeta}_2$ 也是 $\mathbf{Ax}=\mathbf{0}$ 的解。□

定理 4.3.2 若向量 $\mathbf{x}=\boldsymbol{\zeta}$ 是 $\mathbf{A}_{m\times n}\mathbf{x}=\mathbf{0}$ 的解，则向量 $\mathbf{x}=k\boldsymbol{\zeta}(k\in\mathbb{R})$ 是 $\mathbf{Ax}=\mathbf{0}$ 的解。

根据定理 4.3.1 与定理 4.3.2 知，$\mathbf{Ax}=\mathbf{0}$ 的解集合对向量的加法和数乘运算封闭，又知全体 n 维向量构成线性空间，$\mathbf{Ax}=\mathbf{0}$ 的解集合是其子集，并构成线性子空间，称其为齐次线性方程组的**解空间**。

定义 4.3.1 设齐次线性方程组 $\mathbf{A}_{m\times n}\mathbf{x}=\mathbf{0}$ 有非零解，如果它的 t 个解向量 $\boldsymbol{\zeta}_1,\boldsymbol{\zeta}_2,\cdots,\boldsymbol{\zeta}_t$ 满足：

(1)$\boldsymbol{\zeta}_1,\boldsymbol{\zeta}_2,\cdots,\boldsymbol{\zeta}_t$ 线性无关；

(2)$\mathbf{Ax}=\mathbf{0}$ 的任一解 $\boldsymbol{\zeta}$ 都可由 $\boldsymbol{\zeta}_1,\boldsymbol{\zeta}_2,\cdots,\boldsymbol{\zeta}_t$ 线性表示，即 $\boldsymbol{\zeta}=k_1\boldsymbol{\zeta}_1+k_2\boldsymbol{\zeta}_2+\cdots+k_t\boldsymbol{\zeta}_t$；

则称 $\boldsymbol{\zeta}_1,\boldsymbol{\zeta}_2,\cdots,\boldsymbol{\zeta}_t$ 是方程组 $\mathbf{Ax}=\mathbf{0}$ 的**基础解系**。当 $k_1,k_2,\cdots,k_t$ 为任意常数时，$\boldsymbol{\zeta}=k_1\boldsymbol{\zeta}_1+k_2\boldsymbol{\zeta}_2+\cdots+k_t\boldsymbol{\zeta}_t$ 是 $\mathbf{Ax}=\mathbf{0}$ 的**通解**。

定理 4.3.3 若 n 元齐次线性方程组 $\mathbf{A}_{m\times n}\mathbf{x}=\mathbf{0}$ 的系数矩阵 $\mathbf{A}$ 的秩 $R(\mathbf{A})=r<n$，则 $\mathbf{Ax}=\mathbf{0}$ 的基础解系存在且恰有 $n-r$ 个线性无关的解向量。

证明:齐次线性方程组为

$$\begin{cases}a_{11}x_1+a_{12}x_2+\cdots+a_{1n}x_n=0\\a_{21}x_1+a_{22}x_2+\cdots+a_{2n}x_n=0\\\quad\cdots\cdots\\a_{m1}x_1+a_{m2}x_2+\cdots+a_{mn}x_n=0\end{cases}\tag{Ⅳ}$$

因 $R(\mathbf{A})=r$，不妨设对 $\mathbf{A}$ 施行初等行变换化为行最简矩阵且该矩阵是前 r 个列向量线性无关，于是有

$$\mathbf{A}\to\widetilde{\mathbf{A}}=\begin{pmatrix}1&\cdots&0&b_{11}&\cdots&b_{1,n-r}\\\vdots&&\vdots&\vdots&&\vdots\\0&\cdots&1&b_{r1}&\cdots&b_{r,n-r}\\0&\cdots&0&0&&0\\\vdots&&\vdots&\vdots&&\vdots\\0&\cdots&0&0&\cdots&0\end{pmatrix}$$

与 $\widetilde{\mathbf{A}}$ 相应的同解方程组为

$$\begin{cases} x_1=-b_{11}x_{r+1}-\cdots-b_{1,n-r}x_n \\ \qquad\cdots\quad\cdots \\ x_r=-b_{r1}x_{r+1}-\cdots-b_{r,n-r}x_n \end{cases} \tag{V}$$

其中 $x_{r+1},\cdots,x_n$ 为 $n-r$ 个自由未知量，$x_1,\cdots,x_r$ 为非自由未知量。每给定一组 $x_{r+1},\cdots,x_n$ 就可以唯一确定 $x_1,\cdots,x_r$ 的值，可得线性方程组的一个解。依次给自由未知量 $x_{r+1},\cdots,x_n$ 取下列 $n-r$ 组数

$$\begin{pmatrix} x_{r+1} \\ x_{r+2} \\ \vdots \\ x_n \end{pmatrix}=\begin{pmatrix} 1 \\ 0 \\ \vdots \\ 0 \end{pmatrix},\begin{pmatrix} 0 \\ 1 \\ \vdots \\ 0 \end{pmatrix},\cdots,\begin{pmatrix} 0 \\ 0 \\ \vdots \\ 1 \end{pmatrix};$$

那么，对应的非自由未知量的取值分别为

$$\begin{pmatrix} x_1 \\ x_2 \\ \vdots \\ x_r \end{pmatrix}=\begin{pmatrix} -b_{11} \\ -b_{12} \\ \vdots \\ -b_{r1} \end{pmatrix},\begin{pmatrix} -b_{12} \\ -b_{22} \\ \vdots \\ -b_{r2} \end{pmatrix},\cdots,\begin{pmatrix} -b_{1,n-r} \\ -b_{2,n-r} \\ \vdots \\ -b_{r,n-r} \end{pmatrix}。$$

进一步，我们可以得到方程组(Ⅳ)的 $n-r$ 个非零解，如下

$$\boldsymbol{\zeta}_1=\begin{pmatrix} -b_{11} \\ \vdots \\ -b_{r1} \\ 1 \\ 0 \\ \vdots \\ 0 \end{pmatrix},\boldsymbol{\zeta}_2=\begin{pmatrix} -b_{12} \\ \vdots \\ -b_{r2} \\ 0 \\ 1 \\ \vdots \\ 0 \end{pmatrix},\cdots,\boldsymbol{\zeta}_{n-r}=\begin{pmatrix} -b_{1,n-r} \\ \vdots \\ -b_{r,n-r} \\ 0 \\ 0 \\ \vdots \\ 1 \end{pmatrix}。$$

下面证明 $\boldsymbol{\zeta}_1,\boldsymbol{\zeta}_2,\cdots,\boldsymbol{\zeta}_{n-r}$ 为 $\mathbf{Ax}=\mathbf{0}$ 的基础解系。

(1)$\boldsymbol{\zeta}_1,\boldsymbol{\zeta}_2,\cdots,\boldsymbol{\zeta}_{n-r}$ 线性无关。

由自由未知量的赋值可知，这是 $n-r$ 个 $n-r$ 维的线性无关向量组 $\begin{pmatrix} 1 \\ 0 \\ \vdots \\ 0 \end{pmatrix}$，

$\begin{pmatrix}0\\1\\\vdots\\0\end{pmatrix},\cdots,\begin{pmatrix}0\\0\\\vdots\\1\end{pmatrix}$。根据第一章第二节定理 1.3.3 可知，每个向量前添加 r 个分量得到的 $n-r$ 个 n 维向量 $\boldsymbol{\zeta}_1,\boldsymbol{\zeta}_2,\cdots,\boldsymbol{\zeta}_{n-r}$ 也线性无关。

(2)设 $\mathbf{x}=\begin{pmatrix}\lambda_1\\\vdots\\\lambda_r\\\lambda_{r+1}\\\vdots\\\lambda_n\end{pmatrix}$ 为 $\mathbf{Ax}=\mathbf{0}$ 的任意一个解，令 $\boldsymbol{\eta}$ 为 $\boldsymbol{\zeta}_1,\boldsymbol{\zeta}_2,\cdots,\boldsymbol{\zeta}_{n-r}$ 的线性组合，即 $\boldsymbol{\eta}=\lambda_{r+1}\boldsymbol{\zeta}_1+\lambda_{r+2}\boldsymbol{\zeta}_2+\cdots+\lambda_n\boldsymbol{\zeta}_{n-r}$。因为 $\boldsymbol{\zeta}_1,\boldsymbol{\zeta}_2,\cdots,\boldsymbol{\zeta}_{n-r}$ 是 $\mathbf{Ax}=\mathbf{0}$ 的解，那么它们的线性组合 $\boldsymbol{\eta}$ 也是 $\mathbf{Ax}=\mathbf{0}$ 的解，将 $\boldsymbol{\eta}$ 展开为

$$\begin{aligned}\boldsymbol{\eta}&=\lambda_{r+1}\boldsymbol{\zeta}_1+\lambda_{r+2}\boldsymbol{\zeta}_2+\cdots+\lambda_n\boldsymbol{\zeta}_{n-r}\\&=\lambda_{r+1}\begin{pmatrix}-b_{11}\\\vdots\\-b_{r1}\\1\\0\\\vdots\\0\end{pmatrix}+\lambda_{r+2}\begin{pmatrix}-b_{12}\\\vdots\\-b_{r2}\\0\\1\\\vdots\\0\end{pmatrix}+\cdots\lambda_n\begin{pmatrix}-b_{1,n-r}\\\vdots\\-b_{r,n-r}\\0\\0\\\vdots\\1\end{pmatrix}=\begin{pmatrix}c_1\\\vdots\\c_r\\\lambda_{r+1}\\\\\vdots\\\lambda_n\end{pmatrix}。\end{aligned}$$

又知 $\mathbf{x}$ 与 $\boldsymbol{\eta}$ 都是方程组 $\mathbf{Ax}=\mathbf{0}$ 的解，方程组(Ⅴ)与 $\mathbf{Ax}=\mathbf{0}$ 是同解方程组，所以 $\mathbf{x}$ 与 $\boldsymbol{\eta}$ 也是(Ⅴ)的解，将它们代入

$$\begin{cases}x_1=-b_{11}x_{r+1}-\cdots-b_{1,n-r}x_n\\\qquad\cdots\quad\cdots\\x_r=-b_{r1}x_{r+1}-\cdots-b_{r,n-r}x_n\end{cases}。$$

由于 $\mathbf{x}$ 与 $\boldsymbol{\eta}$ 的后 $n-r$ 个分量相同，即 $x_{r+1},\cdots,x_n$ 的取值相同，因此 $\lambda_1=c_1,\cdots,\lambda_r=c_r$，即 $\mathbf{x}=\boldsymbol{\eta}$。故对于 $\mathbf{Ax}=\mathbf{0}$ 的任意一个解 $\mathbf{x}=\lambda_{r+1}\boldsymbol{\zeta}_1+\lambda_{r+2}\boldsymbol{\zeta}_2+\cdots+\lambda_n\boldsymbol{\zeta}_{n-r}$。

综上所述，$\boldsymbol{\zeta}_1,\boldsymbol{\zeta}_2,\cdots,\boldsymbol{\zeta}_{n-r}$ 是 $\mathbf{Ax}=\mathbf{0}$ 的基础解系，定理得已证明。□

注意：(1)定理 4.3.3 的证明过程提供了一种求方程组(Ⅳ)基础解系的方法。

(2)基础解系不唯一。不难看出，关键点在于给 $n-r$ 个自由未知量赋值

时，只要赋予 $n-r$ 组线性无关的值即可。

(3)若 $\boldsymbol{\zeta}_1,\boldsymbol{\zeta}_2,\cdots,\boldsymbol{\zeta}_{n-r}$ 是 $\mathbf{Ax}=\mathbf{0}$ 的基础解系，则方程组的通解为 $\mathbf{x}=k_1\boldsymbol{\zeta}_1+k_2\boldsymbol{\zeta}_2+\cdots+k_{n-r}\boldsymbol{\zeta}_{n-r}$，其中 $k_1,k_2,\cdots,k_{n-r}$ 为任意常数。

(4)n 元齐次线性方程组 $\mathbf{Ax}=\mathbf{0}$，且 $R(\mathbf{A})=r<n$，解空间的维数为 $n-r$。若 $R(\mathbf{A})=n$，方程组 $\mathbf{A}_{m\times n}\mathbf{x}=\mathbf{0}$ 只有唯一零解，故没有基础解系，解空间的维数为 0。

例 4.3.1　求齐次线性方程组 $\begin{cases}x_1+x_2-x_3-x_4=0\\2x_1-5x_2+3x_3+2x_4=0\\7x_1-7x_2+3x_3+x_4=0\end{cases}$ 的基础解系和通解。

解：对系数矩阵 **A** 施行初等行变换，化为行最简矩阵

$$\mathbf{A}=\begin{pmatrix}1&1&-1&-1\\2&-5&3&2\\7&-7&3&1\end{pmatrix}\to\begin{pmatrix}1&1&-1&-1\\0&-7&5&4\\0&-14&10&8\end{pmatrix}$$

$$\to\begin{pmatrix}1&1&-1&-1\\0&7&-5&-4\\0&0&0&0\end{pmatrix}\to\begin{pmatrix}1&0&-\frac{2}{7}&-\frac{3}{7}\\0&1&-\frac{5}{7}&-\frac{4}{7}\\0&0&0&0\end{pmatrix}。$$

对应的同解方程组为 $\begin{cases}x_1=\frac{2}{7}x_3+\frac{3}{7}x_4\\x_2=\frac{5}{7}x_3+\frac{4}{7}x_4\end{cases}$，给自由未知量赋值 $\begin{pmatrix}x_3\\x_4\end{pmatrix}=\begin{pmatrix}7\\0\end{pmatrix},\begin{pmatrix}0\\7\end{pmatrix}$，分别求得非自由未知量为 $\begin{pmatrix}x_1\\x_2\end{pmatrix}=\begin{pmatrix}2\\5\end{pmatrix},\begin{pmatrix}3\\4\end{pmatrix}$，可得方程组基础解系 $\boldsymbol{\zeta}_1=\begin{pmatrix}2\\5\\7\\0\end{pmatrix}$，$\boldsymbol{\zeta}_2=\begin{pmatrix}3\\4\\0\\7\end{pmatrix}$，所以线性方程组通解为

$$\boldsymbol{\zeta}=k_1\begin{pmatrix}2\\5\\7\\0\end{pmatrix}+k_2\begin{pmatrix}3\\4\\0\\7\end{pmatrix}，其中 k_1,k_2 为任意常数。$$

例 4.3.2 求齐次线性方程组$\begin{cases} x_1+x_2+x_3+4x_4-3x_5=0 \\ 2x_1+x_2+3x_3+5x_4-5x_5=0 \\ x_1-x_2+3x_3-2x_4-x_5=0 \\ 3x_1+x_2+5x_3+6x_4-7x_5=0 \end{cases}$的基础解系和通解。

解:对系数矩阵 $\mathbf{A}$ 施行初等行变换,化为行最简矩阵

$$\mathbf{A}=\begin{pmatrix} 1 & 1 & 1 & 4 & -3 \\ 2 & 1 & 3 & 5 & -5 \\ 1 & -1 & 3 & -2 & -1 \\ 3 & 1 & 5 & 6 & -7 \end{pmatrix} \to \begin{pmatrix} 1 & 1 & 1 & 4 & -3 \\ 0 & -1 & 1 & -3 & 1 \\ 0 & -2 & 2 & -6 & 2 \\ 0 & -2 & 2 & -6 & 2 \end{pmatrix}$$

$$\to \begin{pmatrix} 1 & 1 & 1 & 4 & -3 \\ 0 & 1 & -1 & 3 & -1 \\ 0 & 0 & 0 & 0 & 0 \\ 0 & 0 & 0 & 0 & 0 \end{pmatrix} \to \begin{pmatrix} 1 & 0 & 2 & 1 & -2 \\ 0 & 1 & -1 & 3 & -1 \\ 0 & 0 & 0 & 0 & 0 \\ 0 & 0 & 0 & 0 & 0 \end{pmatrix}。$$

可知 $R(\mathbf{A})=2, n=5$,基础解系有 3 个非零解,对应的同解方程组为

$$\begin{cases} x_1=-2x_3-x_4+2x_5 \\ x_2=x_3-3x_4+x_5 \end{cases}。$$

给自由未知量赋值$\begin{pmatrix} x_3 \\ x_4 \\ x_5 \end{pmatrix}=\begin{pmatrix} 1 \\ 0 \\ 0 \end{pmatrix},\begin{pmatrix} 0 \\ 1 \\ 0 \end{pmatrix},\begin{pmatrix} 0 \\ 0 \\ 1 \end{pmatrix}$,相应的非自由未知量取值分别为$\begin{pmatrix} x_1 \\ x_2 \end{pmatrix}=\begin{pmatrix} -2 \\ 1 \end{pmatrix},\begin{pmatrix} -1 \\ -3 \end{pmatrix},\begin{pmatrix} 2 \\ 1 \end{pmatrix}$,得基础解系为 $\boldsymbol{\zeta}_1=\begin{pmatrix} -2 \\ 1 \\ 1 \\ 0 \\ 0 \end{pmatrix},\boldsymbol{\zeta}_2=\begin{pmatrix} -1 \\ -3 \\ 0 \\ 1 \\ 0 \end{pmatrix},\boldsymbol{\zeta}_3=\begin{pmatrix} 2 \\ 1 \\ 0 \\ 0 \\ 1 \end{pmatrix}$。进而可得线性方程组通解为

$$\boldsymbol{\zeta}=k_1\begin{pmatrix} -2 \\ 1 \\ 1 \\ 0 \\ 0 \end{pmatrix}+k_2\begin{pmatrix} -1 \\ -3 \\ 0 \\ 1 \\ 0 \end{pmatrix}+k_3\begin{pmatrix} 2 \\ 1 \\ 0 \\ 0 \\ 1 \end{pmatrix},其中\ k_1,k_2,k_3\ 为任意常数。$$

例 4.3.3 设 $\mathbf{A}$ 是 $m\times n$ 矩阵,$\mathbf{B}$ 是 $n\times s$ 矩阵,且 $\mathbf{AB}=\mathbf{0}$,证明:$R(\mathbf{A})+R(\mathbf{B})\leqslant n$。

证明：将 $\mathbf{B}$ 矩阵写为向量结构，$\mathbf{B}=(\mathbf{b}_1,\mathbf{b}_2,\cdots,\mathbf{b}_s)$，又知 $\mathbf{AB}=\mathbf{0}$，有 $\mathbf{A}(\mathbf{b}_1,\mathbf{b}_2,\cdots,\mathbf{b}_s)=\mathbf{0}$ 等价于 $\mathbf{Ab}_i=\mathbf{0}, i=1,2,\cdots,s$，即 $\mathbf{B}$ 的每一列都是方程组 $\mathbf{Ax}=\mathbf{0}$ 的解，而 $\mathbf{Ax}=\mathbf{0}$ 的基础解系含 $n-R(\mathbf{A})$ 个线性无关的解，因此

$$R(\mathbf{B})=R(\mathbf{b}_1,\mathbf{b}_2,\cdots,\mathbf{b}_s)\leqslant n-R(\mathbf{A}),$$

故 $R(\mathbf{A})+R(\mathbf{B})\leqslant n$。

例 4.3.4 设 $\mathbf{A}$ 为 n 阶方阵，且 $\mathbf{A}^2=\mathbf{E}$，证明：$R(\mathbf{A}+\mathbf{E})+R(\mathbf{A}-\mathbf{E})=n$。

证明：因为 $\mathbf{A}^2=\mathbf{E}$，有 $(\mathbf{A}-\mathbf{E})(\mathbf{A}+\mathbf{E})=\mathbf{0}$，根据例 4.3.3 的结论可得

$$R(\mathbf{A}+\mathbf{E})+R(\mathbf{A}-\mathbf{E})\leqslant n。 \quad ①$$

因为 $\mathbf{A}^2=\mathbf{E}$，有 $|\mathbf{A}^2|=1$，得 $|\mathbf{A}|\neq 0$，所以 $R(\mathbf{A})=n$，根据推论 3.5.2 可得

$$R(\mathbf{A}+\mathbf{E})+R(\mathbf{A}-\mathbf{E})\geqslant R(\mathbf{A}+\mathbf{E}+\mathbf{A}-\mathbf{E})=R(2\mathbf{A})=R(\mathbf{A})=n \quad ②$$

由①，②可得 $R(\mathbf{A}+\mathbf{E})+R(\mathbf{A}-\mathbf{E})=n$。

二、非齐次线性方程组解的结构

以 $m\times n$ 矩阵 $\mathbf{A}$ 为系数矩阵的非齐次线性方程组 $\mathbf{Ax}=\mathbf{b}$，前面我们已经知道如何通过矩阵的秩判断非齐次线性方程组是否有解。显然，方程组无解或唯一解时，无需讨论解集合的结构，下面重点讨论非齐次线性方程组有无穷多解时，解集合的结构。

性质 4.3.1 若 $\mathbf{x}=\boldsymbol{\eta}_1$，$\mathbf{x}=\boldsymbol{\eta}_2$ 是 $\mathbf{Ax}=\mathbf{b}$ 的解，则 $\boldsymbol{\eta}_1-\boldsymbol{\eta}_2$ 是 $\mathbf{Ax}=\mathbf{0}$ 的解。

证明：$\mathbf{A}(\boldsymbol{\eta}_1-\boldsymbol{\eta}_2)=\mathbf{A}\boldsymbol{\eta}_1-\mathbf{A}\boldsymbol{\eta}_2=\mathbf{b}-\mathbf{b}=\mathbf{0}$。□

性质 4.3.2 若 $\mathbf{x}=\boldsymbol{\eta}$ 是 $\mathbf{Ax}=\mathbf{b}$ 的解，$\mathbf{x}=\boldsymbol{\zeta}$ 是 $\mathbf{Ax}=\mathbf{0}$ 的解，则 $\mathbf{x}=\boldsymbol{\zeta}+\boldsymbol{\eta}$ 是 $\mathbf{Ax}=\mathbf{b}$ 的解。

证明：$\mathbf{A}(\boldsymbol{\zeta}+\boldsymbol{\eta})=\mathbf{A}\boldsymbol{\zeta}+\mathbf{A}\boldsymbol{\eta}=\mathbf{0}+\mathbf{b}=\mathbf{b}$。□

注意：

(1) $\mathbf{x}=\boldsymbol{\eta}_1$，$\mathbf{x}=\boldsymbol{\eta}_2$ 是 $\mathbf{Ax}=\mathbf{b}$ 的解，但 $\boldsymbol{\eta}_1+\boldsymbol{\eta}_2$ 不是 $\mathbf{Ax}=\mathbf{b}$ 的解。因为 $\mathbf{A}(\boldsymbol{\eta}_1+\boldsymbol{\eta}_2)=\mathbf{A}\boldsymbol{\eta}_1+\mathbf{A}\boldsymbol{\eta}_2=\mathbf{b}+\mathbf{b}=2\mathbf{b}$。同时，我们也可以看到 $\dfrac{\boldsymbol{\eta}_1+\boldsymbol{\eta}_2}{2}$ 是 $\mathbf{Ax}=\mathbf{b}$ 的解。进而我们可以扩展得到，$\omega_1\boldsymbol{\eta}_1+\omega_2\boldsymbol{\eta}_2$（其中 $\omega_1+\omega_2=1$）是 $\mathbf{Ax}=\mathbf{b}$ 的解。

(2) $\mathbf{x}=\boldsymbol{\eta}$ 是 $\mathbf{Ax}=\mathbf{b}$ 的解，但 $k\boldsymbol{\eta}$ 不是 $\mathbf{Ax}=\mathbf{b}$ 的解（$k\neq 1$）。

(3) 由(1)、(2)我们发现 $\mathbf{Ax}=\mathbf{b}$ 的解集合对向量加法和数乘不封闭，故不能构成解空间。

定理 4.3.4 若 $\boldsymbol{\eta}^*$ 是非齐次线性方程组 $\mathbf{Ax}=\mathbf{b}$ 的一个解，$R(\mathbf{A})=r$，$\boldsymbol{\zeta}_1,\boldsymbol{\zeta}_2,\cdots,\boldsymbol{\zeta}_{n-r}$ 是对应的齐次线性方程组 $\mathbf{Ax}=\mathbf{0}$ 的基础解系，则 $\mathbf{Ax}=\mathbf{b}$ 的通解为 $\mathbf{x}=k_1\boldsymbol{\zeta}_1+k_2\boldsymbol{\zeta}_2+\cdots+k_{n-r}\boldsymbol{\zeta}_{n-r}+\boldsymbol{\eta}^*$，其中 $k_1,k_2,\cdots,k_{n-r}$ 为任意实数。

证明:设 $\mathbf{x}$ 是 $\mathbf{Ax}=\mathbf{b}$ 的任一解,而 $\boldsymbol{\eta}^*$ 也是 $\mathbf{Ax}=\mathbf{b}$ 的解,那么 $\mathbf{x}-\boldsymbol{\eta}^*$ 是 $\mathbf{Ax}=\mathbf{0}$ 的解,又知 $\boldsymbol{\zeta}_1,\boldsymbol{\zeta}_2,\cdots,\boldsymbol{\zeta}_{n-r}$ 是 $\mathbf{Ax}=\mathbf{0}$ 的基础解系,有

$$\mathbf{x}-\boldsymbol{\eta}^*=k_1\boldsymbol{\zeta}_1+k_2\boldsymbol{\zeta}_2+\cdots+k_{n-r}\boldsymbol{\zeta}_{n-r},$$

其中 $k_1,k_2,\cdots,k_{n-r}$ 为任意实数,即 $\mathbf{x}=k_1\boldsymbol{\zeta}_1+k_2\boldsymbol{\zeta}_2+\cdots+k_{n-r}\boldsymbol{\zeta}_{n-r}+\boldsymbol{\eta}^*$。□

定理 4.3.5 若非齐次线性方程组 $\mathbf{Ax}=\mathbf{b}$, $R(\mathbf{A})=r$, $\boldsymbol{\eta}_1,\boldsymbol{\eta}_2,\cdots,\boldsymbol{\eta}_{n-r+1}$ 是 $\mathbf{Ax}=\mathbf{b}$ 的 $n-r+1$ 个线性无关的解,则 $\mathbf{Ax}=\mathbf{b}$ 的任一解可表示为

$$\mathbf{x}=k_1\boldsymbol{\eta}_1+k_2\boldsymbol{\eta}_2+\cdots+k_{n-r+1}\boldsymbol{\eta}_{n-r+1},$$

其中 $k_1+k_2+\cdots+k_{n-r+1}=1$。

证明:设 $\mathbf{x}$ 是$\mathbf{Ax}=\mathbf{b}$ 的任一解,那么 $\mathbf{x}-\boldsymbol{\eta}_1,\mathbf{x}-\boldsymbol{\eta}_2,\cdots,\mathbf{x}-\boldsymbol{\eta}_{n-r+1}$ 是 $\mathbf{Ax}=\mathbf{0}$ 的解,而我们知道 $\mathbf{Ax}=\mathbf{0}$, $R(\mathbf{A})=r$,基础解系有 $n-r$ 个解,说明 $\mathbf{Ax}=\mathbf{0}$ 的解集合中至多有 $n-r$ 个解线性无关,那么 $\mathbf{x}-\boldsymbol{\eta}_1,\mathbf{x}-\boldsymbol{\eta}_2,\cdots,\mathbf{x}-\boldsymbol{\eta}_{n-r+1}$ 必然线性相关,即存在不全为零的系数 $k_1,k_2,\cdots,k_{n-r+1}$,使得

$$k_1(\mathbf{x}-\boldsymbol{\eta}_1)+k_2(\mathbf{x}-\boldsymbol{\eta}_2)+\cdots+k_{n-r+1}(\mathbf{x}-\boldsymbol{\eta}_{n-r+1})=\mathbf{0}$$

整理得

$$\sum_{i=1}^{n-r+1}k_i\mathbf{x}-k_1\boldsymbol{\eta}_1-k_2\boldsymbol{\eta}_2-\cdots-k_{n-r+1}\boldsymbol{\eta}_{n-r+1}=\mathbf{0}$$

显然,$\sum\limits_{i=1}^{n-r+1}k_i\neq 0$。若不然,假设 $\sum\limits_{i=1}^{n-r+1}k_i=0$,有

$$k_1\boldsymbol{\eta}_1+k_2\boldsymbol{\eta}_2+\cdots+k_{n-r+1}\boldsymbol{\eta}_{n-r+1}=\mathbf{0},$$

又知 $\boldsymbol{\eta}_1,\boldsymbol{\eta}_2,\cdots,\boldsymbol{\eta}_{n-r+1}$ 线性无关,所以 $k_1=k_2=\cdots=k_{n-r+1}=0$,这与 $k_1,k_2,\cdots,k_{n-r+1}$ 不全为零矛盾。

因此,$\sum\limits_{i=1}^{n-r+1}k_i\neq 0$,自然有 $\mathbf{x}=\dfrac{k_1}{\sum\limits_{i=1}^{n-r+1}k_i}\boldsymbol{\eta}_1+\dfrac{k_2}{\sum\limits_{i=1}^{n-r+1}k_i}\boldsymbol{\eta}_2+\cdots+\dfrac{k_{n-r+1}}{\sum\limits_{i=1}^{n-r+1}k_i}\boldsymbol{\eta}_{n-r+1}$,定理得证。□

注意:(1)从定理 4.3.5 我们可以看到非齐次线性方程组的解集合可以由其自身线性无关的解的线性组合表示出来。

(2)$\mathbf{Ax}=\mathbf{b}$ 的解集合,亦是一个向量组,那么这个向量组的秩为 $n-r+1$。

例 4.3.5 求解方程组$\begin{cases}x_1-x_2-x_3+x_4=0\\x_1-x_2+x_3-3x_4=1\\x_1-x_2-2x_3+3x_4=-\dfrac{1}{2}\end{cases}$。

解:对增广矩阵施行初等行变换,可得

$$\mathbf{B}=\begin{pmatrix}1&-1&-1&1&\vdots&0\\1&-1&1&-3&\vdots&1\\1&-1&-2&3&\vdots&-\frac{1}{2}\end{pmatrix}\to\begin{pmatrix}1&-1&-1&1&\vdots&0\\0&0&2&-4&\vdots&1\\0&0&-1&2&\vdots&-\frac{1}{2}\end{pmatrix}$$

$$\to\begin{pmatrix}1&-1&0&-1&\vdots&\frac{1}{2}\\0&0&1&-2&\vdots&\frac{1}{2}\\0&0&0&0&\vdots&0\end{pmatrix}。$$

与之对应的同解线性方程组为$\begin{cases}x_1=x_2+x_4+\frac{1}{2}\\x_3=2x_4+\frac{1}{2}\end{cases}$，给自由未知量赋值$\begin{pmatrix}x_2\\x_4\end{pmatrix}=\begin{pmatrix}0\\0\end{pmatrix}$，非自由未知量取值为$\begin{pmatrix}x_1\\x_3\end{pmatrix}=\begin{pmatrix}\frac{1}{2}\\\frac{1}{2}\end{pmatrix}$，可得 $\mathbf{Ax}=\mathbf{b}$ 的一个特解 $\boldsymbol{\eta}^*=\begin{pmatrix}\frac{1}{2}\\0\\\frac{1}{2}\\0\end{pmatrix}$。与 $\mathbf{Ax}=\mathbf{0}$ 同解的齐次线性方程组为$\begin{cases}x_1=x_2+x_4\\x_3=2x_4\end{cases}$，给自由未知量的赋值$\begin{pmatrix}x_2\\x_4\end{pmatrix}=\begin{pmatrix}1\\0\end{pmatrix},\begin{pmatrix}0\\1\end{pmatrix}$，非自由未知量取值分别为$\begin{pmatrix}x_1\\x_3\end{pmatrix}=\begin{pmatrix}1\\0\end{pmatrix},\begin{pmatrix}1\\2\end{pmatrix}$，那么 $\mathbf{Ax}=\mathbf{0}$ 的基础解系为 $\boldsymbol{\zeta}_1=\begin{pmatrix}1\\1\\0\\0\end{pmatrix}$，$\boldsymbol{\zeta}_2=\begin{pmatrix}1\\0\\2\\1\end{pmatrix}$，则 $\mathbf{Ax}=\mathbf{b}$ 的通解为

$$\boldsymbol{\eta}=k_1\begin{pmatrix}1\\1\\0\\0\end{pmatrix}+k_2\begin{pmatrix}1\\0\\2\\1\end{pmatrix}+\begin{pmatrix}\frac{1}{2}\\0\\\frac{1}{2}\\0\end{pmatrix},$$

其中 k_1,k_2 为任意实数。

例 4.3.6　设 $\mathbf{A}$ 是 $m\times 3$ 矩阵，且 $R(\mathbf{A})=1$，非齐次线性方程组 $\mathbf{Ax}=\mathbf{b}$ 的

三个解 $\boldsymbol{\eta}_1,\boldsymbol{\eta}_2,\boldsymbol{\eta}_3$ 满足

$$\boldsymbol{\eta}_1+\boldsymbol{\eta}_2=\begin{pmatrix}1\\2\\3\end{pmatrix},\boldsymbol{\eta}_2+\boldsymbol{\eta}_3=\begin{pmatrix}0\\-1\\1\end{pmatrix},\boldsymbol{\eta}_1+\boldsymbol{\eta}_3=\begin{pmatrix}1\\0\\-1\end{pmatrix},$$

求 $\mathbf{Ax}=\mathbf{b}$ 的通解。

解：已知 $R(\mathbf{A})=1$，那么 $\mathbf{Ax}=\mathbf{0}$ 的基础解系中含 $3-1=2$ 个线性无关的解为

$$\boldsymbol{\eta}_1-\boldsymbol{\eta}_3=(\boldsymbol{\eta}_1+\boldsymbol{\eta}_2)-(\boldsymbol{\eta}_2+\boldsymbol{\eta}_3)=\begin{pmatrix}1\\2\\3\end{pmatrix}-\begin{pmatrix}0\\-1\\1\end{pmatrix}=\begin{pmatrix}1\\3\\2\end{pmatrix},$$

$$\boldsymbol{\eta}_2-\boldsymbol{\eta}_3=(\boldsymbol{\eta}_1+\boldsymbol{\eta}_2)-(\boldsymbol{\eta}_1+\boldsymbol{\eta}_3)=\begin{pmatrix}1\\2\\3\end{pmatrix}-\begin{pmatrix}1\\0\\-1\end{pmatrix}=\begin{pmatrix}0\\2\\4\end{pmatrix}。$$

显然，$\boldsymbol{\eta}_1-\boldsymbol{\eta}_3$ 和 $\boldsymbol{\eta}_2-\boldsymbol{\eta}_3$ 是 $\mathbf{Ax}=\mathbf{0}$ 的非零解且线性无关。所以，非齐次线性方程组的通解为

$$\begin{aligned}\boldsymbol{\eta}&=k_1(\boldsymbol{\eta}_1-\boldsymbol{\eta}_2)+k_2(\boldsymbol{\eta}_2-\boldsymbol{\eta}_3)+\frac{\boldsymbol{\eta}_1+\boldsymbol{\eta}_2}{2}\\&=k_1\begin{pmatrix}1\\3\\2\end{pmatrix}+k_2\begin{pmatrix}0\\2\\4\end{pmatrix}+\begin{pmatrix}\frac{1}{2}\\1\\\frac{3}{2}\end{pmatrix},\end{aligned}$$

其中 k_1,k_2 为任意实数。

例 4.3.7 已知 4 阶方阵 $\mathbf{A}=(\boldsymbol{\alpha}_1,\boldsymbol{\alpha}_2,\boldsymbol{\alpha}_3,\boldsymbol{\alpha}_4)$，其中 $\boldsymbol{\alpha}_1,\boldsymbol{\alpha}_2,\boldsymbol{\alpha}_3$ 线性无关，$\boldsymbol{\alpha}_4=2\boldsymbol{\alpha}_2-\boldsymbol{\alpha}_3$，并且有 $\boldsymbol{\beta}=\boldsymbol{\alpha}_1+\boldsymbol{\alpha}_2+\boldsymbol{\alpha}_3+\boldsymbol{\alpha}_4$。求线性方程组 $\mathbf{Ax}=\boldsymbol{\beta}$ 的通解。

解：由 $\boldsymbol{\alpha}_1=2\boldsymbol{\alpha}_2-\boldsymbol{\alpha}_3$ 可得 $0\cdot\boldsymbol{\alpha}_1-2\boldsymbol{\alpha}_2+\boldsymbol{\alpha}_3+\boldsymbol{\alpha}_4=\mathbf{0}$，所以 $R(\mathbf{A})=3$。

$\mathbf{Ax}=\mathbf{0}$ 的基础解系有 $n-R(\mathbf{A})=4-3=1$ 个解，由 $0\cdot\boldsymbol{\alpha}_1-2\boldsymbol{\alpha}_2+\boldsymbol{\alpha}_3+\boldsymbol{\alpha}_4=\mathbf{0}$ 可得 $(\boldsymbol{\alpha}_1,\boldsymbol{\alpha}_2,\boldsymbol{\alpha}_3,\boldsymbol{\alpha}_4)\begin{pmatrix}0\\-2\\1\\1\end{pmatrix}=0$，即 $\boldsymbol{\zeta}=\begin{pmatrix}0\\-2\\1\\1\end{pmatrix}$ 是 $\mathbf{Ax}=\mathbf{0}$ 的解且为方程组的基础解系。再由 $\boldsymbol{\beta}=\boldsymbol{\alpha}_1+\boldsymbol{\alpha}_2+\boldsymbol{\alpha}_3+\boldsymbol{\alpha}_4$，可得 $(\boldsymbol{\alpha}_1,\boldsymbol{\alpha}_2,\boldsymbol{\alpha}_3,\boldsymbol{\alpha}_4)\begin{pmatrix}1\\1\\1\\1\end{pmatrix}=\boldsymbol{\beta}$，即 $\boldsymbol{\eta}^*=\begin{pmatrix}1\\1\\1\\1\end{pmatrix}$ 是 $\mathbf{Ax}=\mathbf{b}$

的一个特解。

综上，$\mathbf{Ax}=\mathbf{b}$ 的通解为 $\boldsymbol{\eta}=k\boldsymbol{\zeta}+\boldsymbol{\eta}^*=k\begin{pmatrix}0\\-2\\1\\1\end{pmatrix}+\begin{pmatrix}1\\1\\1\\1\end{pmatrix}$，其中 k 为任意实数。

例 4.3.8 设有齐次线性方程组 $\mathbf{Ax}=\mathbf{0}$ 和 $\mathbf{Bx}=\mathbf{0}$，其中 $\mathbf{A}$、$\mathbf{B}$ 均为 $m\times n$ 矩阵，若 $\mathbf{Ax}=\mathbf{0}$ 与 $\mathbf{Bx}=\mathbf{0}$ 同解，证明 $R(\mathbf{A})=R(\mathbf{B})$。

证明：因为 $\mathbf{Ax}=\mathbf{0}$ 与 $\mathbf{Bx}=\mathbf{0}$ 同解，所以 $\mathbf{Ax}=\mathbf{0}$ 的解均为 $\mathbf{Bx}=\mathbf{0}$ 的解，那么 $\mathbf{Ax}=\mathbf{0}$ 的基础解系也必包含与 $\mathbf{Bx}=\mathbf{0}$ 的基础解系，有 $n-R(\mathbf{A})\leqslant n-R(\mathbf{B})$，即 $R(\mathbf{A})\geqslant R(\mathbf{B})$。

类似地，$\mathbf{Bx}=\mathbf{0}$ 的解均为 $\mathbf{Ax}=\mathbf{0}$ 的解，则 $R(\mathbf{B})\geqslant R(\mathbf{A})$，故 $R(\mathbf{A})=R(\mathbf{B})$。

例 4.3.9 若 $\mathbf{A}$ 为 $m\times n$ 矩阵，证明：$R(\mathbf{A}^T\mathbf{A})=R(\mathbf{A})$。

证明：利用上面例 4.3.8 的结论，只要证明 $\mathbf{A}^T\mathbf{Ax}=\mathbf{0}$ 与 $\mathbf{Ax}=\mathbf{0}$ 同解，即可得证。假设 $\mathbf{x}$ 是 $\mathbf{Ax}=\mathbf{0}$ 的任一解，两边同时左乘以 $\mathbf{A}^T$，可得 $\mathbf{A}^T\mathbf{Ax}=\mathbf{0}$，所以 $\mathbf{Ax}=\mathbf{0}$ 的解均为 $\mathbf{A}^T\mathbf{Ax}=\mathbf{0}$ 的解。假设 $\mathbf{y}$ 是 $\mathbf{A}^T\mathbf{Ax}=\mathbf{0}$ 任一解，即 $\mathbf{A}^T\mathbf{Ay}=\mathbf{0}$，两边同左乘以 $\mathbf{y}^T$，得 $\mathbf{y}^T\mathbf{A}^T\mathbf{Ay}=0$，即 $(\mathbf{Ay})^T(\mathbf{Ay})=0$。显然，令 $\mathbf{Ay}=\mathbf{b}$，有 $\mathbf{b}^T\mathbf{b}=0$，即 $\sum_{i=1}^{n}b_i^2=0$，所以 $b_1=b_2=\cdots=b_n=0$。因此 $\mathbf{Ay}=\mathbf{0}$，说明 $\mathbf{A}^T\mathbf{Ay}=\mathbf{0}$ 的解均是 $\mathbf{Ay}=\mathbf{0}$ 的解。综上可得，$R(\mathbf{A}^T\mathbf{A})=R(\mathbf{A})$。

习题 4－3

1. 设 $\mathbf{A}$ 为 4 阶方阵，$R(\mathbf{A})=3$，$\boldsymbol{\eta}_1$，$\boldsymbol{\eta}_2$，$\boldsymbol{\eta}_3$ 均为非齐次线性方程组 $\mathbf{Ax}=\mathbf{b}$ 的三个解，且 $\boldsymbol{\eta}_1+\boldsymbol{\eta}_2=\begin{pmatrix}1\\2\\3\\4\end{pmatrix}$，$\boldsymbol{\eta}_3=\begin{pmatrix}0\\2\\4\\1\end{pmatrix}$，求 $\mathbf{Ax}=\mathbf{b}$ 的通解。

2. 利用初等行变换求解齐次线性方程组的通解：

$$\begin{cases}x_1+x_2+x_3+x_4+x_5=0\\3x_1+2x_2+x_3+x_4-3x_5=0\\-x_1+x_2-2x_3+2x_4+3x_5=0\\2x_1-x_2+2x_3-x_4+2x_5=0\end{cases}。$$

3. 设 $\mathbf{A}$ 是 $m\times n$ 矩阵，$\mathbf{B}$ 是 $s\times n$ 矩阵，构造齐次线性方程组 $\mathbf{Ax}=\mathbf{0}$①，$\mathbf{Bx}=\mathbf{0}$②。

证明:(1)若①的解均是②的解,则 $R(\mathbf{A})\geqslant R(\mathbf{B})$;

(2)若①与②同解,则 $R(\mathbf{A})=R(\mathbf{B})$;

(3)若①的解均是②的解,且 $R(\mathbf{A})=R(\mathbf{B})$,则①与②同解。

4. 设 $\mathbf{A}$ 是 $m\times n$ 矩阵,$R(\mathbf{A})=r$,若非齐次线性方程组 $\mathbf{Ax}=\mathbf{b}$ 有解,证明:该方程组的全体解向量中线性无关向量的个数至多有 $n-r+1$ 个。

5. 已知非齐次线性方程组 $\begin{cases} x_1+x_2+x_3+x_4=-1 \\ 4x_1+3x_2+5x_3-x_4=-1 \\ ax_1+x_2+3x_3-6x_4=1 \end{cases}$,有 3 个线性无关的解。

(1)证明:该方程组系数矩阵的秩为 2;

(2)求参数 a,b 的值以及方程组的通解。

6. 设 4 元齐次线性方程组为 $\begin{cases} x_1+x_2=0 \\ x_2-x_4=0 \end{cases}$ ①,且已知另一个 4 元齐次线性方程组②的一个基础解系为 $\boldsymbol{\eta}_3=\begin{pmatrix}0\\1\\1\\0\end{pmatrix}$,$\boldsymbol{\eta}_4=\begin{pmatrix}-1\\-1\\0\\a\end{pmatrix}$。

(1)求出方程组①的一个基础解系;

(2)当 a 为何值时,方程组①与②有非零的公共解?在有非零的公共解时,求出全部非零公共解。

7. 设 $\boldsymbol{\alpha}_1,\boldsymbol{\alpha}_2,\boldsymbol{\alpha}_3,\boldsymbol{\alpha}_4$ 均为 n 维列向量,若 $\boldsymbol{\alpha}_1,\boldsymbol{\alpha}_2,\boldsymbol{\alpha}_3$ 线性无关,$\boldsymbol{\alpha}_4=3\boldsymbol{\alpha}_1-\boldsymbol{\alpha}_2+2\boldsymbol{\alpha}_3$,构造矩阵 $\mathbf{A}=(\boldsymbol{\alpha}_1,\boldsymbol{\alpha}_2,\boldsymbol{\alpha}_3,\boldsymbol{\alpha}_4)$,求齐次线性方程组 $\mathbf{Ax}=\mathbf{0}$ 的通解。

8. 设 $n\times n(n>1)$ 矩阵 $\mathbf{A}=(a_{ij})$ 的行列式 $|\mathbf{A}|=|a_{ij}|_n=0$,且行列式中某个数 a_{ij} 的代数余子式 $A_{ij}\neq 0$,试求齐次线性方程组 $\mathbf{Ax}=\mathbf{0}$ 的通解。

第五章　欧氏空间与矩阵对角化

我们在定义向量空间时推广了$\mathbb{R}^n$的线性结构(加法和数乘),对于其他的重要特征并没有特别关注,例如长度和角度的概念,这些思想蕴含在我们即将要开始了解的内积概念中。更进一步,我们还要研究这种带有内积运算的线性空间——欧氏空间的特性,并从空间和线性映射的角度来了解矩阵的对角化。

第一节　向量的内积

为了更好了解内积概念,在解析几何中将$\mathbb{R}^2$和$\mathbb{R}^3$中的向量看作始于原点的有向线段,将$\mathbb{R}^2$和$\mathbb{R}^3$中向量$\mathbf{x}$的长度称为$\mathbf{x}$的范数(或模长),记为$\|\mathbf{x}\|$。因此,对于$\mathbf{x}=\begin{pmatrix}x_1\\x_2\end{pmatrix}\in\mathbb{R}^2$,有$\|\mathbf{x}\|=\sqrt{x_1^2+x_2^2}$,见图5－1。类似地,对$\mathbf{x}=\begin{pmatrix}x_1\\x_2\\x_3\end{pmatrix}\in\mathbb{R}^3$,有$\|\mathbf{x}\|=\sqrt{x_1^2+x_2^2+x_3^2}$。虽然我们无法画出更高维的图形,但是范数在$\mathbb{R}^n$上的推广是显然的,设$\mathbf{x}=\begin{pmatrix}x_1\\x_2\\\vdots\\x_n\end{pmatrix}\in\mathbb{R}^n$,有

$$\|\mathbf{x}\|=\sqrt{x_1^2+x_2^2+\cdots+x_n^2}=\sqrt{\sum_{i=1}^{n}x_i^2}\ 。$$

不难看出,范数在$\mathbb{R}^n$上不是线性的,为了把“线性”性引入讨论,下面我们来介绍内积的概念。

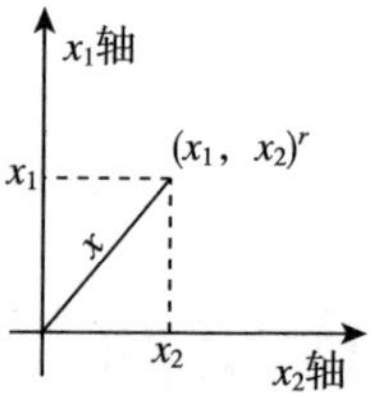

图 5—1

定义 5.1.1 设 n 维向量 $\mathbf{x}=\begin{pmatrix}x_1\\x_2\\\vdots\\x_n\end{pmatrix},\mathbf{y}=\begin{pmatrix}y_1\\y_2\\\vdots\\y_n\end{pmatrix}$，令

$$(\mathbf{x},\mathbf{y})=x_1y_1+x_2y_2+\cdots+x_ny_n=\sum_{i=1}^{n}x_iy_i\ ,$$

称$(\mathbf{x},\mathbf{y})$为向量 $\mathbf{x}$ 与 $\mathbf{y}$ 的**内积**，有时也记作$[\mathbf{x},\mathbf{y}]$。

内积作为一种向量的运算，可以用矩阵的记号表示为$(\mathbf{x},\mathbf{y})=\mathbf{x}^T\mathbf{y}$。矩阵的记号经常可以起到化繁为简的作用。

内积具有如下基本性质：

(1)n 维向量 $\mathbf{x},\mathbf{y}$，有$(\mathbf{x},\mathbf{y})=(\mathbf{y},\mathbf{x})$；

(2)n 维向量 $\mathbf{x},\mathbf{y},\lambda\in\mathbb{R}$，有$(\lambda\mathbf{x},\mathbf{y})=(\mathbf{x},\lambda\mathbf{y})=\lambda(\mathbf{x},\mathbf{y})$；

(3)n 维向量 $\mathbf{x},\mathbf{z},\mathbf{y}$ 有$(\mathbf{x}+\mathbf{y},\mathbf{z})=(\mathbf{x},\mathbf{y})+(\mathbf{y},\mathbf{z})$。

上述性质，利用内积定义，很容易得以验证，本书略去。

根据向量内积的定义，我们可以看到向量 $\mathbf{x}$ 的范数为 $\|\mathbf{x}\|=(\mathbf{x},\mathbf{x})$，并且具有下列基本性质：

(1)非负性：$\|\mathbf{x}\|\geqslant 0$，$\|\mathbf{x}\|=0$ 当且仅当 $\mathbf{x}=\mathbf{0}$；

(2)齐次性：$\|\lambda\mathbf{x}\|=|\lambda|\cdot\|\mathbf{x}\|$，其中 $\lambda\in\mathbb{R}$，$|\lambda|$表示 λ 的绝对值；

(3)三角不等式：$\|\mathbf{x}+\mathbf{y}\|\leqslant\|\mathbf{x}\|+\|\mathbf{y}\|$。

同时，我们将范数为 1 的向量称为**单位向量**，即 $\|\mathbf{x}\|=1$。对于任意向量 $\boldsymbol{\alpha}$，都可对其进行向量的单位化(或称标准化)，令 $\mathbf{e}=\dfrac{\boldsymbol{\alpha}}{\|\boldsymbol{\alpha}\|}$即可。

定理 5.1.1 向量的内积满足：

$$(\boldsymbol{\alpha},\boldsymbol{\beta})\leqslant(\boldsymbol{\alpha},\boldsymbol{\alpha})(\boldsymbol{\beta},\boldsymbol{\beta}) \tag{5.1}$$

其中 $\boldsymbol{\alpha},\boldsymbol{\beta}$ 为任意 n 维向量，上式称为柯西-施瓦茨(*Chanchy-Schwarz*)不等式。

证明:按照下列不同情况分别讨论:

(1)当 $\boldsymbol{\beta}=\mathbf{0}$ 时,$(\boldsymbol{\alpha},\boldsymbol{\beta})=0$,$(\boldsymbol{\beta},\boldsymbol{\beta})=0$,故(5.1)式显然成立。

(2)当 $\boldsymbol{\beta}\neq\mathbf{0}$ 时,构造向量 $\boldsymbol{\alpha}+t\boldsymbol{\beta}$,其中 $t\in\mathbb{R}$,显然有 $(\boldsymbol{\alpha}+t\boldsymbol{\beta},\boldsymbol{\alpha}+t\boldsymbol{\beta})\geqslant 0$,根据内积的运算性质,整理后可得:

$$(\boldsymbol{\alpha},\boldsymbol{\alpha})+2(\boldsymbol{\alpha},\boldsymbol{\beta})t+(\boldsymbol{\beta},\boldsymbol{\beta})t^2\geqslant 0。$$

上式左侧为一个关于 t 的二次多项式,且系数 $(\boldsymbol{\beta},\boldsymbol{\beta})>0$,由此可得,

$$4(\boldsymbol{\alpha},\boldsymbol{\beta})^2-4(\boldsymbol{\alpha},\boldsymbol{\alpha})(\boldsymbol{\beta},\boldsymbol{\beta})\leqslant 0。$$

即 $(\boldsymbol{\alpha},\boldsymbol{\beta})^2\leqslant(\boldsymbol{\alpha},\boldsymbol{\alpha})(\boldsymbol{\beta},\boldsymbol{\beta})$。□

通过柯西-施瓦茨不等式,我们可以得到如下三个显然成立的结论:

(1)柯西-施瓦茨不等式,等号成立当且仅当 $\boldsymbol{\alpha}$ 与 $\boldsymbol{\beta}$ 线性相关,即 $\boldsymbol{\alpha}=k\boldsymbol{\beta}$,$k\in\mathbb{R}$。

(2)三角不等式 $\|\boldsymbol{\alpha}+\boldsymbol{\beta}\|\leqslant\|\boldsymbol{\alpha}\|+\|\boldsymbol{\beta}\|$。

证明:$\|\boldsymbol{\alpha}+\boldsymbol{\beta}\|^2=(\boldsymbol{\alpha}+\boldsymbol{\beta},\boldsymbol{\alpha}+\boldsymbol{\beta})=(\boldsymbol{\alpha},\boldsymbol{\alpha})+2(\boldsymbol{\alpha},\boldsymbol{\beta})+(\boldsymbol{\beta},\boldsymbol{\beta})\leqslant\|\boldsymbol{\alpha}\|^2+2\|\boldsymbol{\alpha}\|\cdot\|\boldsymbol{\beta}\|+\|\boldsymbol{\beta}\|^2=(\|\boldsymbol{\alpha}\|+\|\boldsymbol{\beta}\|)^2$。

(3)由 $(\boldsymbol{\alpha},\boldsymbol{\beta})^2\leqslant(\boldsymbol{\alpha},\boldsymbol{\alpha})(\boldsymbol{\beta},\boldsymbol{\beta})$ 可知,对于任意非零向量 $\boldsymbol{\alpha}$ 和 $\boldsymbol{\beta}$,$\dfrac{(\boldsymbol{\alpha},\boldsymbol{\beta})^2}{(\boldsymbol{\alpha},\boldsymbol{\alpha})(\boldsymbol{\beta},\boldsymbol{\beta})}\leqslant 1$。于是,人们利用内积运算给出了向量之间夹角的定义。

定义 5.1.2 非零向量 $\boldsymbol{\alpha},\boldsymbol{\beta}$ 之间的**夹角**为 $\theta=\arccos$ 或者 $\dfrac{(\boldsymbol{\alpha},\boldsymbol{\beta})^2}{(\boldsymbol{\alpha},\boldsymbol{\alpha})(\boldsymbol{\beta},\boldsymbol{\beta})}$ 或者 $\cos\theta=\dfrac{(\boldsymbol{\alpha},\boldsymbol{\beta})^2}{\|\boldsymbol{\alpha}\|^2\cdot\|\boldsymbol{\beta}\|^2}$,两个向量夹角的取值范围是 $[0,\pi]$。

定义 5.1.3 向量 $\boldsymbol{\alpha},\boldsymbol{\beta}$,有 $(\boldsymbol{\alpha},\boldsymbol{\beta})=0$,则称 $\boldsymbol{\alpha}$ 与 $\boldsymbol{\beta}$ **正交**,记作 $\boldsymbol{\alpha}\perp\boldsymbol{\beta}$。

显然,零向量与任意向量都正交,因此在人们研究正交性的时候,往往是对非零向量展开。当 $\boldsymbol{\alpha}\perp\boldsymbol{\beta}$ 时,有 $\|\boldsymbol{\alpha}+\boldsymbol{\beta}\|=\|\boldsymbol{\alpha}\|+\|\boldsymbol{\beta}\|$。

定理 5.1.2 若非零向量 $\boldsymbol{\alpha},\boldsymbol{\beta}$ 正交,则 $\boldsymbol{\alpha}$ 与 $\boldsymbol{\beta}$ 线性无关。

证明:设数 k_1,k_2,使得 $k_1\boldsymbol{\alpha}+k_2\boldsymbol{\beta}=\mathbf{0}$,那么等式两边分别与 $\boldsymbol{\alpha},\boldsymbol{\beta}$ 作内积,可得 $k_1(\boldsymbol{\alpha},\boldsymbol{\alpha})+k_2(\boldsymbol{\beta},\boldsymbol{\beta})=0$,$k_2(\boldsymbol{\alpha},\boldsymbol{\beta})+k_2(\boldsymbol{\beta},\boldsymbol{\beta})=0$,即 $k_1(\boldsymbol{\alpha},\boldsymbol{\alpha})=0$,$k_2(\boldsymbol{\beta},\boldsymbol{\beta})=0$。又 $\boldsymbol{\alpha}$ 因与 $\boldsymbol{\beta}$ 皆为非零向量,有 $(\boldsymbol{\alpha},\boldsymbol{\alpha})\neq 0$,$(\boldsymbol{\beta},\boldsymbol{\beta})\neq 0$,故 $k_1=k_2=0$,即 $\boldsymbol{\alpha}$ 与 $\boldsymbol{\beta}$ 线性无关。□

该定理的逆命题显然不成立,例如:$\boldsymbol{\alpha}=\begin{pmatrix}1\\1\end{pmatrix}$,$\boldsymbol{\beta}=\begin{pmatrix}1\\0\end{pmatrix}$,$\boldsymbol{\alpha}$ 与 $\boldsymbol{\beta}$ 线性无关,但夹角 $\cos\theta=\dfrac{1\times1+1\times0}{\sqrt{2}\cdot1}=\dfrac{1}{\sqrt{2}}$,即 $\theta=\dfrac{\pi}{4}$。

定理 5.1.3 若非零向量组 $\boldsymbol{\alpha}_1,\boldsymbol{\alpha}_2\cdots,\boldsymbol{\alpha}_m$ 是一组两两正交向量组，则该向量组线性无关。

定理 5.1.3 的证明与定理 5.1.2 类似，此处略去，请读者自己进行练习。

例 5.1.1 设 $\boldsymbol{\alpha}_1=\begin{pmatrix}1\\2\\3\end{pmatrix}$，求非零向量 $\boldsymbol{\alpha}_2,\boldsymbol{\alpha}_3$，使向量组 $\boldsymbol{\alpha}_1,\boldsymbol{\alpha}_2,\boldsymbol{\alpha}_3$ 两两正交。

解：设 $\mathbf{x}=\begin{pmatrix}x_1\\x_2\\x_3\end{pmatrix}$，$\mathbf{x}\perp\boldsymbol{\alpha}$，有 $x_1+2x_2+3x_3=0$，即 $x_1=-2x_2-3x_3$。分别取 $\begin{pmatrix}x_2\\x_3\end{pmatrix}=\begin{pmatrix}1\\0\end{pmatrix},\begin{pmatrix}-6\\5\end{pmatrix}$，可得解向量 $\boldsymbol{\alpha}_2=\begin{pmatrix}-2\\1\\0\end{pmatrix}$，$\boldsymbol{\alpha}_3=\begin{pmatrix}-3\\-6\\5\end{pmatrix}$。

习题 5－1

1. 求下列向量之间的夹角。

(1) $\boldsymbol{\alpha}=\begin{pmatrix}1\\0\\2\end{pmatrix}$ 与 $\boldsymbol{\beta}=\begin{pmatrix}-1\\3\\4\end{pmatrix}$；　　(2) $\boldsymbol{\alpha}=\begin{pmatrix}0\\4\\-3\\2\end{pmatrix}$ 与 $\boldsymbol{\beta}=\begin{pmatrix}1\\-1\\0\\3\end{pmatrix}$。

2. 已知向量 $\boldsymbol{\alpha}_1=\begin{pmatrix}1\\2\\2\end{pmatrix}$，求两个非零向量 $\boldsymbol{\alpha}_2,\boldsymbol{\alpha}_3$，使得向量组 $\mathbf{A}:\boldsymbol{\alpha}_1\boldsymbol{\alpha}_2\boldsymbol{\alpha}_3$ 为正交向量组。

3. 证明定理 5.1.3。

4. 设 n 个 n 维向量组 $\mathbf{A}:\boldsymbol{\alpha}_1\boldsymbol{\alpha}_2,\cdots,\boldsymbol{\alpha}_n$ 是两两正交向量组，令 $\mathbf{A}=(\boldsymbol{\alpha}_1,\boldsymbol{\alpha}_2,\cdots,\boldsymbol{\alpha}_n)$，证明：$\mathbf{A}$ 为可逆矩阵。

5. 已知向量 $\boldsymbol{\alpha}_1=\begin{pmatrix}1\\1\\0\\1\end{pmatrix}$，$\boldsymbol{\alpha}_2=\begin{pmatrix}1\\1\\1\\2\end{pmatrix}$，$\boldsymbol{\alpha}_3=\begin{pmatrix}1\\0\\0\\1\end{pmatrix}$，若向量 $\boldsymbol{\beta}$，使得 $(\boldsymbol{\alpha}_i,\boldsymbol{\beta})=i\,(i=1,2,3)$，求 $\boldsymbol{\beta}$。

第二节　欧氏空间与标准正交基

通过上一节的学习，我们给出了向量空间内积的定义，基于此定义形式，向量可以有“长度”和“角度”的概念，从而使得向量空间中的向量成为可以“度量”的元素。本节我们将在此基础上，在实数域里给出一般线性空间中“内积”的定义，进而介绍欧氏空间。

一、欧氏空间、长度与夹角

定义 5.2.1　设 V 是实数域 $\mathbb{R}$ 上的一个线性空间，如果对于 V 中任意一对元素 $\boldsymbol{\alpha},\boldsymbol{\beta}$，有一个确定的实数与它们对应，记作 $(\boldsymbol{\alpha},\boldsymbol{\beta})$，叫做元素 $\boldsymbol{\alpha}$ 与 $\boldsymbol{\beta}$ 的**内积**（或**数量积**），并且满足下列条件：

(1) $(\boldsymbol{\alpha},\boldsymbol{\beta})=(\boldsymbol{\beta},\boldsymbol{\alpha})$；

(2) $(\boldsymbol{\alpha}+\boldsymbol{\beta},\boldsymbol{\gamma})=(\boldsymbol{\alpha},\boldsymbol{\gamma})+(\boldsymbol{\beta},\boldsymbol{\gamma})$；

(3) $(k\boldsymbol{\alpha},\boldsymbol{\beta})=(\boldsymbol{\alpha},k\boldsymbol{\beta})=k(\boldsymbol{\alpha},\boldsymbol{\beta})$；

(4) $(\boldsymbol{\alpha},\boldsymbol{\alpha})\geqslant 0$，且 $(\boldsymbol{\alpha},\boldsymbol{\alpha})=0$ 当且仅当 $\boldsymbol{\alpha}=\mathbf{0}$，这里 $\mathbf{0}$ 是该线性空间的零元。

其中，$\boldsymbol{\alpha},\boldsymbol{\beta},\boldsymbol{\gamma}$ 是 V 中任意元素，k 为任意实数，那么 V 叫做对此内积来说的一个**欧几里得**（*Euclid*）**空间**，简称**欧氏空间**。

例 5.2.1　在 $\mathbb{R}^n$ 中，对于任意两个向量 $\boldsymbol{\alpha}=\begin{pmatrix}a_1\\a_2\\\vdots\\a_n\end{pmatrix}$，$\boldsymbol{\beta}=\begin{pmatrix}b_1\\b_2\\\vdots\\b_n\end{pmatrix}$，选取如本章第一节给出的向量内积定义：$(\boldsymbol{\alpha},\boldsymbol{\beta})=\sum_{i=1}^{n}a_ib_i$。显然，$\mathbb{R}^n$ 对于此内积作成一个欧氏空间。

例 5.2.2　在 $\mathbb{R}^n$ 中，对于任意两个向量 $\boldsymbol{\alpha}=\begin{pmatrix}a_1\\a_2\\\vdots\\a_n\end{pmatrix}$，$\boldsymbol{\beta}=\begin{pmatrix}b_1\\b_2\\\vdots\\b_n\end{pmatrix}$，定义内积：

$$(\boldsymbol{\alpha},\boldsymbol{\beta})=\sum_{i=1}^{n}ia_ib_i=a_1b_1+2a_2b_2+\cdots+na_nb_n,$$

显然，$\mathbb{R}^n$ 对于该内积也构成一个欧氏空间。

例 5.2.3　令 $C[a,b]$ 是定义在 $[a,b]$ 上一切连续实函数构成的线性空间，

设 $f(x),g(x)\in C[a,b]$，定义内积

$$(f,g)=\int_a^b f(x)g(x)dx。$$

根据定积分的运算性质可知，上述定义内积满足定义 5.2.1 中(1)—(4)条，所以 $C[a,b]$ 在上述内积定义下构成一个欧氏空间。

例 5.2.4 令 H 是由一切平方和收敛的实数列 $\boldsymbol{\zeta}=(x_1,x_2\cdots)$，$\sum\limits_{i=1}^{\infty}x_i^2<+\infty$ 构成的集合。任取 $\boldsymbol{\zeta}=(x_1,x_2\cdots)\in H$，$\sum\limits_{i=1}^{\infty}x_i^2<+\infty$，$\boldsymbol{\eta}=(y_1,y_2\cdots)\in H$，$\sum\limits_{i=1}^{\infty}y_i^2<+\infty$，在 H 中给定加法和数乘运算，如下：

$$\boldsymbol{\zeta}+\boldsymbol{\eta}=(x_1+y_1,x_2+y_2,\cdots),$$
$$a\in\mathbb{R},a\boldsymbol{\zeta}=(ax_1,ax_2,\cdots)。$$

首先应说明上述运算定义的合理性，即 H 对加法和数乘运算封闭。因 $\boldsymbol{\zeta},\boldsymbol{\eta}\in H$，有 $\sum\limits_{i=1}^{\infty}x_i^2<+\infty$，$\sum\limits_{i=1}^{\infty}y_i^2<+\infty$，又 $|x_ny_n|\leqslant\frac{1}{2}(x_n^2+y_n^2)$，可得 $\sum\limits_{n=1}^{\infty}x_ny_n$ 收敛，因此可得如下关系：

$$\sum_{k=n}^{n+m}(x_k+y_k)^2=\sum_{k=n}^{n+m}x_k^2+2\sum_{k=n}^{n+m}x_ky_k+\sum_{k=n}^{n+m}y_k^2$$
$$\sum_{k=n}^{n+m}(ax_k)^2=a^2\sum_{k=n}^{n+m}x_k^2$$

表明 $\sum\limits_{n=1}^{\infty}(x_n+y_n)^2$ 和 $\sum\limits_{n=1}^{\infty}(ax_n)^2$ 收敛，即 $\boldsymbol{\zeta}+\boldsymbol{\eta}\in H,a\boldsymbol{\zeta}\in H$。容易验证，$H$ 对上述加法和数乘运算构成线性空间。

定义 H 上的内积如下：

$$(\boldsymbol{\zeta},\boldsymbol{\eta})=\sum_{n=1}^{\infty}x_ny_n。$$

因为 $\sum\limits_{n=1}^{\infty}(x_ny_n)^2$ 绝对收敛，所以 $\sum\limits_{n=1}^{\infty}(x_ny_n)^2$ 收敛，即$(\boldsymbol{\zeta},\boldsymbol{\eta})\in H$，容易验证 H 对上述内积构成一个欧氏空间。空间 H 通常叫做希尔伯特(Hilbert)空间。

对欧氏空间中的任意元素 $\boldsymbol{\zeta}$，由于$(\boldsymbol{\zeta},\boldsymbol{\zeta})\geqslant 0$，我们可以引入“长度”的概念。

定义 5.2.2 设 $\boldsymbol{\zeta}$ 是欧氏空间一个元素，非负实数$\sqrt{(\boldsymbol{\zeta},\boldsymbol{\zeta})}$ 称为 $\boldsymbol{\zeta}$ 的**长度**(或**范数**)，记作 $\|\boldsymbol{\zeta}\|=\sqrt{(\boldsymbol{\zeta},\boldsymbol{\zeta})}$。

$\|\boldsymbol{\zeta}\|=1$ 时，$\boldsymbol{\zeta}$ 称作**单位元**，对于任意向量 $\boldsymbol{\eta}$，$\dfrac{\boldsymbol{\eta}}{\|\boldsymbol{\eta}\|}$ 称为向量单位化。

定理 5.2.1　欧氏空间中，对于任意元素 $\boldsymbol{\zeta},\boldsymbol{\eta}$ 有不等式

$$(\boldsymbol{\zeta},\boldsymbol{\eta})^2\leqslant(\boldsymbol{\zeta},\boldsymbol{\zeta})\cdot(\boldsymbol{\eta},\boldsymbol{\eta})$$

当且仅当 $\boldsymbol{\zeta}$ 与 $\boldsymbol{\eta}$ 线性相关时，等号成立。

定义 5.2.3　设 $\boldsymbol{\zeta}$ 与 $\boldsymbol{\eta}$ 是欧氏空间的两个非零元素，$\boldsymbol{\zeta}$ 与 $\boldsymbol{\eta}$ 的**夹角** θ 定义如下：

$$\cos\theta=\frac{(\boldsymbol{\zeta},\boldsymbol{\eta})}{\|\boldsymbol{\zeta}\|\cdot\|\boldsymbol{\eta}\|}。$$

显然有 $-1\leqslant\dfrac{(\boldsymbol{\zeta},\boldsymbol{\eta})}{\|\boldsymbol{\zeta}\|\cdot\|\boldsymbol{\eta}\|}\leqslant1$，这样夹角定义是合理的。欧氏空间中任意两个非零元素有唯一的夹角 $\theta(0\leqslant\theta\leqslant\pi)$。如前所述，基于内积给出欧氏空间的长度(或范数)，夹角的定义正是解析几何里向量度长度和夹角概念的推广，本章第一节给出的向量空间和内积恰好是一个特殊的欧氏空间。

二、标准正交基

定义 5.2.4　欧氏空间中，元素 $\boldsymbol{\zeta}$ 与 $\boldsymbol{\eta}$，若 $(\boldsymbol{\zeta},\boldsymbol{\eta})=0$，则称 $\boldsymbol{\zeta}$ 与 $\boldsymbol{\eta}$ **正交**，记作 $\boldsymbol{\zeta}\perp\boldsymbol{\eta}$。

定理 5.2.2　欧氏空间中，若元素 $\boldsymbol{\zeta}$ 与 $\boldsymbol{\eta}_1\cdots\boldsymbol{\eta}_m$ 每一个都正交，则 $\boldsymbol{\zeta}$ 与 $\boldsymbol{\eta}_1\cdots\boldsymbol{\eta}_m$ 的任意线性组合也正交。

证明：已知 $\boldsymbol{\zeta}\perp\boldsymbol{\eta}_i,i=1,2,\cdots,m$，任取 $k_i\in\mathbb{R},i=1,2,\cdots,m$，有

$$\left(\boldsymbol{\zeta},\sum_{i=1}^{m}k_i\boldsymbol{\eta}_i\right)=\sum_{i=1}^{m}(\boldsymbol{\zeta},k_i\boldsymbol{\eta}_i)=\sum_{i=1}^{m}k_i(\boldsymbol{\zeta},\boldsymbol{\eta}_i)=0,$$

即 $\boldsymbol{\zeta}\perp\left(\sum\limits_{i=1}^{m}k_i\boldsymbol{\eta}_i\right)$。□

定理 5.2.3　欧氏空间中，若一组非零元素两两正交，则该组元素线性无关。

证明可仿照本章定理 5.1.3 的证明，此处从略。将这样的元素组称为正交组。

设 V 是一个 n 维欧氏空间，如果 V 中 n 个元素 $\boldsymbol{\alpha}_1,\boldsymbol{\alpha}_2,\cdots,\boldsymbol{\alpha}_n$ 线性无关，则构成 V 的一组**基**；若 $\boldsymbol{\alpha}_1,\boldsymbol{\alpha}_2,\cdots,\boldsymbol{\alpha}_n$ 是正交组，则称其为 V 的一组**正交基**。更进一步，若 $\boldsymbol{\alpha}_1,\boldsymbol{\alpha}_2,\cdots,\boldsymbol{\alpha}_n$ 同时还是单位元，则称其为 V 的**标准正交基**。显然欧氏空间中的基、正交基或标准正交基都是不唯一的。

定理 5.2.5 在 $\mathbb{R}^n$ 中,$\mathbf{e}_i=\begin{pmatrix}0\\ \vdots\\ 1\\ \vdots\\ 0\end{pmatrix}$,即第 i 分量为 1,其它分量为 0。那么 $\mathbf{e}_1$,$\mathbf{e}_2$,…,$\mathbf{e}_n$ 是 $\mathbb{R}^n$ 中的一组标准正交基。

例 5.2.6 在 $\mathbb{R}^3$ 中,$\mathbf{e}_1=\begin{pmatrix}1\\0\\0\end{pmatrix}$,$\mathbf{e}_2=\begin{pmatrix}0\\1\\0\end{pmatrix}$,$\mathbf{e}_3=\begin{pmatrix}0\\0\\1\end{pmatrix}$是一组标准正交基,而 $\boldsymbol{\varepsilon}_1=\begin{pmatrix}0\\ \frac{1}{\sqrt{2}}\\ \frac{1}{\sqrt{2}}\end{pmatrix}$,$\boldsymbol{\varepsilon}_1=\begin{pmatrix}1\\0\\0\end{pmatrix}$,$\boldsymbol{\varepsilon}_1=\begin{pmatrix}0\\ -\frac{1}{\sqrt{2}}\\ \frac{1}{\sqrt{2}}\end{pmatrix}$也是 $\mathbb{R}^3$ 的一组标准正交基。

我们在 2 维欧氏空间中任取一组基 $\boldsymbol{\alpha}_1$,$\boldsymbol{\alpha}_2$,但显然它们不一定是标准正交基。下面我们尝试从这组基出发,得出一个标准正交基,借助于几何直观,我们做如下构造:

取 $\boldsymbol{\beta}_1=\boldsymbol{\alpha}_1$,为了求 $\boldsymbol{\beta}_2$,令 $\boldsymbol{\beta}_2=\boldsymbol{\alpha}_2+k\boldsymbol{\beta}_1$,使得 $\boldsymbol{\beta}_2\perp\boldsymbol{\beta}_1$,可得

$$0=(\boldsymbol{\alpha}_2+k\boldsymbol{\beta}_1,\boldsymbol{\beta}_1)=(\boldsymbol{\alpha}_2,\boldsymbol{\beta}_1)+k(\boldsymbol{\beta}_1,\boldsymbol{\beta}_1),$$

因 $\boldsymbol{\beta}_1\neq\mathbf{0}$,得 $k=-\dfrac{(\boldsymbol{\alpha}_2,\boldsymbol{\beta}_1)}{(\boldsymbol{\beta}_1,\boldsymbol{\beta}_1)}$。

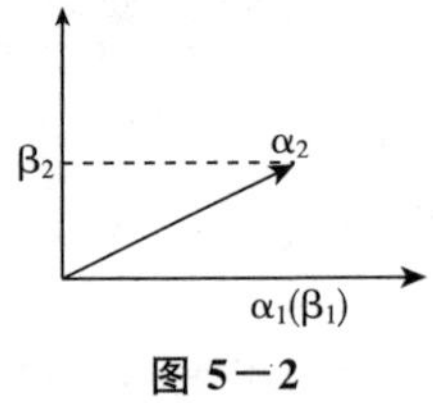

图 5－2

故可得 $\boldsymbol{\beta}_2=\boldsymbol{\alpha}_2-\dfrac{(\boldsymbol{\alpha}_2,\boldsymbol{\beta}_1)}{(\boldsymbol{\beta}_1,\boldsymbol{\beta}_1)}\cdot\boldsymbol{\beta}_1$,即 $\boldsymbol{\beta}_1$,$\boldsymbol{\beta}_2$ 是 V 的一组正交基。再取 $\boldsymbol{\varepsilon}_1=\dfrac{\boldsymbol{\beta}_1}{\|\boldsymbol{\beta}_1\|}$,$\boldsymbol{\varepsilon}_2=\dfrac{\boldsymbol{\beta}_2}{\|\boldsymbol{\beta}_2\|}$可构成 V 的一组标准正交基。

下面以 2 维欧氏空间和坐标表示为例来分析为什么我们更加关注空间中的标准正交基。

设 $\boldsymbol{\varepsilon}_1,\boldsymbol{\varepsilon}_2$ 是 2 维欧氏空间 V 的一组标准正交基，$\boldsymbol{\alpha}$ 是 V 中的任意元素，那么 $\boldsymbol{\alpha}$ 可由 $\boldsymbol{\varepsilon}_1,\boldsymbol{\varepsilon}_2$ 线性表示为 $\boldsymbol{\alpha}=a_1\boldsymbol{\varepsilon}_1+a_2\boldsymbol{\varepsilon}_2$。进而有

$$\begin{aligned}\|\boldsymbol{\alpha}^2\|&=(\boldsymbol{\alpha},\boldsymbol{\alpha})=(a_1\boldsymbol{\varepsilon}_1+a_2\boldsymbol{\varepsilon}_2,a_1\boldsymbol{\varepsilon}_1+a_2\boldsymbol{\varepsilon}_2)\\&=a_1^2(\boldsymbol{\varepsilon}_1,\boldsymbol{\varepsilon}_2)+a_1a_2(\boldsymbol{\varepsilon}_1,\boldsymbol{\varepsilon}_2)+a_1a_2(\boldsymbol{\varepsilon}_2,\boldsymbol{\varepsilon}_1)+a_2^2(\boldsymbol{\varepsilon}_2,\boldsymbol{\varepsilon}_1)\\&=a_1^2+a_2^2\end{aligned}$$

说明：向量在标准正交基下的长度平方为向量在该组基下的坐标平方和，然而在一般基或正交基下都没有这样好的性质。

$$(\boldsymbol{\alpha}_1,\boldsymbol{\varepsilon}_1)=(a_1\boldsymbol{\varepsilon}_1+a_2\boldsymbol{\varepsilon}_2,\boldsymbol{\varepsilon}_1)=a_1(\boldsymbol{\varepsilon}_1,\boldsymbol{\varepsilon}_2)+a_2(\boldsymbol{\varepsilon}_2,\boldsymbol{\varepsilon}_1)=a_1$$

$$(\boldsymbol{\alpha}_1,\boldsymbol{\varepsilon}_2)=(a_1\boldsymbol{\varepsilon}_1+a_2\boldsymbol{\varepsilon}_2,\boldsymbol{\varepsilon}_2)=a_1(\boldsymbol{\varepsilon}_1,\boldsymbol{\varepsilon}_2)+a_2(\boldsymbol{\varepsilon}_2,\boldsymbol{\varepsilon}_2)=a_2$$

说明：向量在标准正交基下的坐标分量就是其在该基下的线性表示系数。

为了让读者更深入的体会线性代数的抽象性及特性的普适性，下面我们利用另一个欧氏空间以及例 5.2.3 的内积和空间元素正交性，再一次认识一下傅里叶级数的系数，以加深对这个重要级数的理解。

设 $F(x)$ 是全体周期为 2π 的周期函数构成的集合，在函数普通的加法和数乘下可以构成一个线性空间。设 $f(x),g(x)\in F(x)$，定义内积

$$(f,g)=\int_{-\pi}^{\pi}f(x)g(x)dx。$$

显然，该内积定义满足定义 5.2.1 的要求，因此 $F(x)$ 构成一个欧氏空间。

取三角函数系：$1,\cos x,\sin x,\cos 2x,\sin 2x,\cdots,\cos nx,\sin nx,\cdots$，在上述内积定义下两两正交，但非单位元，如下：

$$\int_{-\pi}^{\pi}1\cdot\cos nxdx=\int_{-\pi}^{\pi}1\cdot\sin nxdx(n=1,2,\cdots)$$

$$\int_{-\pi}^{\pi}\cos kx\cdot\cos nxdx=\frac{1}{2}\int_{-\pi}^{\pi}[\cos(k+n)+\cos(k-n)]dx=0$$

同理可得，

$$\int_{-\pi}^{\pi}\sin kx\sin nxdx=0,$$

$$\int_{-\pi}^{\pi}\cos kx\sin nxdx=0,$$

$$\int_{-\pi}^{\pi}1\cdot 1dx=2\pi,$$

$$\int_{-\pi}^{\pi}\cos^2 nxdx=\pi,$$

$$\int_{-\pi}^{\pi}\sin^2 nxdx=\pi。$$

因此，调整后的三角函数系：

$$\frac{1}{\sqrt{2\pi}},\frac{1}{\sqrt{\pi}}\cos x,\frac{1}{\sqrt{\pi}}\sin x,\frac{1}{\sqrt{\pi}}\cos 2x,\frac{1}{\sqrt{\pi}}\sin 2x,\cdots,\frac{1}{\sqrt{\pi}}\cos nx,\frac{1}{\sqrt{\pi}}\sin nx,\cdots$$

则它们是该欧氏空间的一组标准正交基。根据函数展开成傅里叶级数定理：

设 $f(x)$是周期为 2π 的周期函数，且

$$f(x)=\frac{a_0}{2}+\sum_{n=1}^{\infty}(a_n\cos nx+b_n\sin nx)。$$

右端级数可以逐项积分，则有

$$\begin{cases}a_n=\dfrac{1}{\pi}\displaystyle\int_{-\pi}^{\pi}f(x)\cos nxdx=(f(x),\cos nx) & (n=0,1,\cdots)\\ b_n=\dfrac{1}{\pi}\displaystyle\int_{-\pi}^{\pi}f(x)\sin nxdx=(f(x),\sin nx) & (n=1,2,\cdots)\end{cases}。$$

该三角级数的系数 $a_n(n=0,1,2,\cdots)$和 $b_n(n=1,2,\cdots)$本质上是函数 $f(x)$在这组标准正交基下的坐标。

三、施密特正交化法

下面，我们在一般的欧氏空间里，从一组线性无关的元素出发，通过可逆矩阵得到一个正交组，请读者注意下面定理的证明。

定理 5.2.4 设 $\boldsymbol{\alpha}_1,\boldsymbol{\alpha}_2,\cdots,\boldsymbol{\alpha}_m$ 是欧氏空间 V 的一组线性无关组，那么必然存在 V 中的一个正交组 $\boldsymbol{\beta}_1,\boldsymbol{\beta}_2,\cdots,\boldsymbol{\beta}_m$，使得 $\boldsymbol{\beta}_k(k=1,2,\cdots,m)$可以由 $\boldsymbol{\alpha}_1,\boldsymbol{\alpha}_2,\cdots,\boldsymbol{\alpha}_m$ 线性表示。

证明：取 $\boldsymbol{\beta}_1=\boldsymbol{\alpha}_1$，亦可写为 $\boldsymbol{\beta}_1=\boldsymbol{\alpha}_1+0\cdot\boldsymbol{\alpha}_2+\cdots+0\cdot\boldsymbol{\alpha}_m$，所以 $\boldsymbol{\beta}_1$ 可由 $\boldsymbol{\alpha}_1,\boldsymbol{\alpha}_2,\cdots,\boldsymbol{\alpha}_m$ 线性表示。

取 $\boldsymbol{\beta}_2=\boldsymbol{\alpha}_2-\dfrac{(\boldsymbol{\alpha}_2,\boldsymbol{\beta}_1)}{(\boldsymbol{\beta}_1,\boldsymbol{\beta}_1)}\boldsymbol{\beta}_1$，可将 $\boldsymbol{\beta}_2$ 表示为 $\boldsymbol{\beta}_2=-\dfrac{(\boldsymbol{\alpha}_2,\boldsymbol{\beta}_1)}{(\boldsymbol{\beta}_1,\boldsymbol{\beta}_1)}\boldsymbol{\alpha}_1+1\cdot\boldsymbol{\alpha}_2+\cdots+0\cdot\boldsymbol{\alpha}_m$；又 $(\boldsymbol{\beta}_2,\boldsymbol{\beta}_1)=(\boldsymbol{\alpha}_2,\boldsymbol{\beta}_1)-\dfrac{(\boldsymbol{\alpha}_2,\boldsymbol{\beta}_1)}{(\boldsymbol{\beta}_1,\boldsymbol{\beta}_1)}\cdot(\boldsymbol{\beta}_1,\boldsymbol{\beta}_1)=0$。所以，$\boldsymbol{\beta}_2$ 与 $\boldsymbol{\beta}_1$ 正交，且均可由 $\boldsymbol{\alpha}_1,\boldsymbol{\alpha}_2,\cdots,\boldsymbol{\alpha}_m$ 线性表示。

假设 $1<k\leqslant m$，并且满足定理要求的 $\boldsymbol{\beta}_1,\boldsymbol{\beta}_2,\cdots,\boldsymbol{\beta}_{k-1}$ 都已作出，取 $\boldsymbol{\beta}_k=\boldsymbol{\alpha}_k-\dfrac{(\boldsymbol{\alpha}_k,\boldsymbol{\beta}_1)}{(\boldsymbol{\beta}_1,\boldsymbol{\beta}_1)}\cdot\boldsymbol{\beta}_1-\cdots-\dfrac{(\boldsymbol{\alpha}_k,\boldsymbol{\beta}_{k-1})}{(\boldsymbol{\beta}_{k-1},\boldsymbol{\beta}_{k-1})}\cdot\boldsymbol{\beta}_{k-1}$。因 $\boldsymbol{\beta}_1,\boldsymbol{\beta}_2,\cdots,\boldsymbol{\beta}_{k-1}$ 均可由 $\boldsymbol{\alpha}_1,\boldsymbol{\alpha}_2,\cdots,\boldsymbol{\alpha}_m$ 线性表示，所以 $\boldsymbol{\beta}_k=a_1\boldsymbol{\alpha}_1+a_2\boldsymbol{\alpha}_2+\cdots a_{k-1}\boldsymbol{\alpha}_{k-1}+\boldsymbol{\alpha}_k+0\cdot\boldsymbol{\alpha}_{k+1}+\cdots+0\cdot\boldsymbol{\alpha}_m$。又知 $\boldsymbol{\beta}_1,\boldsymbol{\beta}_2,\cdots,\boldsymbol{\beta}_{k-1}$ 两两正交，所以

$$(\boldsymbol{\beta}_k,\boldsymbol{\beta}_i)=(\boldsymbol{\alpha}_k,\boldsymbol{\beta}_i)-\frac{(\boldsymbol{\alpha}_k,\boldsymbol{\beta}_i)}{(\boldsymbol{\beta}_i,\boldsymbol{\beta}_i)}\cdot(\boldsymbol{\beta}_i,\boldsymbol{\beta}_i)=0,\forall i=1,2,\cdots,k-1。$$

因此，$\boldsymbol{\beta}_1,\boldsymbol{\beta}_2,\cdots,\boldsymbol{\beta}_k$ 也满足定理要求。□

该证明给出了一个从欧氏空间的任意一组线性无关组出发得出一个正交组的方法，一般称这种方法为施密特(Sehimidt)正交化方法。那么，若我们有 n 维欧氏空间 V 的一组基，利用此方法就可得到一组正交基，再利用单位化法 $\boldsymbol{\varepsilon}_i=\dfrac{\boldsymbol{\beta}_i}{\|\boldsymbol{\beta}_i\|}$，$\forall i=1,2,\cdots,n$，由此得到 V 的一组标准正交基。不仅如此，通过该定理的证明，我们可以看到正交组 $\boldsymbol{\beta}_1,\boldsymbol{\beta}_2,\cdots,\boldsymbol{\beta}_m$ 与线性无关组 $\boldsymbol{\alpha}_1,\boldsymbol{\alpha}_2,\cdots,\boldsymbol{\alpha}_m$ 有如下表示关系：

$$(\boldsymbol{\beta}_1,\boldsymbol{\beta}_2,\cdots,\boldsymbol{\beta}_m)=(\boldsymbol{\alpha}_1,\boldsymbol{\alpha}_2,\cdots,\boldsymbol{\alpha}_m)\begin{pmatrix}1 & -\dfrac{(\boldsymbol{\alpha}_2,\boldsymbol{\beta}_1)}{(\boldsymbol{\beta}_1,\boldsymbol{\beta}_1)} & \cdots & -\dfrac{(\boldsymbol{\alpha}_m,\boldsymbol{\beta}_1)}{(\boldsymbol{\beta}_1,\boldsymbol{\beta}_1)} \\ 0 & 1 & \cdots & -\dfrac{(\boldsymbol{\alpha}_m,\boldsymbol{\beta}_2)}{(\boldsymbol{\beta}_2,\boldsymbol{\beta}_2)} \\ \vdots & \vdots & & \vdots \\ 0 & 0 & \cdots & 1\end{pmatrix}$$

易知元素组 $\boldsymbol{\beta}_1,\boldsymbol{\beta}_2,\cdots,\boldsymbol{\beta}_m$ 与 $\boldsymbol{\alpha}_1,\boldsymbol{\alpha}_2,\cdots,\boldsymbol{\alpha}_m$ 等价。

例 5.2.7　在 $\mathbb{R}^3$ 中，用施密特正交化方法将向量组 $\boldsymbol{\alpha}_1=\begin{pmatrix}1\\1\\1\end{pmatrix}$，$\boldsymbol{\alpha}_2=\begin{pmatrix}1\\2\\3\end{pmatrix}$，$\boldsymbol{\alpha}_3=\begin{pmatrix}1\\4\\9\end{pmatrix}$化为标准正交基。

解： $\boldsymbol{\beta}_1=\boldsymbol{\alpha}_1=\begin{pmatrix}1\\1\\1\end{pmatrix}$，

$$\boldsymbol{\beta}_2=\boldsymbol{\alpha}_2-\frac{(\boldsymbol{\alpha}_2,\boldsymbol{\beta}_1)}{(\boldsymbol{\beta}_1,\boldsymbol{\beta}_1)}\cdot\boldsymbol{\beta}_1=\begin{pmatrix}1\\2\\3\end{pmatrix}-\frac{6}{3}\begin{pmatrix}1\\1\\1\end{pmatrix}=\begin{pmatrix}-1\\0\\1\end{pmatrix},$$

$$\boldsymbol{\beta}_3=\boldsymbol{\alpha}_3-\frac{(\boldsymbol{\alpha}_3,\boldsymbol{\beta}_1)}{(\boldsymbol{\beta}_1,\boldsymbol{\beta}_1)}\cdot\boldsymbol{\beta}_1-\frac{(\boldsymbol{\alpha}_3,\boldsymbol{\beta}_2)}{(\boldsymbol{\beta}_2,\boldsymbol{\beta}_2)}\cdot\boldsymbol{\beta}_2=\begin{pmatrix}1\\4\\9\end{pmatrix}-\frac{14}{3}\begin{pmatrix}1\\1\\1\end{pmatrix}-\frac{8}{2}\begin{pmatrix}-1\\0\\1\end{pmatrix}=\frac{1}{3}\begin{pmatrix}1\\-2\\1\end{pmatrix},$$

向量单位化

$$\boldsymbol{\varepsilon}_1=\frac{\boldsymbol{\beta}_1}{\|\boldsymbol{\beta}_1\|}=\frac{1}{\sqrt{3}}\begin{pmatrix}1\\1\\1\end{pmatrix},\boldsymbol{\varepsilon}_2=\frac{\boldsymbol{\beta}_2}{\|\boldsymbol{\beta}_2\|}=\frac{1}{\sqrt{2}}\begin{pmatrix}-1\\0\\1\end{pmatrix},\boldsymbol{\varepsilon}_3=\frac{\boldsymbol{\beta}_3}{\|\boldsymbol{\beta}_3\|}=\frac{\sqrt{6}}{3}\begin{pmatrix}1\\-2\\1\end{pmatrix}。$$

我们从向量的施密特正交化法过程中看到，这个方法最关键的运算是基于“内积”。这提示我们，在其他的欧氏空间中，虽然是不同的研究对象，但基于已有的“内积”定义，可以将施密特正交化法拓展至该欧氏空间中。例如，取$[-1,1]$上的全体多项式以及例 5.2.3 的内积定义，构成一个欧式空间。令 $f_1(x)=1$，$f_2(x)=x+1$，显然

$$(f_1,f_2)=\int_{-1}^{1} f_1(x)f_2(x)dx=\int_{-1}^{1}(x+1)dx=2\neq 0,$$

所以 $f_1(x)$与 $f_2(x)$线性无关但不正交。利用施密特正交化法，令 $g_1(x)=f_1(x)=1$，有

$$g_2(x)=f_2-\frac{(f_2,g_1)}{(g_1,g_1)}\cdot g_1=(x+1)-\frac{\int_{-1}^{1}(x+1)\cdot 1dx}{\int_{-1}^{1}1\cdot 1dx}\cdot 1=x,$$

因此，$g_1(x)$与 $g_2(x)$在例 5.2.3 的内积下是正交的。

四、正交矩阵与正交变换

对于 n 维欧氏空间 V，若 $\boldsymbol{\varepsilon}_1,\boldsymbol{\varepsilon}_2,\cdots,\boldsymbol{\varepsilon}_n$ 是 V 的一组标准正交基，那么由这组基构成的方阵又会具有什么样的性质呢？

定义 5.2.5 如果 n 阶方阵 $\mathbf{A}$，满足 $\mathbf{A}\mathbf{A}^T=\mathbf{A}^T\mathbf{A}=\mathbf{E}$(即 $\mathbf{A}^{-1}=\mathbf{A}^T$)，那么称矩阵 $\mathbf{A}$ 为**正交矩阵**。

定理 5.2.5 n 阶方阵 $\mathbf{A}$ 是正交矩阵当且仅当 $\mathbf{A}$ 的列(行)向量组为标准正交向量组。

证明:矩阵 $\mathbf{A}$ 分块为 $\mathbf{A}=(\boldsymbol{\varepsilon}_1,\boldsymbol{\varepsilon}_2,\cdots,\boldsymbol{\varepsilon}_n)$，有

$$\mathbf{A}^T\cdot\mathbf{A}=\begin{pmatrix}\boldsymbol{\varepsilon}_1^T\\ \boldsymbol{\varepsilon}_2^T\\ \vdots\\ \boldsymbol{\varepsilon}_1^T\end{pmatrix}(\boldsymbol{\varepsilon}_1,\boldsymbol{\varepsilon}_2,\cdots,\boldsymbol{\varepsilon}_n)=\mathbf{E}\Leftrightarrow\boldsymbol{\varepsilon}_i^T\cdot\boldsymbol{\varepsilon}_j=\delta_{ij}$$

即 $\boldsymbol{\varepsilon}_i^T\cdot\boldsymbol{\varepsilon}_j=\begin{cases}1 & i=j\\ 0 & i\neq j\end{cases},i,j=1,2\cdots,n$。

所以，$\mathbf{A}$ 为正交矩阵的充分必要条件是 $\mathbf{A}$ 的 n 个列向量构成的向量组是标准正交向量组。□

定理 5.2.6 设 $\mathbf{A},\mathbf{B}$ 均为 n 阶正交矩阵，则有

(1)$|\mathbf{A}|=1$ 或-1；

(2)$\mathbf{A}^T$， $\mathbf{A}^{-1}$， $\mathbf{AB}$ 也是正交矩阵。

读者可以利用正交矩阵的定义，自行完成该定理的证明，本书不再赘述。

定义 5.2.6 若 $\mathbf{P}$ 为正交矩阵，则线性变换 $\mathbf{y}=\mathbf{Px}$ 称为**正交变换**。

由正交变换的定义可知，$\|\mathbf{y}\|=\sqrt{\mathbf{y}^T\mathbf{y}}=\sqrt{(\mathbf{Py})^T(\mathbf{Px})}=\sqrt{\mathbf{x}^T\mathbf{P}^T(\mathbf{Px})}=\|\mathbf{x}\|$，说明正交变换不改变向量的长度，或者说是保距的，这也是正交变换的优良特性之一。此外，$\cos(\mathbf{Px},\mathbf{Py})=\dfrac{(\mathbf{Px},\mathbf{Py})}{\|\mathbf{Px}\|\cdot\|\mathbf{Py}\|}=\cos(\mathbf{x},\mathbf{y})$，所以 $\mathbf{Px}$ 与 $\mathbf{Py}$ 的夹角等于 $\mathbf{x}$ 与 $\mathbf{y}$ 的夹角，即正交变换保持向量间的角度关系。正交变换在欧氏空间的变换中起着非常重要的作用，尤其是在更高级的代数学中。

例如，单位矩阵 $\mathbf{E}_n$ 是正交矩阵，对角矩阵 $\mathbf{\Lambda}=\begin{pmatrix}\lambda_1 & & & \\ & \lambda_2 & & \\ & & \ddots & \\ & & & \lambda_n\end{pmatrix}$（$\lambda_i\neq 0$，$\forall i=1,2,\cdots,n$）所对应的列向量组是一个正交向量组。

习题 5—2

1. 已知 $\zeta_1,\zeta_2,\cdots,\zeta_n$ 是欧氏空间 V 的一个正交基（未必是标准正交基），任意给定向量 $\boldsymbol{\alpha}\in V$，试用 $\zeta_1,\zeta_2,\cdots,\zeta_n$ 将 $\boldsymbol{\alpha}$ 线性表示。

2. 判断下列矩阵是否为正交矩阵。

(1)$\begin{pmatrix}1 & 0 & -1\\ 0 & -1 & 0\\ 1 & 0 & 0\end{pmatrix}$； (2)$\begin{pmatrix}-\frac{1}{\sqrt{3}} & \frac{1}{\sqrt{3}} & 0 & 0\\ -\frac{1}{\sqrt{3}} & \frac{1}{\sqrt{3}} & \frac{1}{\sqrt{2}} & 0\\ \frac{1}{\sqrt{3}} & \frac{1}{\sqrt{3}} & \frac{1}{\sqrt{2}} & 0\\ 0 & 0 & 0 & 1\end{pmatrix}$。

3. 利用施密特正交化法将下列向量组化为正交向量组。

(1)$\boldsymbol{\alpha}_1=\begin{pmatrix}-1\\1\\1\end{pmatrix}$，$\boldsymbol{\alpha}_2=\begin{pmatrix}0\\1\\1\end{pmatrix}$，$\boldsymbol{\alpha}_3=\begin{pmatrix}1\\1\\1\end{pmatrix}$；

(2)$\boldsymbol{\alpha}_1=\begin{pmatrix}1\\1\\2\\3\end{pmatrix}$，$\boldsymbol{\alpha}_2=\begin{pmatrix}-1\\1\\0\\-1\end{pmatrix}$，$\boldsymbol{\alpha}_3=\begin{pmatrix}0\\-1\\-3\\2\end{pmatrix}$。

4. 设向量组 $\boldsymbol{\zeta}_1,\boldsymbol{\zeta}_2,\boldsymbol{\zeta}_3$ 是 $\mathbb{R}^3$ 的一个标准正交向量组，证明：向量组 $\boldsymbol{\alpha}_1=\frac{1}{\sqrt{3}}(-\boldsymbol{\zeta}_1-\boldsymbol{\zeta}_2+\boldsymbol{\zeta}_3)$，$\boldsymbol{\alpha}_2=\frac{1}{\sqrt{3}}(\boldsymbol{\zeta}_1+\boldsymbol{\zeta}_2+2\boldsymbol{\zeta}_3)$，$\boldsymbol{\alpha}_3=\frac{1}{\sqrt{2}}(\boldsymbol{\zeta}_2+\boldsymbol{\zeta}_3)$，也是 $\mathbb{R}^3$ 的一个标准正交基。

5. 设矩阵 $\mathbf{A}$ 为 5×4，$R(\mathbf{A})=2$，并且 $\boldsymbol{\alpha}_1=\begin{pmatrix}1\\1\\2\\3\end{pmatrix}$，$\boldsymbol{\alpha}_2=\begin{pmatrix}-1\\1\\4\\-1\end{pmatrix}$，$\boldsymbol{\alpha}_3=\begin{pmatrix}5\\-1\\-8\\9\end{pmatrix}$ 是齐次线性方程组 $\mathbf{Ax}=\mathbf{0}$ 的解向量，求 $\mathbf{Ax}=\mathbf{0}$ 解空间的一个标准正交基。

第三节　特征值、特征向量与不变子空间

一、特征值与特征向量的概念

定义 5.3.1　n 阶方阵 $\mathbf{A}$，如果存在数 λ 和 n 维非零向量 $\mathbf{x}$，使得 $\mathbf{Ax}=\lambda\mathbf{x}$ 成立，则称 λ 为矩阵 $\mathbf{A}$ 的**特征值**，$\mathbf{x}$ 是 $\mathbf{A}$ 的属于（或对应于）特征值 λ 的**特征向量**。

例如，$\begin{pmatrix}3&-4\\2&-3\end{pmatrix}\begin{pmatrix}2\\1\end{pmatrix}=1\cdot\begin{pmatrix}2\\1\end{pmatrix}$。那么 $\lambda=1$ 是 $\begin{pmatrix}3&-4\\2&-3\end{pmatrix}$ 的特征值，而向量 $\begin{pmatrix}2\\1\end{pmatrix}$ 是属于特征值 $\lambda=1$ 的特征向量。

从几何上来看，特征向量的方向经过线性变换以后，保持在同一条直线上，这时或者方向不变，或者方向相反，至于特征值为零时，其对应的特征向量就被线性变换变成了零向量。

注意：

（1）由定义 $\mathbf{Ax}=\lambda\mathbf{x}$，可得特征向量 $\mathbf{x}$ 使得 $(\mathbf{A}-\lambda\mathbf{E})\mathbf{x}=\mathbf{0}$ 成立，而特征向量又为非零向量，即对应的齐次线性方程组有非零解，故 $|\mathbf{A}-\lambda\mathbf{E}|=0$。

（2）n 阶方阵 $\mathbf{A}$，如果 n 维非零向量 $\mathbf{x}$ 是线性变换 $\mathbf{A}$ 的属于特征值 λ 的特征向量，显然 $\mathbf{A}(k\mathbf{x})=\lambda(k\mathbf{x})$ 也成立，其中 $k\neq0$，说明同一个特征值可以对应多个特征向量。

（3）一个特征向量只能属于一个特征值。假设向量 $\mathbf{p}$ 既是属于 λ 的特征向量，又是属于 μ 的特征向量，即 $\mathbf{Ap}=\lambda\mathbf{p}$，$\mathbf{Ap}=\mu\mathbf{p}$。可得 $\mathbf{0}=\lambda\mathbf{p}-\mu\mathbf{p}$，即 $(\lambda-\mu)\mathbf{p}=\mathbf{0}$，又特征向量均为非零向量，所以 $\lambda-\mu=0$，即 $\lambda=\mu$。

(4) 若 n 阶方阵 $\mathbf{A}$ 是齐次线性方程组的系数矩阵，并且该线性方程组 $\mathbf{Ax}=\mathbf{0}$ 有非零解，那么 $\lambda=0$ 是方阵 $\mathbf{A}$ 的一个特征值（提示：$\mathbf{Ax}=\mathbf{Ax}-0\cdot\mathbf{E}=\mathbf{0}$）。

定义 5.3.2 设 $\mathbf{A}$ 是 n 阶方阵，则

$$f(\lambda)=|\mathbf{A}-\lambda\mathbf{E}|=\begin{vmatrix} a_{11}-\lambda & a_{12} & \cdots & a_{1n} \\ a_{21} & a_{22}-\lambda & \cdots & a_{2n} \\ \vdots & \vdots & \ddots & \vdots \\ a_{n1} & a_{n2} & \vdots & a_{nn}-\lambda \end{vmatrix},$$

称为矩阵 $\mathbf{A}$ 的**特征多项式**，$|\mathbf{A}-\lambda\ \mathbf{E}|=0$ 称为 $\mathbf{A}$ 的**特征方程**。特征方程的根就是矩阵 $\mathbf{A}$ 的特征值。

显然，特征多项式是 λ 的 n 次多项式，特征多项式的 k 重根也称为 k 重特征值。阿贝尔和伽罗瓦的工作证明了一般一元五次方程没有根式解。当 $n\geqslant5$ 时，特征多项式没有一般的求根公式，即使是三阶矩阵的特征多项式，一般也难以求根。所以求矩阵的特征值很多时候要采用近似计算的方法，或者利用计算机求解近似根，这是另一个专题，本书不做介绍。

显然，若 n 阶方阵 $\mathbf{A}=\begin{pmatrix} \lambda_1 & & & \\ & \lambda_2 & & \\ & & \ddots & \\ & & & \lambda_n \end{pmatrix}$，则 $\mathbf{A}$ 的特征值就是 n 个主对角线上的元素。

例 5.3.1　求矩阵 $\mathbf{A}=\begin{pmatrix} 3 & -1 \\ -1 & 3 \end{pmatrix}$ 的特征值和特征向量。

解：矩阵 $\mathbf{A}$ 的特征多项式为

$$|\mathbf{A}-\lambda\mathbf{E}|=\begin{vmatrix} 3-\lambda & -1 \\ -1 & 3-\lambda \end{vmatrix}=(3-\lambda)^2-1=\lambda^2-6\lambda=(\lambda-2)(\lambda-4)$$

所以，$\mathbf{A}$ 的特征值为 $\lambda_1=2$，$\lambda_2=4$。

当 $\lambda_1=2$ 时，对应的特征向量应满足 $\begin{pmatrix} 1 & -1 \\ -1 & 1 \end{pmatrix}\begin{pmatrix} x_1 \\ x_1 \end{pmatrix}=\begin{pmatrix} 0 \\ 0 \end{pmatrix}$，其基础解系为 $\mathbf{p}_1=\begin{pmatrix} 1 \\ 1 \end{pmatrix}$。所以 $k_1\mathbf{p}_1(k_1\neq0)$ 就是对应的特征向量。

当 $\lambda_2=4$ 时，对应的特征向量满足 $\begin{pmatrix} -1 & -1 \\ -1 & -1 \end{pmatrix}\begin{pmatrix} x_1 \\ x_2 \end{pmatrix}=\begin{pmatrix} 0 \\ 0 \end{pmatrix}$，其基础解系为 $\mathbf{p}_2=\begin{pmatrix} 1 \\ -1 \end{pmatrix}$。所以 $k_2\mathbf{p}_2(k_2\neq0)$ 是 $\lambda_2=4$ 对应的特征向量。

例 5.3.2 求矩阵 $\mathbf{A}\begin{pmatrix}-2&1&1\\0&2&0\\-4&1&3\end{pmatrix}$的特征值和特征向量。

解:矩阵 **A** 的特征多项式为:

$$|\mathbf{A}-\lambda\mathbf{E}|=\begin{vmatrix}-2-\lambda&1&1\\0&2-\lambda&0\\-4&1&3-\lambda\end{vmatrix}=(2-\lambda)\begin{vmatrix}-2-\lambda&1\\-4&3-\lambda\end{vmatrix}$$

$$=(2-\lambda)[(2+\lambda)(\lambda-3)+4]=(2-\lambda)(\lambda^2-\lambda-2)=-(\lambda-2)^2(\lambda+1)$$

所以,**A** 的特征值为 $\lambda_1=-1,\lambda_2=\lambda_3=2$。

当 $\lambda_1=-1$ 时,$\mathbf{A}-\lambda_1\mathbf{E}=\mathbf{A}+\mathbf{E}=\begin{pmatrix}-1&1&1\\0&3&0\\-4&1&4\end{pmatrix}\sim\begin{pmatrix}-1&0&1\\0&1&0\\0&0&0\end{pmatrix}$,解齐次方程组 $(\mathbf{A}+\mathbf{E})\mathbf{x}=\mathbf{0}$,其基础解系为 $\mathbf{p}=\begin{pmatrix}1\\0\\1\end{pmatrix}$,所以 $k_1\mathbf{p}_1(k_1\neq0)$是对应 $\lambda_1=-1$ 的特征向量。

当 $\lambda_2=\lambda_3=2$ 时,$\mathbf{A}-\lambda_{2,3}\mathbf{E}=\begin{pmatrix}-4&1&1\\0&0&0\\-4&1&1\end{pmatrix}\sim\begin{pmatrix}-4&1&1\\0&0&0\\0&0&0\end{pmatrix}$,解齐次线性方程组 $(\mathbf{A}-2\mathbf{E})\mathbf{x}=\mathbf{0}$,其基础解系为 $\mathbf{p}_2=\begin{pmatrix}1\\0\\4\end{pmatrix}$,$\mathbf{p}_3=\begin{pmatrix}0\\1\\-1\end{pmatrix}$,所以 $k_2\mathbf{p}_2+k_3\mathbf{p}_3$($k_2,k_3$ 不同时为零)是对应 $\lambda_{2,3}=2$ 的特征向量。

求 n 阶方阵 **A** 的特征值与特征向量的一般步骤:

(1)写出方阵 **A** 对应的特征多项式$|\mathbf{A}-\lambda\mathbf{E}|$;

(2)求出特征方程$|\mathbf{A}-\lambda\mathbf{E}|=0$ 的全部根 $\lambda_1,\lambda_2,\cdots,\lambda_n$;

(3)把 $\lambda=\lambda_i(i=1,2,\cdots,n)$分别代入齐次线性方程组$|\mathbf{A}-\lambda\mathbf{E}|\mathbf{x}=0$,并求出基础解系,即为 **A** 对应于 λ_i 的特征向量,基础解系的非零线性组合就是矩阵 **A** 对应于 λ_i 的全部特征向量。

二、特征值和特征向量的性质

定理 5.3.1 若 $\mathbf{p}_1$ 和 $\mathbf{p}_2$ 都是方阵 **A** 的属于特征值 λ_0 的特征向量,则 $k_1\mathbf{p}_1+k_2\mathbf{p}_2$ 也是属于 λ_0 的特征向量,其中 $k_1\mathbf{p}_1+k_2\mathbf{p}_2\neq\mathbf{0}$。

换句话说，同一特征值的不同特征向量的非零线性组合仍是属于该特征值的特征向量。

证明：因为 $\mathbf{p}_1$ 和 $\mathbf{p}_2$ 都是方阵 $\mathbf{A}$ 的属于特征值 λ_0 的特征向量，有 $\mathbf{A}\mathbf{p}_1=\lambda_0\mathbf{p}_1$，$\mathbf{A}\mathbf{p}_2=\lambda_0\mathbf{p}_2$。那么，

$$\begin{aligned}\mathbf{A}(k_1\mathbf{p}_1+k_2\mathbf{p}_2)&=\mathbf{A}(k_1\mathbf{p}_1)+\mathbf{A}(k_2\mathbf{p}_2)=k_1\mathbf{A}\mathbf{p}_1+k_2\mathbf{A}\mathbf{p}_2\\&=k_1\lambda_0\mathbf{p}_1+k_2\lambda_0\mathbf{p}_2\\&=\lambda_0(k_1\mathbf{p}_1+k_2\mathbf{p}_2)\end{aligned}。$$

故 $k_1\mathbf{p}_1+k_2\mathbf{p}_2$ 是属于 λ_0 的特征向量($k_1\mathbf{p}_1+k_2\mathbf{p}_2\neq 0$)。□

下面这个定理重点讨论了一下已知特征值和特征向量的矩阵 $\mathbf{A}$ 与和它具有关联结构的矩阵之间的特征值和特征向量是什么样的。

定理 5.3.2　若 λ 是方阵 $\mathbf{A}$ 的特征值，$\mathbf{p}$ 是属于 λ 的特征向量，则

(1)$k\lambda$ 是 $k\mathbf{A}$ 的特征值，对应的特征向量是 $\mathbf{p}$；

(2)λ^m 是 $\mathbf{A}^m$ 的特征值，对应的特征向量是 $\mathbf{p}$；

(3)λ 是 $\mathbf{A}^T$ 的特征值，对应的特征向量是 $\mathbf{p}$；

(4)若 $\mathbf{A}$ 可逆，且 $\lambda\neq 0$，$\dfrac{1}{\lambda}$是 $\mathbf{A}^{-1}$ 的特征值，对应的特征向量是 $\mathbf{p}$；

(5)若 $\lambda\neq 0$，$\dfrac{|\mathbf{A}|}{\lambda}$是 A^* 的特征值，对应的特征向量是 $\mathbf{p}$；

证明：　已知 $\mathbf{A}\mathbf{p}=\lambda\mathbf{p}$，$|\mathbf{A}-\lambda\mathbf{E}|=0$。

(1)$(k\mathbf{A})\mathbf{p}=k(\mathbf{A}\mathbf{p})=k(\lambda\mathbf{p})=(k\lambda)\mathbf{p}$；

(2)$\mathbf{A}^m\mathbf{p}=\mathbf{A}^{m-1}(\mathbf{A}\mathbf{p})=\mathbf{A}^{m-1}(\lambda\mathbf{p})=\lambda\mathbf{A}^{m-2}(\mathbf{A}\mathbf{p})=\lambda^1\mathbf{A}^{m-2}(\lambda\mathbf{p})=\lambda^2\mathbf{A}^{m-2}\mathbf{p}=\cdots=\lambda^m\mathbf{p}$；

(3)$|\mathbf{A}-\lambda\mathbf{E}|=|(\mathbf{A}-\lambda\mathbf{E})^T|=|\mathbf{A}^T-\lambda\mathbf{E}|=0$，所以 λ 是 $\mathbf{A}^T$ 的特征值，又 $(\mathbf{A}-\lambda\mathbf{E})\mathbf{x}=\mathbf{0}$ 与 $(\mathbf{A}^T-\lambda\mathbf{E})\mathbf{x}=\mathbf{0}$ 同解，故 $\mathbf{p}$ 是 λ 的特征向量，亦是 $\mathbf{A}^T$ 的特征向量；

(4)$\mathbf{A}\mathbf{p}=\lambda\mathbf{p}$ 两边同时左乘以 $\mathbf{A}^{-1}$，得 $\mathbf{p}=\lambda\mathbf{A}^{-1}\mathbf{p}$，又因 $\lambda\neq 0$，可得 $\mathbf{A}^{-1}\mathbf{p}=\dfrac{1}{\lambda}\mathbf{p}$；

(5)$\mathbf{A}\mathbf{p}=\lambda\mathbf{p}$ 两边同时左乘以 $\mathbf{A}^*$，得 $|\mathbf{A}|\mathbf{E}=\mathbf{A}^*\mathbf{A}\mathbf{p}=\lambda\mathbf{A}^*\mathbf{p}$，又因 $\lambda\neq 0$，可得 $\mathbf{A}^*\mathbf{p}=\dfrac{|\mathbf{A}|}{\lambda}\cdot\mathbf{p}$。□

定理 5.3.3　若 λ 是方阵 $\mathbf{A}$ 的特征值，则 $\varphi(\lambda)=a_0+a_1\lambda+\cdots+a_m\lambda^m$ 是矩阵多项式 $\varphi(\mathbf{A})=a_0\mathbf{E}+a_1\mathbf{A}+\cdots+a_m\mathbf{A}^m$ 的特征值。

此定理证明利用定理 5.3.2 的结论及特征值定义，交由读者完成。

定理 5.3.4 若 $\lambda_1,\lambda_2,\cdots,\lambda_n$ 是方阵 $\mathbf{A}$ 的 n 个特征值，则：

(1) $\sum_{i=1}^{n}\lambda_i=\sum_{i=1}^{n}a_{ii}=Tr\mathbf{A}$(方阵 $\mathbf{A}$ 的迹)；

(2) $|\mathbf{A}|=\prod_{i=1}^{n}\lambda_i$。

证明：设

$$|\mathbf{A}-\lambda\mathbf{E}|=\begin{vmatrix} a_{11}-\lambda & a_{12} & \cdots & a_{1n} \\ a_{21} & a_{22}-\lambda & \cdots & a_{2n} \\ \vdots & \vdots & & \vdots \\ a_{n1} & a_{n2} & \cdots & a_{nn}-\lambda \end{vmatrix} \tag{I}$$

同时，$|\mathbf{A}-\lambda\mathbf{E}|=\begin{vmatrix} a_{11}-\lambda & 0+a_{12} & \cdots & 0+a_{1n} \\ 0+a_{21} & a_{22}-\lambda & \cdots & 0+a_{2n} \\ \vdots & \vdots & & \vdots \\ 0+a_{n1} & 0+a_{n2} & \cdots & a_{nn}-\lambda \end{vmatrix}$可以表示为 2^n 个行列式之和，其中展开后 λ^{n-1} 项的行列式有 n 个，其常系数为

$$(-1)^{n-1}(a_{11}+a_{22}+\cdots+a_{nn})\lambda^{n-1}=\left((-1)^{n-1}\sum_{i=1}^{n}a_{ii}\right)\lambda^{n-1}$$

即 $c_1=(-1)^{n-1}\sum_{i=1}^{n}a_{ii}$。□

又(I)式中展开后不含 λ 的常数项为 $|\mathbf{A}|$，即 $c_n=(-1)^n|\mathbf{A}|$。$\mathbf{A}$ 的特征值为 $\lambda_1,\lambda_2,\cdots,\lambda_n$，它们均为特征方程 $|\mathbf{A}-\lambda\mathbf{E}|=0$ 的根，再根据 n 次多项式的根和系数的关系得

$$(-1)^n\sum_{i=1}^{n}\lambda_i=c_1=(-1)^{n-1}\sum_{i=1}^{n}a_{ii},$$

$$(-1)^n\prod_{i=1}^{n}\lambda_i=c_n=(-1)^n|\mathbf{A}|,$$

故 $\sum_{i=1}^{n}\lambda_i=\sum_{i=1}^{n}a_{ii}$，$\prod_{i=1}^{n}\lambda_i=|\mathbf{A}|$。□

推论 5.3.1 n 阶方阵 $\mathbf{A}$ 可逆的充分必要条件是 0 不是 $\mathbf{A}$ 的特征值。

当方阵 $\mathbf{A}$ 不可逆，即 $|\mathbf{A}|=0$ 时，0 必然是 $\mathbf{A}$ 的特征值。

定理 5.3.5 设 $\lambda_1,\lambda_2,\cdots,\lambda_m$ 是方阵 $\mathbf{A}$ 的 m 个不同的特征值，$\mathbf{p}_1,\mathbf{p}_2,\cdots,\mathbf{p}_m$ 依次是与之对应的特征向量，则 $\mathbf{p}_1,\mathbf{p}_2,\cdots,\mathbf{p}_m$ 线性无关。

证明：设有常数 $k_1,k_2,\cdots,k_m$ 使得 $k_1\mathbf{p}_1+k_2\mathbf{p}_2+\cdots+k_m\mathbf{p}_m=\mathbf{0}$。两边同时左乘以 $\mathbf{A}$，有

$$\mathbf{A}(k_1\mathbf{p}_1+k_2\mathbf{p}_2+\cdots+k_m\mathbf{p}_m)=\lambda_1k_1\mathbf{p}_1+\lambda_2k_2\mathbf{p}_2+\cdots+\lambda_mk_m\mathbf{p}_m=\mathbf{0},$$

再在两边同时左乘以 **A**,有

$$\mathbf{A}(\lambda_1k_1\mathbf{p}_1+\lambda_2k_2\mathbf{p}_2+\cdots+\lambda_mk_m\mathbf{p}_m)=\lambda_1^2k_1\mathbf{p}_1+\lambda_2^2k_2\mathbf{p}_2+\cdots+\lambda_m^2k_m\mathbf{p}_m=\mathbf{0}。$$

以此类推,有

$$\lambda_1^{m-1}k_1\mathbf{p}_1+\lambda_1^{m-1}k_2\mathbf{p}_2+\cdots+\lambda_m^{m-1}k_m\mathbf{p}_m=\mathbf{0}。$$

将上述等式合写成矩阵的运算形式,有

$$(k_1\mathbf{p}_1,k_2\mathbf{p}_2,\cdots,k_m\mathbf{p}_m)\begin{pmatrix}1&\lambda_1&\cdots&\lambda_1^{m-1}\\1&\lambda_2&\cdots&\lambda_2^{m-1}\\\vdots&\vdots&&\vdots\\1&\lambda_m&\cdots&\lambda_m^{m-1}\end{pmatrix}=\mathbf{0}$$

又由范德蒙行列式可得

$$\begin{vmatrix}1&\lambda_1&\cdots&\lambda_1^{m-1}\\1&\lambda_2&\cdots&\lambda_2^{m-1}\\\vdots&\vdots&&\vdots\\1&\lambda_m&\cdots&\lambda_m^{m-1}\end{vmatrix}=\prod_{1\leqslant i<j\leqslant m}(\lambda_j-\lambda_i)\neq 0$$

所以,$k_i\mathbf{p}_i=\mathbf{0},i=1,2,\cdots,m$,又知 $\mathbf{p}_i$ 是特征向量,有 $\mathbf{p}_i\neq\mathbf{0}$,故 $k_i=0$,其中 $i=1,2,\cdots,m$。

综上所述,$\mathbf{p}_1,\mathbf{p}_2,\cdots,\mathbf{p}_m$ 线性无关。□

例 5.3.3　设 3 阶方阵 **A** 的特征值为 1,−1,2,求 $\mathbf{A}^*+3\mathbf{A}-2\mathbf{E}$ 的特征值。

解:$\mathbf{A}^*+3\mathbf{A}-2\mathbf{E}=|\mathbf{A}|\cdot\mathbf{A}^{-1}+3\cdot\mathbf{A}-2\mathbf{E}$,$|\mathbf{A}|=\lambda_1\cdot\lambda_2\cdot\lambda_3=1\cdot(-1)\cdot 2=-2$,可得多项式

$$\varphi(x)=-2x^{-1}+3x-2,$$

则有 $\varphi(1)=-1,\varphi(-1)=-3,\varphi(2)=3$,故 $\mathbf{A}^*+3\mathbf{A}-2\mathbf{E}$ 的特征值为 −1,−3,3。

例 5.3.4　设 $n(n>1)$ 维向量 $\boldsymbol{\alpha}=\begin{pmatrix}a_1\\a_2\\\vdots\\a_n\end{pmatrix},\boldsymbol{\beta}=\begin{pmatrix}b_1\\b_2\\\vdots\\b_n\end{pmatrix}$ 都是非零向量,且满足

$\boldsymbol{\alpha}^T\boldsymbol{\beta}=0$,有 $\boldsymbol{\beta}^T\boldsymbol{\alpha}=0$,所以 $\mathbf{A}^2=\boldsymbol{\alpha}\boldsymbol{\beta}^T\boldsymbol{\alpha}\boldsymbol{\beta}=\mathbf{0}$。设 λ 为 **A** 的特征值,$\boldsymbol{\zeta}$ 是属于 λ 的特征向量,有 $\mathbf{A}\boldsymbol{\zeta}=\lambda\boldsymbol{\zeta}$,进而有 $\mathbf{A}^2\boldsymbol{\zeta}=\lambda^2\boldsymbol{\zeta}=\mathbf{0}$,又 $\boldsymbol{\zeta}\neq\mathbf{0}$,故 $\lambda=0$。

将 $\lambda=0$ 代入 $(\mathbf{A}-\lambda\mathbf{E})\mathbf{x}=\mathbf{0}$ 中,并解该齐次线性方程组,由于 $\boldsymbol{\alpha}\neq\mathbf{0},\boldsymbol{\beta}\neq\mathbf{0}$,不妨设 $a_1\neq\mathbf{0},b_1\neq\mathbf{0}$ 对矩阵 **A** 进行初等行变换,如下可得

$$\mathbf{A}=\begin{pmatrix} a_1b_1 & a_1b_2 & \cdots & a_1b_n \\ a_2b_1 & a_2b_2 & \cdots & a_2b_n \\ \vdots & \vdots & & \vdots \\ a_nb_1 & a_nb_2 & \cdots & a_nb_n \end{pmatrix} \sim \begin{pmatrix} b_1 & b_2 & \cdots & b_n \\ 0 & 0 & \cdots & 0 \\ \vdots & \vdots & & \vdots \\ 0 & 0 & \cdots & 0 \end{pmatrix}$$

因此,齐次线性方程组$(\mathbf{A}-\lambda\mathbf{E})\mathbf{x}=\mathbf{0}$的基础解系为

$$\boldsymbol{\zeta}_1=\begin{pmatrix} -b_2 \\ b_1 \\ 0 \\ \vdots \\ 0 \end{pmatrix},\boldsymbol{\zeta}_2=\begin{pmatrix} -b_3 \\ 0 \\ b_1 \\ \vdots \\ 0 \end{pmatrix},\cdots,\boldsymbol{\zeta}_{n-1}\begin{pmatrix} -b_n \\ 0 \\ 0 \\ \vdots \\ b_1 \end{pmatrix}$$

故方阵 $\mathbf{A}$ 属于 $\lambda=0$ 的特征向量是 $k_1\boldsymbol{\zeta}_1+k_2\boldsymbol{\zeta}_2+\cdots+k_{n-1}\boldsymbol{\zeta}_{n-1}$,其中 $k_1,k_2,\cdots,k_{n-1}$ 为不全为零的任意实数。

例 5.3.5 设 $\mathbf{A}$、$\mathbf{B}$ 均为 n 阶方阵,且满足 $R(\mathbf{A})+R(\mathbf{B})<n$。

证明:(1)$\mathbf{A}$ 与 $\mathbf{B}$ 有一个相同的特征值 λ_0;

(2)存在非零 n 维列向量 $\boldsymbol{\zeta}$ 是 $\mathbf{A}$ 的属于的特征向量 λ_0,又是 $\mathbf{B}$ 的属于 λ_0 的特征向量。

证明:(1)因为 $R(\mathbf{A})+R(\mathbf{B})<n$,有 $R(\mathbf{A})<n$,$R(\mathbf{B})<n$,那么 $|\mathbf{A}|=0$,$|\mathbf{B}|=0$,所以 $\mathbf{A}$ 与 $\mathbf{B}$ 有一个相同的特征值,即 $\lambda_0=0$。

(2)因为 $R(\mathbf{A})+R(\mathbf{B})<n$,则有 $R\begin{pmatrix}\mathbf{A}\\ \mathbf{B}\end{pmatrix}\leqslant R(\mathbf{A})+R(\mathbf{B})<n$,故齐次线性方程组 $\begin{pmatrix}\mathbf{A}\\ \mathbf{B}\end{pmatrix}\mathbf{x}=\mathbf{0}$ 有非零解。设 $\boldsymbol{\zeta}$ 为该齐次线性方程组的某个非零解,可得 $\mathbf{A}\boldsymbol{\zeta}=\mathbf{0}$ 且 $\mathbf{B}\boldsymbol{\zeta}=\mathbf{0}$,整理后得 $\mathbf{A}\boldsymbol{\zeta}=0\cdot\boldsymbol{\zeta}$ 且 $\mathbf{B}\boldsymbol{\zeta}=0\cdot\boldsymbol{\zeta}$,故 $\boldsymbol{\zeta}$ 为 $\mathbf{A}$ 的属于 λ_0 的特征向量,又是 $\mathbf{B}$ 的属于 λ_0 的特征向量。

定理 5.3.6 设 $\lambda_1,\lambda_2,\cdots,\lambda_m$ 是 n 阶矩阵 $\mathbf{A}$ 的 m 个互异的特征值,对应于 λ_i 的线性无关的特征向量为 $\mathbf{p}_{i_1},\mathbf{p}_{i_2},\cdots,\mathbf{p}_{i_{r_i}}$ $(i=1,2,\cdots,m)$,则由所有这些特征向量(共 $r_1+r_2+\cdots+r_m$ 个)构成的向量组是线性无关的。

证明:设

$$\sum_{i=1}^{m}\left(k_{i_1}\mathbf{p}_{i_1}+k_{i_2}\mathbf{p}_{i_2}+\cdots+\mathbf{k}_{i_{r_i}}\mathbf{p}_{i_{r_i}}\right)=\mathbf{0} \tag{I}$$

记

$$\mathbf{y}_i=k_{i_1}\mathbf{p}_{i_1}+k_{i_2}\mathbf{p}_{i_2}+\cdots+k_{i_{r_i}}\mathbf{p}_{i_{r_i}},i=1,2,\cdots,m$$

(I)式可化为

$$\mathbf{y}_i+\mathbf{y}_2+\cdots+\mathbf{y}_m=0 \tag{Ⅱ}$$

显然，$\mathbf{y}_i$ 是属于 λ_i 的特征向量或零向量，根据定理 5.3.5，(Ⅱ)式中的 $\mathbf{y}_1$，$\mathbf{y}_2$，…，$\mathbf{y}_m$ 都不是特征向量。假设其中含特征向量，因特征向量为非零向量，而属于不同特征值的特征向量线性无关，自然有 $\mathbf{y}_1+\mathbf{y}_2+\cdots+\mathbf{y}_m\neq\mathbf{0}$，与(Ⅱ)式矛盾。因此，$\mathbf{y}_i=\mathbf{0}$，其中 $i=1,2\cdots,m$，又 $\boldsymbol{p}_{i_1},\boldsymbol{p}_{i_2},\cdots,\boldsymbol{p}_{i_{r_1}}$ 线性无关，那么 $k_{i_1}=k_{i_2}\cdots=k_{i_{r_i}}=0,i=1,2,\cdots,m$。

综上所述，不同特征值的线性无关的特征向量构成的向量组依然线性无关。

三、特征值、特征向量与不变子空间

定义 5.3.3　设 σ 是实数域上线性空间 V 的一个线性变换，W 是 V 的子空间，如果 W 中的元素在 σ 下的像仍然在 W 中，即 $\forall\boldsymbol{\alpha}\in W$，有 $\sigma(\boldsymbol{\alpha})\in W$，则称 W 是 σ 的**不变子空间**，简称 **$\boldsymbol{\sigma}$一子空间**。

显然，任意线性空间 V 和零子空间$\{\mathbf{0}\}$，对于其上的任意线性变换 σ 而言都是 σ一子空间。线性空间 V 上的线性变换 σ 的值域和核也都是 σ一子空间。另一方面，任何一个线性子空间都是数乘变换的不变子空间。这些结论，读者可以根据不变子空间的定义一一验证。

请读者回忆一下，我们在前面学习线性映射以及矩阵的定义时，不难发现，对于 n 阶方阵 **A** 可以看作是一个 n 维向量空间到自身的一个线性映射。那么对于 n 阶方阵 **A**，λ 为矩阵 **A** 的特征值，假设 $\mathbf{p}_1,\mathbf{p}_2$ 是属于 λ 的任意两个特征向量。可以验证，它们的非零线性组合 $k_1\mathbf{p}_1+k_2\mathbf{p}_2$ 也是属于 λ 的特征向量，其中 $k_1^2+k_2^2\neq0$。那么矩阵 **A** 的特征值 λ 的全体特征向量以及零向量共同构成一个向量集合，并且是一个线性空间，记作 V_λ。而矩阵 **A** 作为这个线性空间的线性映射是将该空间的每个向量变化 λ 倍。从不变子空间的角度来看，V_λ 是 **A** 的不变子空间。通常来讲，V_λ 的维数小于等于特征值 λ 的代数重数，具体可参见本章第四节内容分析。

我们还可以从另一个角度来欣赏特征值与特征向量。首先看一个例子，实数域上全体一元可微函数构成的集合对于函数的加法和数乘运算显然是一个线性空间，记作 $F[x]$，$f(x)\in F[x]$是一元可微函数。令 $f(x)$的导数 $f'(x)$与它对应，即 $\sigma(f(x))=f'(x)$。由导数的运算性质可知 σ 是 $F[x]$上的一个线性变换。同时，我们发现，对于此线性变换 σ，e^x 是属于 $\lambda=1$ 的“特征向量”，而 e^{ax} 是属于 $\lambda=a$ 的“特征向量”，并且都可以构成一个 1 维不变子空间。

习题 5—3

1. 计算下列矩阵的特征值和特征向量。

(1)$\begin{pmatrix} 1 & 0 \\ \frac{1}{5} & -3 \end{pmatrix}$；　　(2)$\begin{pmatrix} -1 & 3 & 3 \\ 3 & -1 & 3 \\ 3 & 3 & -1 \end{pmatrix}$；

(3)$\mathbf{\Lambda}=\begin{pmatrix} \lambda_1 & 0 & \cdots & 0 \\ 0 & \lambda_2 & \cdots & 0 \\ \vdots & \vdots & & \vdots \\ 0 & 0 & \vdots & \lambda_n \end{pmatrix}$。

2. 若 $\boldsymbol{\alpha}=\begin{pmatrix} a_1 \\ a_2 \\ \vdots \\ a_n \end{pmatrix}$，$\boldsymbol{\beta}=\begin{pmatrix} b_1 \\ b_2 \\ \vdots \\ b_n \end{pmatrix}$均为非零向量，且满足 $\boldsymbol{\alpha}^T\boldsymbol{\beta}=0$，令 $\mathbf{A}=\boldsymbol{\alpha}\boldsymbol{\beta}^T$，求 $\mathbf{A}$ 的特征值和特征向量以及 $\mathbf{A}^n$。

3. 设矩阵 $\mathbf{A}=\begin{pmatrix} 1 & -2 & 3 \\ a_{21} & a_{22} & a_{23} \\ a_{31} & a_{32} & a_{33} \end{pmatrix}$有特征向量 $\boldsymbol{\zeta}_1=\begin{pmatrix} 1 \\ 2 \\ 1 \end{pmatrix}$，$\boldsymbol{\zeta}_2=\begin{pmatrix} -1 \\ 1 \\ 1 \end{pmatrix}$，$\boldsymbol{\zeta}_3=\begin{pmatrix} -1 \\ 2 \\ 2 \end{pmatrix}$，求线性方程组 $\mathbf{Ax}=\mathbf{b}$ 的通解，其中 $\mathbf{Ax}=\mathbf{b}=\begin{pmatrix} 1 \\ 2 \\ 2 \end{pmatrix}$。

4. 已知矩阵 $\mathbf{A}=\begin{pmatrix} 1 & 1 & -1 \\ 1 & -1 & a \\ -1 & a & 0 \end{pmatrix}$，其中 $\lambda=1$ 是其特征值，求参数 a。

5. 设矩阵 $\mathbf{A}$ 是 4 阶方阵，且有 $|\mathbf{A}+\sqrt{3}\mathbf{E}|=0$，$\mathbf{A}\cdot\mathbf{A}^T=3\mathbf{E}$，$|\mathbf{A}|<0$，求 $\mathbf{A}^*$ 的一个特征值。

6. 设 n 阶方阵 $\mathbf{A}$ 的各行元素之和为常数 n，证明：$\lambda=n$ 是 $\mathbf{A}$ 的一个特征值，向量 $\boldsymbol{\alpha}=\begin{pmatrix} 1 \\ 1 \\ \vdots \\ 1 \end{pmatrix}$是对应的特征向量。

第四节 相似矩阵与矩阵的对角化

中学的时候，我们学习过相似三角形，这类三角形对应角相等，形状相似，虽边长、面积大小各不相同，但对应边与面积相应地具有比例关系。在矩阵中，我们对矩阵的“相等”要求是很“苛刻”的，而现实中总存在不完全相等，但在某些性质上比较类似的矩阵。本节我们先来学习一种新的矩阵关系——相似，尽管相似矩阵不相等，但它们在重要的特性上具有相同或相似性，使得我们可以简化矩阵结构，更加明确线性变换的特点。

一、相似矩阵的概念和性质

定义 5.4.1 设 $\mathbf{A}$、$\mathbf{B}$ 都是 n 阶方阵，若存在可逆矩阵 $\mathbf{P}$，使得 $\mathbf{P}^{-1}\mathbf{AP}=\mathbf{B}$，则称 $\mathbf{B}$ 是 $\mathbf{A}$ 的**相似矩阵**，或称矩阵 $\mathbf{A}$ 与 $\mathbf{B}$ 相似，$\mathbf{P}$ 称为把 $\mathbf{A}$ 变成 $\mathbf{B}$ 的**相似变换矩阵**。

显然，矩阵的相似关系也是一种等价关系，即满足反身性、对称性和传递性，相关证明利用定义很容易推导，此处不再赘述。矩阵 $\mathbf{A}$ 与 $\mathbf{B}$ 相似，则 $\mathbf{A}$ 与 $\mathbf{B}$ 必然等价，反之不成立。除此以外，相似矩阵还有如下许多共同特性。

定理 5.4.1 若方阵 $\mathbf{A}$ 与 $\mathbf{B}$ 相似，则

(1)$\mathbf{A}$ 与 $\mathbf{B}$ 有相同的特征多项式和特征值；

(2)$|\mathbf{A}|=|\mathbf{B}|$；

(3)$R(\mathbf{A})=R(\mathbf{B})$；

(4)$\mathbf{A}^m$ 与 $\mathbf{B}^m$ 相似，$\mathbf{A}^T$ 与 $\mathbf{B}^T$ 相似，$k\mathbf{A}$ 与 $k\mathbf{B}$ 相似(其中 $k\neq0$)；

(5)若 $\mathbf{A}$、$\mathbf{B}$ 可逆，则 $\mathbf{A}^{-1}$ 与 $\mathbf{B}^{-1}$ 相似，$\mathbf{A}^*$ 与 $\mathbf{B}^*$ 相似；

(6)矩阵多项式 $\varphi(\mathbf{A})$ 与 $\varphi(\mathbf{B})$ 相似。

证明：已知 $\mathbf{A}$ 与 $\mathbf{B}$ 相似，即存在可逆矩阵 $\mathbf{p}$，使得 $\mathbf{B}=\mathbf{p}^{-1}\mathbf{AP}$，于是有

(1)$|\mathbf{B}-\lambda\mathbf{E}|=|\mathbf{P}^{-1}\mathbf{AP}-\lambda\mathbf{P}^{-1}\mathbf{EP}|=|\mathbf{P}^{-1}(\mathbf{A}-\lambda\mathbf{E})\mathbf{P}|$

$$=|\mathbf{P}^{-1}|\cdot|(\mathbf{A}-\lambda\mathbf{E})|\cdot|\mathbf{P}|=|\mathbf{A}-\lambda\mathbf{E}|;$$

(2)$|\mathbf{B}|=|\mathbf{P}^{-1}\mathbf{AP}|=|\mathbf{P}^{-1}|\cdot|\mathbf{A}|\cdot|\mathbf{P}|=|\mathbf{A}|$；

(3)因 $\mathbf{A}$ 与 $\mathbf{B}$ 相似，则 $\mathbf{A}$ 与 $\mathbf{B}$ 等价，所以 $R(\mathbf{A})=R(\mathbf{B})$；

(4)$\mathbf{B}^m=(\mathbf{P}^{-1}\mathbf{AP})^m=\mathbf{P}^{-1}\mathbf{AP}\cdot\mathbf{P}^{-1}\mathbf{AP}\cdots\mathbf{P}^{-1}\mathbf{AP}=\mathbf{P}^{-1}\mathbf{A}^m\mathbf{P}$；

$\mathbf{B}^T=(\mathbf{P}^{-1}\mathbf{AP})^T=\mathbf{P}^T\mathbf{A}^T(\mathbf{P}^{-1})^T=[(\mathbf{P}^T)^{-1}]^{-1}\mathbf{A}^T(\mathbf{P}^{-1})^T=[(\mathbf{P}^{-1})^T]^{-1}\mathbf{A}^T(\mathbf{P}^{-1})^T$，其中 $(\mathbf{P}^{-1})^T$ 矩阵是可逆矩阵；

$k\mathbf{B}=k(\mathbf{P}^{-1}\mathbf{AP})=\mathbf{P}^{-1}(k\mathbf{A})\mathbf{P}$；

(5) $\mathbf{B}^{-1}=(\mathbf{P}^{-1}\mathbf{AP})^{-1}=\mathbf{P}^{-1}\mathbf{A}^{-1}(\mathbf{P}^{-1})^{-1}=\mathbf{P}^{-1}\mathbf{A}^{-1}\mathbf{P}$;

$\mathbf{B}^*=|\mathbf{B}|\mathbf{B}^{-1}=|\mathbf{A}|(\mathbf{P}^{-1}\mathbf{AP})^{-1}=\mathbf{P}^{-1}(|\mathbf{A}|\mathbf{A}^{-1})(\mathbf{P}^{-1})^{-1}=\mathbf{P}^{-1}\mathbf{A}^*\mathbf{P}$;

(6)设矩阵多项式 $\varphi(\mathbf{B})=a_m\mathbf{B}^m+a_{m-1}\mathbf{B}^{m-1}+\cdots+a_1\mathbf{B}+a_0\mathbf{E}$,进一步可得

$$\begin{aligned}\varphi(\mathbf{B})&=a_m\mathbf{B}^m+a_{m-1}\mathbf{B}^{m-1}+\cdots+a_1\mathbf{B}+a_0\mathbf{E}\\&=a_m(\mathbf{P}^{-1}\mathbf{AP})^m+a_{m-1}(\mathbf{P}^{-1}\mathbf{AP})^{m-1}+\cdots+a_1(\mathbf{P}^{-1}\mathbf{AP})+a_0\mathbf{P}^{-1}\mathbf{EP}\\&=\mathbf{P}^{-1}(a_m\mathbf{A}^m+a_{m-1}\mathbf{A}^{m-1}+\cdots+a_1\mathbf{A}+a_0\mathbf{E})\mathbf{P}\\&=\mathbf{P}^{-1}\varphi(\mathbf{A})\mathbf{P}。\square\end{aligned}$$

注意:定理 5.4.1 的逆命题均不成立。也就是说,两个矩阵即便具有相同的特征值,也不一定是相似的。例如,$\mathbf{E}=\begin{pmatrix}1&0\\0&1\end{pmatrix}$,$\mathbf{A}=\begin{pmatrix}1&1\\0&1\end{pmatrix}$都以 1 为二重特征值,但对于任何可逆矩阵 $\mathbf{P}$,我们知道 $\mathbf{P}^{-1}\mathbf{EP}=\mathbf{E}\neq\mathbf{A}$,所以 $\mathbf{A}$ 与 $\mathbf{E}$ 不相似。

二、矩阵的对角化

对角矩阵是最简单的一类矩阵,它不仅结构简单,而且运算极其“便利”。矩阵的对角化指的是矩阵与对角矩阵相似,下面重点介绍哪些矩阵可以和对角矩阵相似,如何确定相似变换矩阵?我们先讨论矩阵可对角化的条件,然后再介绍如何进行对角化。

定理 5.4.2 n 阶方阵 $\mathbf{A}$ 与对角矩阵相似的充分必要条件是 $\mathbf{A}$ 有 n 个线性无关的特征向量。

证明:“⇒”设 $\mathbf{A}$ 与对角矩阵 $\mathbf{\Lambda}$ 相似,则存在可逆矩阵 $\mathbf{P}$,使得 $\mathbf{P}^{-1}\mathbf{AP}=\mathbf{\Lambda}$,得 $\mathbf{AP}=\mathbf{P\Lambda}$,把 $\mathbf{P}$ 记作向量组的形式,则有

$$\mathbf{A}(\mathbf{p}_1,\mathbf{p}_2,\cdots,\mathbf{p}_n)=(\mathbf{p}_1,\mathbf{p}_2,\cdots,\mathbf{p}_n)\begin{pmatrix}\lambda_1&&&\\&\lambda_2&&\\&&\ddots&\\&&&\lambda_n\end{pmatrix}$$

得 $\mathbf{Ap}_i=\lambda_i\mathbf{p}_i,i=1,2\cdots,n$。

因为 $\mathbf{P}$ 可逆,所以 $\mathbf{p}_i\neq\mathbf{0},i=1,2,\cdots,n$ 且 $\mathbf{p}_1,\mathbf{p}_2,\cdots,\mathbf{p}_n$ 线性无关。同时,$\mathbf{p}_i$ 是 $\mathbf{A}$ 的属于特征值 λ_i 的特征向量,即矩阵 $\mathbf{A}$ 有 n 个线性无关的特征向量。

“⇐”必要性的推证过程显然可逆,即充分性也成立。□

由此定理,我们可以得到,若 $\mathbf{A}$ 与对角阵 $\mathbf{\Lambda}$ 相似,则 $\mathbf{\Lambda}$ 的主对角线元素都是 $\mathbf{A}$ 的特征值,若不计 λ_i 的排列顺序,则 $\mathbf{\Lambda}$ 是唯一的,$\mathbf{\Lambda}$ 称为 $\mathbf{A}$ 的**相似标准形**。

推论 5.4.1 若 n 阶方阵 $\mathbf{A}$ 有 n 个不同的特征值,则 $\mathbf{A}$ 与对角矩阵相似。

但是,当方阵 $\mathbf{A}$ 的特征方程有重根时,不一定有 n 个线性无关的特征向量。

例如，$\mathbf{A}=\begin{pmatrix}3 & 2 & -2\\ -1 & -1 & 1\\ 4 & 2 & -3\end{pmatrix}$，矩阵 $\mathbf{A}$ 的特征多项式 $|\mathbf{A}-\lambda\mathbf{E}|=(1-\lambda)(1+\lambda)^2$，特征值为 $\lambda_1=1,\lambda_{2,3}=-1$。当 $\lambda_1=1$ 时，$(\mathbf{A}-\lambda\mathbf{E})\mathbf{x}=\mathbf{0}$ 的基础解系为 $\mathbf{p}_1=\begin{pmatrix}1\\0\\1\end{pmatrix}$；当 $\lambda_{2,3}=-1$ 时，$(\mathbf{A}+\mathbf{E})\mathbf{x}=\mathbf{0}$ 的基础解系为 $\mathbf{p}_2=\begin{pmatrix}1\\-1\\1\end{pmatrix}$。矩阵 $\mathbf{A}$ 只有 2 个线性无关的特征向量，因此矩阵 $\mathbf{A}$ 不能对角化。

同时，我们也发现，前例矩阵 $\mathbf{A}$ 不能对角化的一个关键点在于 $\lambda_{2,3}=-1$，特征根的重数为 $k=2$，但齐次线性方程组 $(\mathbf{A}-\lambda_{2,3}\mathbf{E})\mathbf{x}=\mathbf{0}$ 的解空间的维数为 $n-R(\mathbf{A}+\mathbf{E})=3-2=1\neq k$。因此，我们可以得到如下两个重要定理，用以判断矩阵是否可以对角化。

定理 5.4.3　若 λ_0 是 n 阶方阵 $\mathbf{A}$ 的一个 k 重特征根，对应于 λ_0 的线性无关的特征向量的最大个数为 l，则 $k\geqslant l$。

证明：反证法。假设 $k<l$，$\mathbf{p}_1,\mathbf{p}_2,\cdots,\mathbf{p}_l$ 是属于 λ_0 的线性无关的特征向量，将 $\mathbf{p}_1,\mathbf{p}_2,\cdots,\mathbf{p}_l$ 扩充为 n 维线性空间的一组基，如下：

$$\mathbf{p}_1,\mathbf{p}_2,\cdots,\mathbf{p}_l,\mathbf{p}_{l+1},\cdots,\mathbf{p}_n,$$

其中，$\mathbf{p}_{l+1},\cdots,\mathbf{p}_n$ 不是 $\mathbf{A}$ 的属于 λ_0 的特征向量，但 $\mathbf{A}\mathbf{p}_m(m=l+1,\cdots,n)$ 可由基 $\mathbf{p}_1,\mathbf{p}_2,\cdots,\mathbf{p}_l,\mathbf{p}_{l+1},\cdots,\mathbf{p}_n$ 线性表示，那么有下面的矩阵等式

$$\mathbf{A}(\mathbf{p}_1,\mathbf{p}_2,\cdots,\mathbf{p}_l,\mathbf{p}_{l+1},\cdots,\mathbf{p}_n)=\mathbf{p}_1,\mathbf{p}_2,\cdots,\mathbf{p}_l,\mathbf{p}_{l+1},\cdots,\mathbf{p}_n\begin{pmatrix}\lambda_0 & & & \vdots & \\ & \ddots & & \vdots & \mathbf{A}_1\\ & & \lambda_0 & \vdots & \\ \cdots & \cdots & \cdots & \vdots & \cdots\\ & \mathbf{0} & & \vdots & \mathbf{A}_2\end{pmatrix}$$

即 $\mathbf{AP}=\mathbf{P}\begin{pmatrix}\lambda_0\mathbf{E}_l & \vdots & \mathbf{A}_1\\ \cdots & \vdots & \cdots\\ \mathbf{0} & \vdots & \mathbf{A}_2\end{pmatrix}$，其中 $\mathbf{P}=(\mathbf{p}_1,\mathbf{p}_2,\cdots,\mathbf{p}_l,\mathbf{p}_{l+1},\cdots,\mathbf{p}_n)$，

则有

$$\mathbf{P}^{-1}\mathbf{AP}=\begin{pmatrix}\lambda_0\mathbf{E}_l & \mathbf{A}_1\\ \mathbf{0} & \mathbf{A}_2\end{pmatrix}。$$

又知相似矩阵的特征多项式相等，可得

$$
\begin{aligned}
|\mathbf{A}-\lambda\mathbf{E}| &= \begin{vmatrix} (\lambda_0-\lambda)\mathbf{E}_l & \mathbf{A}_1 \\ \mathbf{0} & \mathbf{A}_2-\lambda\mathbf{E}_{n-l} \end{vmatrix} \\
&= |(\lambda-\lambda_0)\mathbf{E}_l|\cdot|\mathbf{A}_2-\lambda\mathbf{E}_{n-l}| \\
&= (\lambda-\lambda_0)^l|\mathbf{A}_2-\lambda\mathbf{E}_{n-l}| \\
&= (\lambda-\lambda_0)^l g(\lambda)
\end{aligned}
$$

其中 $g(\lambda)$是$|\mathbf{A}_2-\lambda\mathbf{E}_{n-l}|$是 λ 的 $n-l$ 次多项式。又知 λ_0 至少是 $\mathbf{A}$ 的 $l(l>k)$ 重特征值，与 λ_0 是 k 重特征值矛盾。故 $k\geqslant l$。□

定理 5.4.4 n 阶方阵 $\mathbf{A}$ 可对角化的充分必要条件是 $\mathbf{A}$ 的每一个 k_i 重特征值 $\lambda_i(i=1,2,\cdots,m)$都对应有个 k_i 线性无关的特征向量，或者 $R(\mathbf{A}-\lambda_i\mathbf{E})=n-k_i$，$\sum\limits_{i=1}^{m}k_i=n$。

证明：设$|\mathbf{A}-\lambda_i\mathbf{E}|=\prod\limits_{i=1}^{m}(\lambda-\lambda_i)^{k_i}$，其中，$\lambda_i,\lambda_2,\cdots,\lambda_m\in\mathbb{C}$ 为矩阵 $\mathbf{A}$ 的互不相同的特征值，又有 $\sum\limits_{i=1}^{m}k_i=n$。

"$\Leftarrow$"属于 λ_i 的特征向量有 k_i 个是线性无关的，又有 m 个互异的特征值，则矩阵 $\mathbf{A}$ 有 n 个线性无关的特征向量，根据定理 5.4.2 可知，矩阵 $\mathbf{A}$ 与对角矩阵相似，即 $\mathbf{A}$ 可对角化。

"$\Rightarrow$"反证法。假设某一特征值 λ_i 所对应的线性无关的特征向量的最大个数 l_i 小于λ_i 的重数k_i，即 $l_i<\lambda_i$，根据定理 5.4.3 可知，$\mathbf{A}$ 的线性无关的特征向量的个数小于 n，说明 $\mathbf{A}$ 不能对角化，与已知矛盾。故 $\mathbf{A}$ 的每一个 k_i 重特征值 $\lambda_i(i=1,2,\cdots,m)$对应有 k_i 个线性无关的特征向量。□

从不变子空间的角度来理解对角化，n 阶方阵 $\mathbf{A}$ 可对角化的充分必要条件是线性变换 $\mathbf{A}$ 的每一个不变子空间 $V_{\lambda_i}(i=1,2,\cdots,m)$的维数等于特征值 λ_i 的重数 k_i，即 $\mathbf{A}$ 的所有不变子空间的维数和等于整个向量空间的维数。

三、矩阵对角化的步骤

前面，我们介绍了如何判断一个方阵 $\mathbf{A}$ 是否可以实现对角化。下面，我们来学习，矩阵对角化的实操步骤：

(1)写出方阵 $\mathbf{A}$ 的特征多项式$|\mathbf{A}-\lambda\mathbf{E}|$；

(2)求出特征方程$|\mathbf{A}-\lambda\mathbf{E}|=0$ 的全部特征根 $\lambda_1,\lambda_2,\cdots,\lambda_m$ 及其重数分别为 $k_1,k_2,\cdots,k_m$，有 $\sum\limits_{i=1}^{m}k_i=n$；

(3)判断 $R(\mathbf{A}-\lambda_i\mathbf{E})=n-k_i, i=1,2,\cdots,m$ 是否成立，若对于某个 λ_i 不成立，则矩阵 **A** 不能对角化；若对于每一个 λ_i 前式都成立，则 **A** 可以对角化，执行第 4 步操作；

(4)把 $\lambda=\lambda_i(i=1,2,\cdots,m)$ 分别代入齐次线性方程组 $(\mathbf{A}-\lambda_i\mathbf{E})\mathbf{x}=\mathbf{0}$，并得其基础解系 $\mathbf{p}_{i_1},\mathbf{p}_{i_2},\cdots\mathbf{p}_{i_{k_i}}$；

(5)得可逆矩阵 **P**，**P** 是由第 4 步所求的 n 个线性无关的特征向量构成的，矩阵 **A** 可对角化为 $\mathbf{P}^{-1}\mathbf{A}\mathbf{P}=\mathbf{\Lambda}$，其中 $\mathbf{\Lambda}$ 中元素的排列次序应与 **P** 中列向量的排列次序相对应，即 $\mathbf{p}_{i_1},\mathbf{p}_{i_2},\cdots\mathbf{p}_{i_{k_i}}$ 是属于 λ_i 的特征向量。

例 5.4.1　设矩阵 $\mathbf{A}=\begin{pmatrix}2&0&0\\0&0&1\\0&1&x\end{pmatrix}$ 与 $\mathbf{B}=\begin{pmatrix}2&0&0\\0&y&0\\0&0&-1\end{pmatrix}$ 相似。

(1)求 x,y；

(2)求一个可逆矩阵 **P**，使得 $\mathbf{P}^{-1}\mathbf{A}\mathbf{P}=\mathbf{B}$。

解：(1)因 **A** 与 **B** 相似，特征多项式相等，特征值相同，有

$$|\mathbf{A}-\lambda\mathbf{E}|=|\mathbf{B}-\lambda\mathbf{E}|。$$

再利用多项式相等，可得

$$\lambda^2-x\lambda-1=\lambda^2+(1-y)\lambda-y$$

因此，

$$\begin{cases}-x=1-y\\-1=-y\end{cases}，即\begin{cases}y=1\\x=0\end{cases}。$$

(2) $\mathbf{A}=\begin{pmatrix}2&0&0\\0&0&1\\0&1&0\end{pmatrix}$，$\mathbf{B}=\begin{pmatrix}2&0&0\\0&1&0\\0&0&-1\end{pmatrix}$，**A** 的特征值为 $\lambda_1=2,\lambda_2=1,\lambda_3=-1$。

$\lambda_1=2$ 代入 $(\mathbf{A}-\lambda\mathbf{E})\mathbf{x}=\mathbf{0}$，得 $(\mathbf{A}-2\mathbf{E})\mathbf{x}=\mathbf{0}$ 的基础解系为 $\mathbf{p}_1=\begin{pmatrix}1\\0\\0\end{pmatrix}$；

$\lambda_2=1$ 代入 $(\mathbf{A}-\mathbf{E})\mathbf{x}=\mathbf{0}$，得基础解系为 $\mathbf{p}_2=\begin{pmatrix}0\\1\\1\end{pmatrix}$；

$\lambda_3=-1$ 代入 $(\mathbf{A}+\mathbf{E})\mathbf{x}=\mathbf{0}$ 得基础解系为 $\mathbf{p}_3=\begin{pmatrix}0\\1\\-1\end{pmatrix}$。

综上，可得逆矩阵 $\mathbf{P}=\begin{pmatrix}1&0&0\\0&1&1\\0&1&-1\end{pmatrix}$，使得 $\mathbf{P}^{-1}\mathbf{AP}=\mathbf{B}$。

例 5.4.2 $\mathbf{A}=\begin{pmatrix}1&0&0&0\\a&1&0&0\\a_1&b&2&0\\a_2&b_1&c&2\end{pmatrix}$，问 a,b,c,a_1,a_2,b_1 满足什么条件时，矩阵 $\mathbf{A}$ 可对角化？

解：特征方程为 $|\mathbf{A}-\lambda\mathbf{E}|=(1-\lambda)^2(2-\lambda)^2=0$，特征值为 $\lambda_{1,2}=1$，$\lambda_{3,4}=2$。预使 $\mathbf{A}$ 可对角化，则须 $R(\mathbf{A}-\mathbf{E})=n-2=4-2=2$ 且 $R(\mathbf{A}-2\mathbf{E})=2$，即

$$\mathbf{A}-\mathbf{E}=\begin{pmatrix}0&0&0&0\\a&0&0&0\\a_1&b&1&0\\a_2&b_2&c&1\end{pmatrix},\mathbf{A}-2\mathbf{E}=\begin{pmatrix}-1&0&0&0\\a&-1&0&0\\a_1&b&0&0\\a_2&b_1&c&0\end{pmatrix}\sim\begin{pmatrix}-1&0&0&0\\0&-1&0&0\\0&0&c&0\\0&0&0&0\end{pmatrix},$$

须 $R(\mathbf{A}-\mathbf{E})=2$，$R(\mathbf{A}-2\mathbf{E})=2$，那么分别有 $a=0,c=0$。故 $a=c=0$，a_1，a_2，b，b_1 为任意实数时，$\mathbf{A}$ 可对角化。

例 5.4.3 将矩阵 $\mathbf{A}=\begin{pmatrix}3&2&-1\\-2&-2&2\\3&6&-1\end{pmatrix}$ 对角化。

解：矩阵 $\mathbf{A}$ 的特征多项式为

$$\begin{aligned}|\mathbf{A}-\lambda\mathbf{E}|&=\begin{vmatrix}3-\lambda&2&-1\\-2&-2-\lambda&2\\3&6&-1-\lambda\end{vmatrix}\\&=-(\lambda^3-12\lambda+16)\\&=-(\lambda-2)^2(\lambda+4)\end{aligned}$$

$\mathbf{A}$ 的特征值为 $\lambda_1=\lambda_2=2,\lambda_3=-4$。

当 $\lambda_1=\lambda_2=2$ 时，对应的齐次线性方程组为

$$\begin{pmatrix}1&2&-1\\-2&-4&2\\3&6&-3\end{pmatrix}\begin{pmatrix}x_1\\x_2\\x_3\end{pmatrix}=\begin{pmatrix}0\\0\\0\end{pmatrix},$$

可得其一个基础解系 $\boldsymbol{\alpha}_1=\begin{pmatrix}-2\\1\\0\end{pmatrix},\boldsymbol{\alpha}_2=\begin{pmatrix}1\\0\\1\end{pmatrix}$。

当 $\lambda_3=-4$ 时，对应的齐次线性方程组为

$$\begin{pmatrix}7 & 2 & -1\\ -2 & 2 & 2\\ 3 & 6 & 3\end{pmatrix}\begin{pmatrix}x_1\\ x_2\\ x_3\end{pmatrix}=\begin{pmatrix}0\\ 0\\ 0\end{pmatrix},$$

可得其基础解系为 $\boldsymbol{\alpha}_3=\begin{pmatrix}\frac{1}{3}\\ -\frac{2}{3}\\ 1\end{pmatrix}$。

取 $\mathbf{P}=\begin{pmatrix}-2 & 1 & \frac{1}{3}\\ 1 & 0 & -\frac{2}{3}\\ 0 & 1 & 1\end{pmatrix}$，可使 $\mathbf{P}^{-1}\mathbf{AP}=\begin{pmatrix}2 & 0 & 0\\ 0 & 2 & 0\\ 0 & 0 & -4\end{pmatrix}$。

例 5.4.4　考察栖息在同一地区的羊和狼的生态模型，对两种动物的数量的相互依存关系可用以下模型描述：

$$\begin{aligned}x_n&=1.05x_{n-1}-0.25y_{n-1}\\ y_n&=0.05x_{n-1}+0.75y_{n-1}\end{aligned},n=1,2,\cdots$$

其中 x_n,y_n 分别表示第 n 年时，羊和狼的数量，而 x_0,y_0 分表表示基年($n=0$)时，羊和狼的数量，记 $\boldsymbol{\alpha}_n=\begin{pmatrix}x_n\\ y_n\end{pmatrix},n=0,1,2,\cdots$。

(1)写出该模型的矩阵形式；

(2)如果 $\boldsymbol{\alpha}_0=\begin{pmatrix}x_0\\ y_0\end{pmatrix}=\begin{pmatrix}10\\ 6\end{pmatrix}$，求 $\boldsymbol{\alpha}_n$；

(3)当 $n\to\infty$ 时，可以得到什么？

解：(1)令 $\mathbf{A}=\begin{pmatrix}1.05 & -0.25\\ 0.05 & 0.75\end{pmatrix}$，有 $\boldsymbol{\alpha}_n=\mathbf{A}\boldsymbol{\alpha}_{n-1},n=1,2,\cdots$；

(2)$\boldsymbol{\alpha}_n=\mathbf{A}\boldsymbol{\alpha}_{n-1}=\mathbf{A}\cdot\mathbf{A}\boldsymbol{\alpha}_{n-2}=\cdots=\mathbf{A}^n\boldsymbol{\alpha}_0$；

(3)现将矩阵 $\mathbf{A}$ 对角化，$|\mathbf{A}-\lambda\mathbf{E}|=\begin{pmatrix}1.05-\lambda & -0.25\\ 0.05 & 0.75-\lambda\end{pmatrix}=\lambda^2-1.8\lambda+0.8$ $=(\lambda-1)(\lambda-0.8)=0$，特征值为 $\lambda_1=1$，　$\lambda_2=0.8$。

当 $\lambda_1=1$ 时，齐次线性方程组 $\begin{pmatrix}0.05 & -0.25\\ 0.05 & -0.25\end{pmatrix}\begin{pmatrix}x_1\\ x_2\end{pmatrix}=\begin{pmatrix}0\\ 0\end{pmatrix}$ 的基础解系为 $\mathbf{p}_1=$

$\begin{pmatrix}5\\1\end{pmatrix}$；

当 $\lambda_2=0.8$ 时，齐次线性方程组 $\begin{pmatrix}0.25 & -0.25\\0.05 & -0.05\end{pmatrix}\begin{pmatrix}x_1\\x_2\end{pmatrix}=\begin{pmatrix}0\\0\end{pmatrix}$ 的基础解系为 $\mathbf{p}_2=\begin{pmatrix}1\\1\end{pmatrix}$。

由 $\mathbf{p}_1,\mathbf{p}_2$ 构成的可逆矩阵 $\mathbf{P}=(\mathbf{p}_1,\mathbf{p}_2)=\begin{pmatrix}5 & 1\\1 & 1\end{pmatrix}$，知 $\mathbf{P}^{-1}\mathbf{A}\mathbf{P}=\begin{pmatrix}1 & 0\\0 & 0.8\end{pmatrix}$，$\mathbf{A}^n=\mathbf{P}\mathbf{\Lambda}^n\mathbf{P}^{-1}=\begin{pmatrix}5-0.8^n & -5+5\cdot 0.8^n\\1-0.8^n & -1+5\cdot 0.8^n\end{pmatrix}$，$\boldsymbol{\alpha}_n=\mathbf{A}^n\boldsymbol{\alpha}_0=\begin{pmatrix}20\\4\end{pmatrix}+0.8^n\begin{pmatrix}20\\20\end{pmatrix}$。

所以 $\lim\limits_{n\to\infty}\boldsymbol{\alpha}_n=\begin{pmatrix}20\\4\end{pmatrix}$。也就是说，随着时间的推移，在没有任何外界因素的影响下，最终羊和狼的数量将稳定在 20 只羊和 4 匹狼。

矩阵对角化问题，其实是研究哪一些线性变换的矩阵在一组适当的基下可以是对角矩阵。而这组基既可以是一般的基，也可以是标准正交基。也就是说，在某一组基下的矩阵可以化为对角矩阵的充分必要条件是所有特征子空间的维数之和等于整个向量空间的维数。显然，并不是每一个线性变换都有一组基，使得它在这组基下化为对角矩阵。但是，当人们选择适当的基时，一般的线性变换总可以化为约当(Jordan)标准形，即每一个 n 阶复矩阵都与一个约当形矩阵相似。由于对它的讨论已经拓展至复数域，超出了本书的讨论范围，有兴趣的读者可以查阅相关资料展开学习。

习题 5—4

1. 判断下列矩阵能否与对角矩阵相似，并阐述理由；如果可以对角化，将该矩阵化为相似的对角矩阵。

(1) $\begin{pmatrix}-1 & 1 & 0\\-4 & 3 & 0\\1 & 0 & 2\end{pmatrix}$；　　(2) $\begin{pmatrix}-2 & 1 & 1\\0 & 2 & 0\\-4 & 1 & 3\end{pmatrix}$。

2. 已知矩阵 $\mathbf{A}=\begin{pmatrix}1 & 2 & 0\\2 & 1 & 0\\-2 & a & 3\end{pmatrix}$，参数 a 取何值时，$\mathbf{A}$ 可以对角化？

3. 若矩阵 $\begin{pmatrix}22 & 31\\-12 & x\end{pmatrix}$ 与 $\begin{pmatrix}1 & 2\\3 & 4\end{pmatrix}$ 相似，计算参数 x 的取值范围。

4. 设矩阵 $\mathbf{A}=\begin{pmatrix}0&0&2\\a&2&b\\2&0&0\end{pmatrix}$ 有 3 个线性无关的特征向量，求参数 a,b 应满足的条件。

第五节　实对称矩阵的对角化

通过前面的学习，我们知道并非所有的方阵都可以对角化，一个一般的 n 阶方阵，其对应的特征方程为 λ 的 n 次多项式，其特征值未必全为实数，因此在实数域上不一定能够实现对角化。但在复数域上，由于 n 次多项式一定有 n 个复根，所以 n 阶方阵在复数域上可以实现对角化，并且相应的可逆矩阵是复矩阵。本书对于复数域上的矩阵不做深入的介绍，有兴趣的读者可以参看专门的矩阵论或矩阵分析方面的书籍。

本节我们将讨论一种在实数域上确定可以实现对角化的矩阵——实对称矩阵。因为实对称矩阵的特征值全为实数，故实对称矩阵一定可以对角化。为了学习相关知识，先介绍一些预备知识——复矩阵和复向量。

一、复矩阵、复向量及其基本性质

定义 5.5.1　元素为复数的矩阵，称为**复矩阵**，元素为复数的向量，称为**复向量**。

定义 5.5.2　设 a_{ij} 为复数，$\mathbf{A}$ 为 $m\times n$ 的复矩阵，则称 $\overline{\mathbf{A}}=(\overline{a}_{ij})_{m\times n}$ 为 $\mathbf{A}$ 的**共轭矩阵**，其中 $\overline{a}_{ij}$ 为 a_{ij} 的共轭复数。

根据复矩阵及共轭复数的运算遵循前述矩阵运算的规则，结合“共轭”的运算特征，可得共轭矩阵具有如下性质：

(1) $\overline{\overline{\mathbf{A}}}=\mathbf{A}$；

(2) $\overline{\mathbf{A}}^T=\overline{(\mathbf{A}^T)}$；

(3) $\overline{k\mathbf{A}}=\overline{k}\cdot\overline{\mathbf{A}}$，其中 k 为复数；

(4) $\overline{\mathbf{A}+\mathbf{B}}=\overline{\mathbf{A}}+\overline{\mathbf{B}}$；

(5) $\overline{\mathbf{A}\cdot\mathbf{B}}=\overline{\mathbf{A}}\cdot\overline{\mathbf{B}}$；

(6) $\overline{(\mathbf{AB})^T}=\overline{\mathbf{A}}^T\cdot\overline{\mathbf{B}}^T$；

(7) 若 $\mathbf{A}$ 可逆，则 $\overline{\mathbf{A}^{-1}}=\left(\overline{\mathbf{A}}\right)^{-1}$；

(8) $\left|\overline{\mathbf{A}}\right|=\overline{|\mathbf{A}|}$；

(9)设 $\mathbf{x}=\begin{pmatrix}x_1\\x_1\\\vdots\\x_n\end{pmatrix}$ 为复向量，x_i 均为复数，$i=1,2,\cdots,n$，则 $\mathbf{x}^T\mathbf{x}\geqslant 0$，其中 $\mathbf{x}^T\mathbf{x}=0$ 当且仅当 $\mathbf{x}=\mathbf{0}$。

上述性质请读者自己练习，本书从略。

二、实对称矩阵的特征值与特征向量

定理 5.5.1 实对称矩阵的特征值均为实数。

证明：设 $\mathbf{A}$ 为实对称矩阵，$\mathbf{A}$ 在复数域上应有 n 个特征值，令 λ 为 $\mathbf{A}$ 的任意一个特征值，$\mathbf{p}$ 是属于 λ 的特征向量且为复向量，$\bar{\mathbf{p}}$ 是 $\mathbf{p}$ 的共轭向量，有

$$\mathbf{Ap}=\lambda\mathbf{p},$$

又知 $\bar{\mathbf{A}}^T=\mathbf{A}$，并且 $\bar{\mathbf{A}}=\mathbf{A}$。上式两端取共轭并求转置，可得

$$\bar{\mathbf{p}}^T\mathbf{A}=\bar{\lambda}\cdot\bar{\mathbf{p}}^T,$$

两边再同时右乘 $\mathbf{p}$，可得

$$\lambda\bar{\mathbf{p}}^T\mathbf{p}\cdot=\bar{\mathbf{p}}^T\mathbf{Ap}=\bar{\lambda}\bar{\mathbf{p}}^T\cdot\mathbf{p},$$

则有 $(\lambda-\bar{\lambda})\bar{\mathbf{p}}^T\mathbf{p}=\mathbf{0}$，又知 $\bar{\mathbf{p}}\neq\mathbf{0}$，$\bar{\mathbf{p}}^T\mathbf{p}>0$，所以 $\lambda-\bar{\lambda}=0$，即 $\lambda=\bar{\lambda}$，即 λ 为实数。再由 λ 的任意性，可知实对称矩阵的特征值均为实数。□

定理 5.5.2 实对称矩阵 $\mathbf{A}$ 对应于不同特征值的特征向量是正交的。

证明：设 λ_1,λ_2 是 $\mathbf{A}$ 的两个不同的特征值，$\mathbf{p}_1,\mathbf{p}_2$ 是分别属于 λ_1,λ_2 的特征向量，有

$$\mathbf{Ap}_1=\lambda_1\mathbf{p}_1,\quad \mathbf{Ap}_2=\lambda_2\mathbf{p}_2,$$

$$\lambda_1\mathbf{p}_1^T=(\lambda_1\mathbf{p}_1)^T=(\mathbf{Ap}_1)^T=\mathbf{p}_1^T\mathbf{A}^T=\mathbf{p}_1^T\mathbf{A},$$

两边同时右乘以 $\mathbf{p}_2$，可得

$$\lambda_1\mathbf{p}_1^T\mathbf{p}_2=\mathbf{p}_1^T\mathbf{Ap}_2=\lambda_2\mathbf{p}_1^T\mathbf{p}_2,$$

有 $(\lambda_1-\lambda_2)\mathbf{p}_1^T\mathbf{p}_2=\mathbf{0}$，又 λ_1,λ_2 不相同，$\lambda_1-\lambda_2\neq 0$，知 $\mathbf{p}_1^T\mathbf{p}_2=\mathbf{0}$，所以特征向量 $\mathbf{p}_1$ 与 $\mathbf{p}_2$ 正交。□

三、实对称矩阵对角化

定理 5.5.3 对于任一 n 阶实对称矩阵 $\mathbf{A}$，存在 n 阶正交矩阵 $\mathbf{T}$，使得 $\mathbf{T}^{-1}\mathbf{AT}=\begin{pmatrix}\lambda_1&&&\\&\lambda_2&&\\&&\ddots&\\&&&\lambda_n\end{pmatrix}$，其中 $\lambda_i(i=1,2,\cdots,n)$ 是矩阵 $\mathbf{A}$ 的特征值。

证明:利用数学归纳法证明此定理。

$n=1$ 时,结论显然成立。

假设定理对任一个 $n-1$ 阶实对称矩阵 $\mathbf{B}$ 都成立,即存在 $n-1$ 阶正交矩阵 $\mathbf{Q}$,使得 $\mathbf{Q}^{-1}\mathbf{B}\mathbf{Q}=\mathbf{\Lambda}_1$。下面证明,对 n 阶实对称矩阵 $\mathbf{A}$ 也成立。

设 $\mathbf{A}\mathbf{p}_1=\lambda_1\mathbf{p}_1$,其中 $\mathbf{p}_1$ 是长度为 1 的特征向量,将 $\mathbf{p}_1$ 扩充为 $\mathbb{R}^n$ 的一组标准正交基 $\mathbf{p}_1,\mathbf{p}_2,\cdots,\mathbf{p}_n$,其中 $\mathbf{p}_2,\cdots,\mathbf{p}_n$ 不一定是 $\mathbf{A}$ 的属于 λ_1 的特征向量,那么有如下关系式:

$$\begin{aligned}\mathbf{A}(\mathbf{p}_1,\mathbf{p}_2,\cdots,\mathbf{p}_n)&=(\mathbf{A}\mathbf{p}_1,\mathbf{A}\mathbf{p}_2,\cdots,\mathbf{A}\mathbf{p}_n)\\&=(\mathbf{p}_1,\mathbf{p}_2,\cdots,\mathbf{p}_n)\begin{pmatrix}\lambda_1 & b_{12} & \cdots & b_{1n}\\ 0 & b_{22} & \cdots & b_{2n}\\ \vdots & \vdots & & \vdots\\ 0 & b_{n2} & \cdots & b_{nn}\end{pmatrix}\end{aligned}$$

令 $\mathbf{P}=(\mathbf{p}_1,\mathbf{p}_2,\cdots,\mathbf{p}_n)$,又 $\mathbf{p}_1,\mathbf{p}_2,\cdots,\mathbf{p}_n$ 是一组标准正交基,显然 $\mathbf{P}$ 为正交矩阵,那么上式可表达为

$$\mathbf{P}^{-1}\mathbf{A}\mathbf{P}=\begin{pmatrix}\lambda & \mathbf{b}\\ \mathbf{0} & \mathbf{B}\end{pmatrix}。$$

由于 $\mathbf{P}^{-1}=\mathbf{P}^T$,$(\mathbf{P}^{-1}\mathbf{A}\mathbf{P})^T=\mathbf{P}^T\mathbf{A}^T(\mathbf{P}^{-1})^T=\mathbf{P}^{-1}\mathbf{A}\mathbf{P}$,所以有

$$\begin{pmatrix}\lambda_1 & \mathbf{b}\\ \mathbf{0} & \mathbf{B}\end{pmatrix}=\begin{pmatrix}\lambda_1 & \mathbf{0}\\ \mathbf{b}^T & \mathbf{B}^T\end{pmatrix},$$

得 $\mathbf{b}=\mathbf{0}$,　$\mathbf{B}^T=\mathbf{B}$,　其中 $\mathbf{B}$ 为 $n-1$ 阶实对称矩阵,可得

$$\mathbf{P}^{-1}\mathbf{A}\mathbf{P}=\begin{pmatrix}\lambda & \mathbf{0}\\ \mathbf{0} & \mathbf{B}\end{pmatrix}。$$

由假设可知,存在一个正交矩阵 $\mathbf{Q}$,使得 $\mathbf{Q}^{-1}\mathbf{B}\mathbf{Q}=\mathbf{\Lambda}_1$,构造矩形 $\mathbf{S}=\begin{pmatrix}1 & \mathbf{0}\\ \mathbf{0} & \mathbf{Q}\end{pmatrix}$,可得

$$\begin{aligned}\mathbf{S}^{-1}(\mathbf{P}^{-1}\mathbf{A}\mathbf{P})\mathbf{S}&=\begin{pmatrix}1 & \mathbf{0}\\ \mathbf{0} & \mathbf{Q}^{-1}\end{pmatrix}\begin{pmatrix}\lambda_1 & \mathbf{0}\\ \mathbf{0} & \mathbf{B}\end{pmatrix}\begin{pmatrix}1 & \mathbf{0}\\ \mathbf{0} & \mathbf{Q}\end{pmatrix}\\&=\begin{pmatrix}\lambda_1 & \mathbf{0}\\ \mathbf{0} & \mathbf{Q}^{-1}\mathbf{B}\mathbf{Q}\end{pmatrix}=\begin{pmatrix}\lambda_1 & \mathbf{0}\\ \mathbf{0} & \mathbf{\Lambda}_1\end{pmatrix}\\&=\begin{pmatrix}\lambda_1 & & & \\ & \lambda_2 & & \\ & & \ddots & \\ & & & \lambda_n\end{pmatrix}\end{aligned}$$

取 $\mathbf{T}=\mathbf{PS}$，$\mathbf{T}^{-1}=\mathbf{S}^{-1}\mathbf{P}^{-1}$，则 $\mathbf{T}^{-1}\mathbf{AT}=\begin{pmatrix}\lambda_1 & & & \\ & \lambda_2 & & \\ & & \ddots & \\ & & & \lambda_n\end{pmatrix}$，其中 $\lambda_1,\lambda_2,\cdots,\lambda_n$ 是 $\mathbf{A}$ 的特征值，并且矩阵 $\mathbf{T}$ 是正交矩阵。

定理 5.5.4 设 $\mathbf{A}$ 为 n 阶实对称矩阵，λ_i 是 $\mathbf{A}$ 的 k_i 重特征值，则 $R(\mathbf{A}-\lambda_i\mathbf{E})=n-k_i$，从而特征值 λ_i 恰好有 k_i 个线性无关的特征向量。

通过定理 5.5.3 和定理 5.5.4 可知，实对称矩阵一定可以对角化。

四、实对称矩阵对角化的步骤

已知给定一个 n 阶实对称矩阵 $\mathbf{A}$，必然可以实现对角化，我们更关心如何通过正交矩阵实现对角化，具体操作过程如下：

(1)由特征多项式 $|\mathbf{A}-\lambda\mathbf{E}|=\prod\limits_{i=1}^{m}(\lambda-\lambda_i)^{k_i}$ 得全部特征值 $\lambda_1,\lambda_2,\cdots,\lambda_m$；

(2)求解每一个齐次线性方程组 $(\mathbf{A}-\lambda_i\mathbf{E})\mathbf{x}=\mathbf{0}$，得到属于 λ_i 的 k_i 个线性无关的特征向量 $\mathbf{p}_{i_1},\cdots,\mathbf{p}_{i_{k_i}}$；

(3)对于每一组 $\mathbf{p}_{i_1},\cdots,\mathbf{p}_{i_{k_i}}$，利用施密特正交化方法和向量的单位化法，得到 k_i 个相互正交的单位向量 $\boldsymbol{\zeta}_{i_1},\cdots,\boldsymbol{\zeta}_{i_{k_i}}$；

(4)因不同特征值对应的特征向量彼此正交，得到 $\left\{\boldsymbol{\zeta}_{i_1},\cdots,\boldsymbol{\zeta}_{i_{k_i}} \mid i=1,\cdots,m\right\}$ 是 n 个两两正交的单位特征向量，将其排列成 n 阶矩阵，即为所求的正交矩阵 $\mathbf{T}$。

例 5.5.1 设 $\mathbf{A}=\begin{pmatrix}0 & -1 & 1\\ -1 & 0 & 1\\ 1 & 1 & 0\end{pmatrix}$，求正交矩阵 $\mathbf{T}$，使 $\mathbf{T}^{-1}\mathbf{AT}=\mathbf{\Lambda}$ 成立。

解：因为 $\mathbf{A}$ 为对称矩阵，所以 $\mathbf{A}$ 可以对角化，特征多项式如下：

$$|\mathbf{A}-\lambda\mathbf{E}|=\begin{vmatrix}-\lambda & -1 & 1\\ -1 & -\lambda & 1\\ 1 & 1 & -\lambda\end{vmatrix}=-(\lambda-1)^2(\lambda+2),$$

得特征值为 $\lambda_1=-2$，$\lambda_2=\lambda_3=1$。

当 $\lambda_1=-2$ 时，解齐次线性方程组 $(\mathbf{A}+2\mathbf{E})\mathbf{x}=\mathbf{0}$，系数矩阵经过初等行变换可得

$$\mathbf{A}+2\mathbf{E}=\begin{pmatrix}2&-1&1\\-1&2&1\\1&1&2\end{pmatrix}\sim\begin{pmatrix}1&0&1\\0&1&1\\0&0&0\end{pmatrix},$$

因此,基础解系 $\mathbf{p}_1=\begin{pmatrix}-1\\-1\\1\end{pmatrix}$,单位化 $\boldsymbol{\zeta}_1=\frac{1}{\sqrt{3}}\begin{pmatrix}-1\\-1\\1\end{pmatrix}$;

当 $\lambda_2=\lambda_3=1$ 时,解齐次线性方程组 $(\mathbf{A}-\mathbf{E})\mathbf{x}=\mathbf{0}$,系数矩阵经过初等行变换可得

$$\mathbf{A}-\mathbf{E}=\begin{pmatrix}-1&-1&1\\-1&-1&1\\1&1&-1\end{pmatrix}\sim\begin{pmatrix}1&1&-1\\0&0&0\\0&0&0\end{pmatrix},$$

因此,基础解系 $\mathbf{p}_2=\begin{pmatrix}-1\\1\\0\end{pmatrix}$,$\mathbf{p}_3=\begin{pmatrix}1\\0\\1\end{pmatrix}$,再利用施密特正交化法将 $\mathbf{p}_2$,$\mathbf{p}_3$ 正交化,有

$$\boldsymbol{\eta}_2=\mathbf{p}_2=\begin{pmatrix}-1\\1\\0\end{pmatrix},\boldsymbol{\eta}_3=\mathbf{p}_3-\frac{(\mathbf{p}_3,\boldsymbol{\eta}_2)}{(\boldsymbol{\eta}_2,\boldsymbol{\eta}_2)}\cdot\boldsymbol{\eta}_2=\frac{1}{2}\begin{pmatrix}1\\1\\2\end{pmatrix},$$

最后单位化 $\boldsymbol{\zeta}_2=\frac{1}{\sqrt{2}}\begin{pmatrix}-1\\1\\0\end{pmatrix}$,$\boldsymbol{\zeta}_3=\frac{1}{\sqrt{6}}\begin{pmatrix}1\\1\\2\end{pmatrix}$。

可得正交矩阵 $\mathbf{T}=\begin{pmatrix}-\frac{1}{\sqrt{3}}&-\frac{1}{\sqrt{2}}&\frac{1}{\sqrt{6}}\\-\frac{1}{\sqrt{3}}&\frac{1}{\sqrt{2}}&\frac{1}{\sqrt{6}}\\\frac{1}{\sqrt{3}}&0&\frac{2}{\sqrt{6}}\end{pmatrix}$,从而 $\mathbf{T}^{-1}\mathbf{A}\mathbf{T}=\begin{pmatrix}-2&0&0\\0&1&0\\0&0&1\end{pmatrix}$。

例 5.5.2　设 3 阶实对称矩阵 $\mathbf{A}$ 的特征值分别为 $\lambda_1=1$,$\lambda_2=2$,$\lambda_3=3$,矩阵 $\mathbf{A}$ 的属于 $\lambda_1=1$ 的特征向量为 $\mathbf{p}_1=\begin{pmatrix}-1\\-1\\1\end{pmatrix}$,属于 $\lambda_2=2$ 的特征向量为 $\mathbf{p}_2\begin{pmatrix}1\\-2\\-1\end{pmatrix}$。

(1)求 $\mathbf{A}$ 得属于 $\lambda_3=3$ 的特征向量;

(2)求矩阵 $\mathbf{A}$。

解:(1)根据实对称矩阵属于不同特征值的特征向量彼此正交,那么属于 λ_3

的特征向量 $\mathbf{p}_3=\begin{pmatrix}x_1\\x_2\\x_3\end{pmatrix}$,满足 $\mathbf{p}_1\perp\mathbf{p}_3$, $\mathbf{p}_2\perp\mathbf{p}_3$, 即 $\begin{cases}-x_1-x_2+x_3=0\\x_1-2x_2-x_3=0\end{cases}$,可得该齐次线性方程组的基础解系为 $\mathbf{p}_3=\begin{pmatrix}1\\0\\1\end{pmatrix}$,所以属于 $\lambda_3=3$ 的特征向量为 $k\begin{pmatrix}1\\0\\1\end{pmatrix}$,其中$k$ 为非零实数。

(2)由 $\mathbf{p}_1,\mathbf{p}_2,\mathbf{p}_3$ 构造可逆矩阵 $\mathbf{P}=\begin{pmatrix}-1&1&1\\-1&-2&0\\1&-1&1\end{pmatrix}$,有 $\mathbf{P}^{-1}\mathbf{AP}=\begin{pmatrix}1&0&0\\0&2&0\\0&0&3\end{pmatrix}$,再求得矩阵 $\mathbf{P}$ 的逆矩阵 $\mathbf{p}^{-1}=\frac{1}{6}\begin{pmatrix}-2&-2&2\\1&-2&-1\\3&0&3\end{pmatrix}$,代入计算得

$$\mathbf{A}=\mathbf{P\Lambda P}^{-1}=\frac{1}{6}\begin{pmatrix}13&-2&5\\-2&10&2\\5&2&13\end{pmatrix}。$$

例 5.5.3 已知 3 阶实对称矩阵 $\mathbf{A}$ 满足 $tr\mathbf{A}=-6$, $\mathbf{AB}=\mathbf{C}$ 其中 $\mathbf{B}=\begin{pmatrix}1&1\\2&-1\\1&1\end{pmatrix}$, $\mathbf{C}=\begin{pmatrix}0&-12\\0&12\\0&-12\end{pmatrix}$,求矩阵 $\mathbf{A}$。

解:令 $\mathbf{B}=(\mathbf{p}_1,\mathbf{p}_2)$,有 $\mathbf{p}_1=\begin{pmatrix}1\\2\\1\end{pmatrix}$,$\mathbf{p}_2=\begin{pmatrix}1\\-1\\1\end{pmatrix}$有 $\mathbf{C}=(0\cdot\mathbf{p}_1,(-12)\cdot\mathbf{p}_2)$,则根据题意有

$$\mathbf{AB}=\mathbf{A}(\mathbf{p}_1,\mathbf{p}_2)=(\mathbf{Ap}_1,\mathbf{Ap}_2)=(0\cdot\mathbf{p}_1,(-12)\cdot\mathbf{p}_2),$$

即 $\mathbf{Ap}_1=0\cdot\mathbf{p}_1$, $\mathbf{Ap}_2=(-12)\cdot\mathbf{p}_2$。所以 $\mathbf{A}$ 的特征值为 $\lambda_1=0$, $\lambda_2=-12$,而 $\mathbf{p}_1$ 与 $\mathbf{p}_2$ 分别为 λ_1,λ_2 的特征向量。

又知 $tr\mathbf{A}=\lambda_1+\lambda_2+\lambda_3=-6$, $\lambda_3=6$。设属于 $\lambda_3=6$ 的特征向量 $\mathbf{p}_3=\begin{pmatrix}x_1\\x_2\\x_3\end{pmatrix}$,满足 $\mathbf{p}_1\perp\mathbf{p}_3$,$\mathbf{p}_2\perp\mathbf{p}_3$,可得线性方程组 $\begin{cases}x_1+2x_2+x_3=0\\x_1-x_2+x_3=0\end{cases}$,解得基础解系

$\mathbf{p}_3=\begin{pmatrix}-1\\0\\1\end{pmatrix}$。

因特征向量 $\mathbf{p}_1,\mathbf{p}_2,\mathbf{p}_3$ 已两两相交，于是将它们分别单位化：

$$\boldsymbol{\eta}_1=\frac{1}{\sqrt{6}}\begin{pmatrix}1\\2\\1\end{pmatrix},\boldsymbol{\eta}_2=\frac{1}{\sqrt{3}}\begin{pmatrix}1\\-1\\1\end{pmatrix},\boldsymbol{\eta}_3=\frac{1}{\sqrt{2}}\begin{pmatrix}-1\\0\\1\end{pmatrix},$$

由此得正交矩阵 $\mathbf{T}=\begin{pmatrix}\frac{1}{\sqrt{6}}&\frac{1}{\sqrt{3}}&-\frac{1}{\sqrt{2}}\\\frac{2}{\sqrt{6}}&-\frac{1}{\sqrt{3}}&0\\\frac{1}{\sqrt{6}}&\frac{1}{\sqrt{3}}&\frac{1}{\sqrt{2}}\end{pmatrix}$。从而

$\mathbf{A}=\mathbf{T\Lambda T}^{-1}=\mathbf{T\Lambda T}^T$

$$=\begin{pmatrix}\frac{1}{\sqrt{6}}&\frac{1}{\sqrt{3}}&-\frac{1}{\sqrt{2}}\\\frac{2}{\sqrt{6}}&-\frac{1}{\sqrt{3}}&0\\\frac{1}{\sqrt{6}}&\frac{1}{\sqrt{3}}&\frac{1}{\sqrt{2}}\end{pmatrix}\begin{pmatrix}0&0&0\\0&-12&0\\0&0&6\end{pmatrix}\begin{pmatrix}\frac{1}{\sqrt{6}}&\frac{2}{\sqrt{6}}&\frac{1}{\sqrt{6}}\\\frac{1}{\sqrt{3}}&-\frac{1}{\sqrt{3}}&\frac{1}{\sqrt{3}}\\-\frac{1}{\sqrt{2}}&0&\frac{1}{\sqrt{2}}\end{pmatrix}=\begin{pmatrix}-1&4&-7\\4&-4&4\\-7&4&-1\end{pmatrix}$$

习题 5－5

1．通过正交变换将下列实对称矩阵对角化。

(1)$\begin{pmatrix}-1&1&1\\1&-1&1\\1&1&-1\end{pmatrix}$；　　(2)$\begin{pmatrix}1&-2&2\\-2&-2&4\\2&4&-2\end{pmatrix}$；

(3)$\begin{pmatrix}2&-2&0\\-2&1&-2\\0&-2&0\end{pmatrix}$。

2．设 3 阶实对称矩阵 $\mathbf{A}$ 的特征值 $\lambda_1=-1$，　$\lambda_2=1$，　$\lambda_3=2$，且 $\boldsymbol{\alpha}_1=\begin{pmatrix}1\\-1\\1\end{pmatrix}$

是的属于 $\lambda_1=-1$ 的一个特征向量，记 $\mathbf{B}=\mathbf{A}^3-2\mathbf{A}^2+3\mathbf{E}$，其中 $\mathbf{B}$ 是 3 阶单位

矩阵。

(1)验证向量 $\boldsymbol{\alpha}_1$ 是矩阵 $\mathbf{B}$ 的特征向量，并求 $\mathbf{B}$ 的全部特征值和特征向量；

(2)求矩阵 $\mathbf{B}$。

3. 判断 n 阶对称矩阵 $\mathbf{A}=\begin{pmatrix} 1 & 1 & \cdots & 1 \\ 1 & 1 & \cdots & 1 \\ \vdots & \vdots & & \vdots \\ 1 & 0 & \cdots & 0 \end{pmatrix}$ 与矩阵

$\mathbf{B}=\begin{pmatrix} n & 0 & \cdots & 0 \\ 1 & 0 & \cdots & 0 \\ \vdots & \vdots & & \vdots \\ 1 & 0 & \cdots & 0 \end{pmatrix}$ 是否相似，并阐述理由。

第六章 应用

在解析几何中，为了研究一般二次曲线 $ax^2+bxy+cy^2=1$ 的几何性质，如果选择适当的坐标换，例如 $\begin{cases} x=x'\cos\theta-y'\sin\theta \\ y=x'\sin\theta-y'\cos\theta \end{cases}$，可以将一般的二次曲线方程中的 x,y 的混合项消去，得标准形 $a'x'^2+c'y'^2=1$。对于二次型的系统研究是从 18 世纪开始的，起源于对二次曲线和二次曲面的分类问题的讨论，将二次曲线和二次曲面的方程变形，选有主轴方向的轴作为坐标轴以简化方程的形状，这个问题是在 18 世纪引进的。柯西在其著作中给出结论：当方程是标准型时，二次曲面可以用二次型的符号来进行分类。然而，当时并不太清楚，在化简成标准型时，为何总是得到同样数目的正项和负项。西尔维斯特回答了这个问题，给出了二次型的惯性定律，但没有证明，这个定理后被雅克比重新发现和证明。1801 年，高斯在《算术研究》中引进了二次型的正定、负定、半正定和半负定等概念。二次型的理论在多元函数极值、数理统计、网络理论、物理和力学的研究以及经济学、管理科学中都有着极其广泛的应用。

第一节 二次型与惯性定理

一、二次型的概念

定义 6.1.1 含有 n 个变量 $x_1,x_1,\cdots,x_n$ 的二次齐次多项式

$$f(x_1,x_1,\cdots,x_n)$$
$$=a_{11}x_1^2+a_{22}x_2^2+\cdots+a_{nn}x_2^2+2a_{12}x_1x_2+2a_{13}x_1x_3+\cdots+2a_{n-1,n}x_{n-1}x_n$$

称为**二次型**，当 a_{ij} 中有复数时，f 称为**复二次型**；当 a_{ij} 全为实数时，f 称为**实二次型**。本章仅讨论实二次型。

根据对称性 $x_ix_j=x_jx_i$，若令 $a_{ij}=a_{ji}(i<j)$，则 $2a_{ij}x_1x_j=a_{ij}x_ix_j+a_{ji}x_jx_i$，进而可将二次齐次多项式写成

$$
\begin{aligned}
f(x_1,x_2,\cdots,x_n)=&a_{11}x_1^2+a_{12}x_1x_2+\cdots+a_{1n}x_1x_n\\
&+a_{21}x_2x_1+a_{22}x_2^2+\cdots+a_{2n}x_2x_n\\
&+\cdots+a_{n1}x_nx_1+a_{n2}x_nx_2+\cdots+a_{nn}x_n^2\\
=&x_1(a_{11}x_1+a_{12}x_2+\cdots+a_{1n}x_n)+x_2(a_{21}x_1+a_{22}x_2+\cdots+a_{2n}x_n)\\
&+\cdots+x_n(a_{n1}x_1+a_{n2}x_2+\cdots+a_{nn}x_n)\\
=&(x_1,x_2,\cdots,x_n)\begin{pmatrix}a_{11}x_1+a_{12}x_2+\cdots+a_{1n}x_n\\a_{21}x_1+a_{22}x_2+\cdots+a_{2n}x_n\\ \cdots\cdots\\a_{n1}x_1+a_{n2}x_2+\cdots+a_{nn}x_n\end{pmatrix}\\
=&(x_1,x_2,\cdots,x_n)\begin{pmatrix}a_{11}&a_{12}&\cdots&a_{1n}\\a_{21}&a_{22}&\cdots&a_{2n}\\ \vdots&\vdots&&\vdots\\a_{n1}&a_{n2}&\cdots&a_{nn}\end{pmatrix}\begin{pmatrix}x_1\\x_2\\ \vdots\\x_n\end{pmatrix}=\mathbf{x}^T\mathbf{A}\mathbf{x}
\end{aligned}
$$

其中 $\mathbf{x}=\begin{pmatrix}x_1\\x_2\\ \vdots\\x_n\end{pmatrix}$， $\mathbf{A}=\begin{pmatrix}a_{11}&a_{11}&\cdots&a_{1n}\\a_{21}&a_{22}&\cdots&a_{2n}\\ \vdots&\vdots&&\vdots\\a_{n1}&a_{n2}&\cdots&a_{nn}\end{pmatrix}$，并且 $a_{ij}=a_{ji}$，即 **A** 为实对称矩阵。

若 **A**,**B** 为 n 阶对称方阵，且 $f(x_1,x_2,\cdots,x_n)=\mathbf{x}^T\mathbf{A}\mathbf{x}=\mathbf{x}^T\mathbf{B}\mathbf{x}$，显然有 $\mathbf{A}=\mathbf{B}$。因此二次型和它的对称矩阵是相互唯一确定的。换句话说，给定一个二次型，就唯一地确定一个实对称矩阵 **A**；反之，给定一个实对称矩阵，也可以唯一地构造一个二次型。把实对称矩阵 **A** 叫做**二次型 f 的矩阵**，也把 f 叫做**实对称矩阵 A 的二次型**，**A** 的秩称为**二次型 f 的秩**。所以，研究二次型 f 的性质就转化为研究矩阵 **A** 所具有的性质。

例 6.1.1 写出二次型 $f=x_1^2+2x_2^2-3x_3^2+4x_1x_2-6x_2x_3$ 的矩阵和秩。

解：二次型的矩阵为 $\mathbf{A}=\begin{pmatrix}1&2&0\\2&2&-3\\0&-3&-3\end{pmatrix}$，又知 $\mathbf{A}\sim\begin{pmatrix}1&2&0\\0&-2&-3\\0&-3&-3\end{pmatrix}\sim$ $\begin{pmatrix}1&2&0\\0&2&-3\\0&0&1\end{pmatrix}$，所以 $R(\mathbf{A})=3$。所以二次型的秩为 3。

例 6.1.2 已知二次型

$$f(x_1,x_2,x_3)=3x_1^2+2x_2^2+kx_3^2-2x_1x_2+6x_1x_3-4x_2x_3$$

的秩为 2，求参数 k。

解：二次型的矩阵 $\mathbf{A}=\begin{pmatrix}3 & -1 & 3\\ -1 & 2 & -2\\ 3 & -2 & k\end{pmatrix}$，已知 $R(\mathbf{A})=2$，有 $|\mathbf{A}|=0$，那么，$|\mathbf{A}|=5k-18=0$，得 $k=\dfrac{18}{5}$。

定义 6.1.2 只含有纯平方项的二次型

$$f(x_1,x_2,\cdots,x_n)=k_1x_1^2+k_2x_2^2+\cdots+k_nx_n^2,$$

称为二次型的**标准型**，对应的矩阵形式为 $f=\mathbf{x}^T\mathbf{\Lambda}\mathbf{x}$，其中

$$\mathbf{\Lambda}=\begin{pmatrix}k_1 & & & \\ & k_2 & & \\ & & \ddots & \\ & & & k_n\end{pmatrix}。$$

一个二次型 $f=\mathbf{x}^T\mathbf{A}\mathbf{x}$ 亦可看作 n 维向量 $\boldsymbol{\alpha}$ 的一个函数，即

$$f(\boldsymbol{\alpha})=\mathbf{x}^T\mathbf{A}\mathbf{x},$$

其中 $\boldsymbol{\alpha}=\mathbf{x}=\begin{pmatrix}x_1\\ x_2\\ \vdots\\ x_n\end{pmatrix}$ 是 $\boldsymbol{\alpha}$ 在 $\mathbb{R}^n$ 的一组基下的坐标向量。所以，$f=\mathbf{x}^T\mathbf{A}\mathbf{x}$ 可以看作向量 $\boldsymbol{\alpha}$ 的 n 个坐标的二次齐次函数。因此，二次型作为 $\boldsymbol{\alpha}$ 的函数，它的矩阵是与一组基相联系的。

如果向量 $\boldsymbol{\alpha}$ 在 $\mathbb{R}^n$ 的两组基 $\boldsymbol{\eta}_1,\boldsymbol{\eta}_2,\cdots,\boldsymbol{\eta}_n$ 和 $\boldsymbol{\zeta}_1,\boldsymbol{\zeta}_2,\cdots,\boldsymbol{\zeta}_n$ 下的坐标向量分别为 $\boldsymbol{\alpha}=\mathbf{x}=\begin{pmatrix}x_1\\ x_2\\ \vdots\\ x_n\end{pmatrix}$，$\boldsymbol{\alpha}=\mathbf{y}=\begin{pmatrix}y_1\\ y_2\\ \vdots\\ y_n\end{pmatrix}$。显然，线性空间 $\mathbb{R}^n$ 的两组基是等价的，并有如下关系

$$(\boldsymbol{\eta}_1,\boldsymbol{\eta}_2,\cdots,\boldsymbol{\eta}_n)=(\boldsymbol{\zeta}_1,\boldsymbol{\zeta}_2,\cdots,\boldsymbol{\zeta}_n)\mathbf{C},$$

其中矩阵 $\mathbf{C}$ 为可逆矩阵。从而有 $\mathbf{x}=\mathbf{C}\mathbf{y}$，那么

$$f(\mathbf{x})=\mathbf{x}^T\mathbf{A}\mathbf{x}=(\mathbf{C}\mathbf{y})^T\mathbf{A}(\mathbf{C}\mathbf{y})=\mathbf{y}^T(\mathbf{C}^T\mathbf{A}\mathbf{C})\mathbf{y}。$$

那么 $f(\boldsymbol{\alpha})$ 在 $\boldsymbol{\zeta}_1,\boldsymbol{\zeta}_2,\cdots,\boldsymbol{\zeta}_n$ 和 $\boldsymbol{\eta}_1,\boldsymbol{\eta}_2,\cdots,\boldsymbol{\eta}_n$ 下所对应的矩阵分别为 $\mathbf{A}$ 和 $\mathbf{C}^T\mathbf{A}\mathbf{C}$， 显然 $\mathbf{C}^T\mathbf{A}\mathbf{C}$ 也是对称矩阵，即 $f=\mathbf{y}^T(\mathbf{C}^T\mathbf{A}\mathbf{C})\mathbf{y}^T$ 亦是一个二次型。

例 6.1.3 设向量 $\boldsymbol{\alpha}$ 在基$\begin{pmatrix}1\\0\end{pmatrix}$，$\begin{pmatrix}0\\1\end{pmatrix}$下的坐标为$\begin{pmatrix}x_1\\x_2\end{pmatrix}$，满足方程

$$5x_1^2+5x_2^2-6x_1x_2=4$$

做基变换，即将基$\begin{pmatrix}1\\0\end{pmatrix}$，$\begin{pmatrix}0\\1\end{pmatrix}$逆时针旋转$\frac{\pi}{4}$，有

$$(\boldsymbol{\zeta}_1,\boldsymbol{\zeta}_2)=(\mathbf{e}_1,\mathbf{e}_2)\begin{pmatrix}\frac{\sqrt{2}}{2} & -\frac{\sqrt{2}}{2}\\ \frac{\sqrt{2}}{2} & \frac{\sqrt{2}}{2}\end{pmatrix}$$

则 $\boldsymbol{\alpha}$ 在基 $\boldsymbol{\zeta}_1,\boldsymbol{\zeta}_2$ 下的坐标为$\begin{pmatrix}y_1\\y_2\end{pmatrix}$，有

$$\mathbf{x}=\begin{pmatrix}x_1\\x_2\end{pmatrix}=\begin{pmatrix}\frac{\sqrt{2}}{2} & -\frac{\sqrt{2}}{2}\\ \frac{\sqrt{2}}{2} & \frac{\sqrt{2}}{2}\end{pmatrix}\begin{pmatrix}y_1\\y_2\end{pmatrix}=\mathbf{Cy} \tag{Ⅰ}$$

用矩阵表示方程为

$$\mathbf{x}^T\mathbf{Ax}=(x_1,x_2)\begin{pmatrix}5 & -3\\-3 & 5\end{pmatrix}\begin{pmatrix}x_1\\x_2\end{pmatrix}=4。$$

将(Ⅰ)代入，可得

$$\mathbf{x}^T\mathbf{Ax}=\mathbf{y}^T(\mathbf{C}^T\mathbf{AC})\mathbf{y}=(y_1,y_2)\begin{pmatrix}2 & 0\\0 & 8\end{pmatrix}\begin{pmatrix}y_1\\y_2\end{pmatrix}=2y_1^2+8y_2^2=4$$

进一步简化为

$$\frac{1}{2}y_1^2+2y_2^2=1,$$

即可得方程在基 $\boldsymbol{\zeta}_1,\boldsymbol{\zeta}_2$ 下化为标准型。容易看出这是一个椭圆，但对称轴不是笛卡尔坐标系下的 x_1 轴，x_2 轴。

二、合同矩阵

从前面的分析和例题可以看到，当把一个一般二次型化为标准型时，我们更容易看出其几何特性和其它特征。从矩阵的角度来看，就是对实对称矩阵，找一个恰当的可逆矩阵，使得 $\mathbf{C}^T\mathbf{AC}$ 成为对角矩阵，进而就可以实现从一般二次型到标准型的转换。我们给出方阵之间的这种新的关系定义。

定义 6.1.3 设 $\mathbf{A}$ 与 $\mathbf{B}$ 是 n 阶方阵，若存在可逆矩阵 $\mathbf{C}$，使得 $\mathbf{B}=\mathbf{C}^T\mathbf{AC}$ 成立，则称矩阵 $\mathbf{A}$ 与 $\mathbf{B}$ 合同，或 $\mathbf{A}$ 合同于 $\mathbf{B}$。

合同关系也具有反射性、对称性和传递性，是一种等价关系。同时，合同具

有如下性质：

性质 6.1.1 若方阵 $\mathbf{A}$ 与 $\mathbf{B}$ 合同，则 $\mathbf{A}$ 与 $\mathbf{B}$ 等价，且 $R(\mathbf{A})=R(\mathbf{B})$。

性质 6.1.2 若 $\mathbf{A}$ 与 $\mathbf{B}$ 均为实对称矩阵，且 $\mathbf{A}$ 与 $\mathbf{B}$ 相似，则 $\mathbf{A}$ 与 $\mathbf{B}$ 合同。

证明：因为 $\mathbf{A}$ 与 $\mathbf{B}$ 相似，所以 $\mathbf{A}$ 与 $\mathbf{B}$ 有相同的特征值，则存在正交矩阵 $\mathbf{P}_1$，$\mathbf{P}_2$，使得 $\mathbf{A}$ 和 $\mathbf{B}$ 都与对角矩阵 $\mathbf{\Lambda}$ 相似，即

$$\mathbf{P}_1^{-1}\mathbf{A}\mathbf{P}_1=\mathbf{P}_2^{-1}\mathbf{B}\mathbf{P}_2=\mathbf{\Lambda}。$$

可得，

$$\mathbf{B}=\mathbf{P}_2\mathbf{P}_1^{-1}\mathbf{A}\mathbf{P}_1\mathbf{P}_2^{-1}=(\mathbf{P}_1\mathbf{P}_2^{-1})^{-1}\mathbf{A}(\mathbf{P}_1\mathbf{P}_2^{-1}),$$

记 $\mathbf{C}=\mathbf{P}_1\mathbf{P}_2^{-1}$，又因为 $\mathbf{P}_1^T=\mathbf{P}_1^{-1}$，$\mathbf{P}_2^T=\mathbf{P}_2^{-1}$，有

$$\mathbf{C}^T=(\mathbf{P}_1\mathbf{P}_2^{-1})^T=(\mathbf{P}_1\mathbf{P}_2^T)^T=\mathbf{P}_2\mathbf{P}_1^T=\mathbf{P}_2\mathbf{P}_1^{-1}=(\mathbf{P}_1\mathbf{P}_2^{-1})^{-1}=\mathbf{C}^{-1}。$$

那么 $\mathbf{B}=\mathbf{C}^T\mathbf{A}\mathbf{C}$，即 $\mathbf{A}$ 与 $\mathbf{B}$ 合同。□

性质 6.1.2 的逆命题不成立，即若 $\mathbf{A}$，$\mathbf{B}$ 为实对称矩阵 $\mathbf{A}$ 与 $\mathbf{B}$ 合同，但 $\mathbf{A}$ 与 $\mathbf{B}$ 不一定相似。例如，$\mathbf{A}=\begin{pmatrix}1&0\\0&2\end{pmatrix}$，$\mathbf{B}=\begin{pmatrix}1&0\\0&1\end{pmatrix}$，取 $\mathbf{C}=\begin{pmatrix}1&0\\0&\frac{1}{\sqrt{2}}\end{pmatrix}$，有 $\mathbf{C}^T\mathbf{A}\mathbf{C}=\mathbf{B}$，但 $\mathbf{A}$ 与 $\mathbf{B}$ 的特征值显然不相同，自然不会相似。

实对称矩阵 $\mathbf{A}$ 可以通过正交矩阵 $\mathbf{T}$ 实现对角化，即 $\mathbf{\Lambda}=\mathbf{T}^{-1}\mathbf{A}\mathbf{T}$，又正交矩阵 $\mathbf{T}^{-1}=\mathbf{T}^T$，有 $\mathbf{\Lambda}=\mathbf{T}^T\mathbf{A}\mathbf{T}$，说明实对称矩阵 $\mathbf{A}$ 可以与对角矩阵 $\mathbf{\Lambda}$ 合同，进而可以实现二次型的标准化。

三、二次型的标准化

基于合同关系，欲使二次型 $f=\mathbf{x}^T\mathbf{A}\mathbf{x}$ 经过可逆线性变换 $\mathbf{x}=\mathbf{C}\mathbf{y}$ 化为标准型，即

$$\begin{aligned}f=\mathbf{x}^T\mathbf{A}\mathbf{x}&=\mathbf{y}^T(\mathbf{C}^T\mathbf{A}\mathbf{C})\mathbf{y}=\mathbf{y}^T\mathbf{B}\mathbf{y}\\&=d_1y_1^2+d_2y_2^2+\cdots+d_ny_n^2\\&=(y_1,y_2,\cdots,y_n)\begin{pmatrix}d_1&&&\\&d_1&&\\&&\ddots&\\&&&d_n\end{pmatrix}\begin{pmatrix}y_1\\y_2\\\vdots\\y_n\end{pmatrix}。\end{aligned}$$

下面介绍几种二次型标准化的方法，每种方法略有区别，有的是通过可逆变换实现标准化，有的是通过正交变换实现标准化，请读者在学习过程中注意加以区别。

第一种　正交变换法

定理 6.1.1(主轴定理)　实二次型 $f(x_1,x_2,\cdots,x_n)=\mathbf{x}^T\mathbf{Ax}$,必存在正交变换 $\mathbf{x}=\mathbf{Ty}$($\mathbf{T}$ 为 n 阶正交矩阵),使 f 化为标准型

$$\mathbf{x}^T\mathbf{Ax}=\mathbf{y}^T(\mathbf{T}^T\mathbf{AT})\mathbf{y}=\lambda_1y_1^2+\lambda_2y_2^2+\cdots+\lambda_ny_n^2,$$

其中 $\lambda_1,\lambda_2,\cdots,\lambda_n$ 是 $\mathbf{A}$ 的特征值,$\mathbf{T}$ 的 n 个列向量 $\boldsymbol{\alpha}_1,\boldsymbol{\alpha}_2,\cdots,\boldsymbol{\alpha}_n$ 是 $\mathbf{A}$ 属于 $\lambda_1,\lambda_2,\cdots,\lambda_n$ 的标准正交特征向量。

用正交变换把二次型化为标准型的步骤,如下:

(1) 将二次型 f 写成矩阵形式 $f=\mathbf{x}^T\mathbf{Ax}$;

(2) 解特征方程 $|\mathbf{A}-\lambda\mathbf{E}|=0$,得 $\mathbf{A}$ 的全部特征值 $\lambda_1,\lambda_2,\cdots,\lambda_m$;

(3) 对于每一个 λ_i,求解齐次线性方程组 $(\mathbf{A}-\lambda_i\mathbf{E})\mathbf{x}=\mathbf{0}$ 的基础解系,并利用施密特正交化法和向量的单位化法,将基础解系正交化、单位化;

(4) 将上面求出的 n 个两两正交的单位特征向量构成正交矩阵 $\mathbf{T}$,再做正交变换 $\mathbf{x}=\mathbf{Ty}$;

(5) f 化成标准形 $f=\mathbf{x}^T\mathbf{Ax}=(\mathbf{Py})^T\mathbf{A}(\mathbf{Py})=\mathbf{y}^T\mathbf{P}^T\mathbf{APy}=\mathbf{y}^T\mathbf{\Lambda y}$,

其中 $\mathbf{\Lambda}=\mathbf{P}^T\mathbf{AP}=\begin{pmatrix}\lambda_1 & & & \\ & \lambda_2 & & \\ & & \ddots & \\ & & & \lambda_n\end{pmatrix}$。

例 6.1.4　将二次型 $f=17x_1^2+14x_2^2+14x_3^2-4x_1x_2-4x_1x_3-8x_2x_3$ 通过正交换 $\mathbf{x}=\mathbf{Ty}$,化为标准型。

解:二次型 f 的矩阵为 $\mathbf{A}=\begin{pmatrix}17 & -2 & -2\\ -2 & 14 & -4\\ -2 & -4 & 14\end{pmatrix}$。

特征方程 $|\mathbf{A}-\lambda\mathbf{E}|=\begin{vmatrix}17-\lambda & -2 & -2\\ -2 & 14-\lambda & -4\\ -2 & -4 & 14-\lambda\end{vmatrix}=-(\lambda-18)^2(\lambda-9)$,得特征值为 $\lambda_1=\lambda_2=18,\lambda_3=9$;

当 $\lambda_1=\lambda_2=18$ 时,$(\mathbf{A}-18\mathbf{E})\mathbf{x}=\mathbf{0}$,有

$$(\mathbf{A}-18\mathbf{E})=\begin{pmatrix}-1 & -2 & -2\\ -2 & -4 & -4\\ -2 & -4 & -4\end{pmatrix}\sim\begin{pmatrix}1 & 2 & 2\\ 0 & 0 & 0\\ 0 & 0 & 0\end{pmatrix},$$

得基础解系 $\mathbf{p}_1=\begin{pmatrix}-2\\ 1\\ 0\end{pmatrix},\mathbf{p}_2=\begin{pmatrix}-2\\ 0\\ 1\end{pmatrix}$,再将 $\mathbf{p}_1,\mathbf{p}_2$ 正交化,

$$\boldsymbol{\zeta}_1=\mathbf{p}_1,\boldsymbol{\zeta}_2=\mathbf{p}_2-\frac{(\mathbf{p}_2,\boldsymbol{\zeta}_1)}{(\boldsymbol{\zeta}_1,\boldsymbol{\zeta}_1)}\boldsymbol{\zeta}_1=\begin{pmatrix}-\frac{2}{5}\\-\frac{4}{5}\\1\end{pmatrix};$$

当 $\lambda_3=9$ 时，$\mathbf{A}-9\mathbf{E}=\begin{pmatrix}8&-2&-2\\-2&5&-4\\-2&-4&5\end{pmatrix}\sim\begin{pmatrix}2&0&-1\\0&1&-1\\0&0&0\end{pmatrix}$，可得 $(\mathbf{A}-9\mathbf{E})\mathbf{x}=\mathbf{0}$

的基础解系为 $\mathbf{p}_3=\begin{pmatrix}\frac{1}{2}\\1\\1\end{pmatrix}$；

将 $\boldsymbol{\zeta}_1,\boldsymbol{\zeta}_2,\mathbf{p}_3$ 单位化可得 $\boldsymbol{\eta}_1=\begin{pmatrix}-\frac{2}{5}\\-\frac{1}{5}\\0\end{pmatrix}$，$\boldsymbol{\eta}_2=\begin{pmatrix}-\frac{2}{\sqrt{45}}\\-\frac{4}{\sqrt{45}}\\\frac{5}{\sqrt{45}}\end{pmatrix}$ $\boldsymbol{\eta}_3=\begin{pmatrix}\frac{1}{3}\\\frac{2}{3}\\\frac{2}{3}\end{pmatrix}$。可得正交

矩阵 $\mathbf{T}=\begin{pmatrix}-\frac{2}{\sqrt{5}}&-\frac{2}{\sqrt{45}}&\frac{1}{3}\\\frac{1}{\sqrt{5}}&-\frac{4}{\sqrt{45}}&\frac{2}{3}\\0&\frac{5}{\sqrt{45}}&\frac{2}{3}\end{pmatrix}$，作正交变换 $\mathbf{x}=\mathbf{T}\mathbf{y}$，得标准二次型

$$f=18y_1^2+18y_2^2+9y_2^2。$$

显然，$f=1$ 表示的二次曲面为椭球双曲面，用正交变换化为二次型为标准型，其特点是保持几何形状不变。

第二种　配方法

配方法是通过可逆变换把二次型化为标准型，我们将这种配方法称为拉格朗日配方法，具体步骤如下：

(1) 若二次型含有 x_i 的平方项，则先把含有 x_i 的所有乘积项集中，然后配方，再对其余变量同样进行，直到都配成平方项为止，经过可逆线性变换，就得到标准型；

(2) 若二次型中不含有平方项,但 $a_{ij} \neq 0 (i \neq j)$,则先做可逆变换,$\begin{cases} x_i = y_i - y_i \\ x_j = y_i - y_j \\ x_k = y_k \end{cases}$ $(k=1,2,\cdots,n$ 且 $k \neq i,j)$,将原二次型化为含有纯平方项的二次型,再按(1)中方法配方。

例 6.1.5 化二次型 $f = x_1^2 + 2x_2^2 + 3x_3^2 + x_1x_2 + x_1x_3 + 3x_2x_3$ 为标准形,并求所用的可逆变换矩阵。

解:

$$\begin{aligned} f &= x_1^2 + 2x_2^2 + 3x_3^2 + x_1x_2 + x_1x_3 + 3x_2x_3 \\ &= x_1^2 + x_1x_2 + x_1x_3 + 2x_2^2 + 3x_3^2 + 3x_2x_3 \\ &= \left(x_1 + \frac{1}{2}x_2 + \frac{1}{2}x_3\right)^2 - \frac{1}{4}x_2^2 - \frac{1}{4}x_3^2 - \frac{1}{2}x_2x_3 + 2x_2^2 + 3x_3^2 + 3x_2x_3 \\ &= (x_1 + \frac{1}{2}x_2 + \frac{1}{2}x_3)^2 + \frac{7}{4}x_2^2 + \frac{11}{4}x_3^2 + \frac{5}{2}x_2x_3 \\ &= (x_1 + \frac{1}{2}x_2 + \frac{1}{2}x_3)^2 + \frac{7}{4}\left(x_2 + \frac{5}{7}x_3\right)^2 + \frac{13}{7}x_3^2 \end{aligned}$$

令

$$\begin{cases} y_1 = x_1 + \frac{1}{2}x_2 + \frac{1}{2}x_3 \\ y_2 = x_2 + \frac{5}{7}x_3 \\ y_3 = x_3 \end{cases} \Rightarrow \begin{cases} x_1 = y_1 - \frac{1}{2}y_2 - \frac{1}{7}y_3 \\ x_2 = y_2 - \frac{5}{7}y_3 \\ x_3 = y_3 \end{cases},$$

即

$$\begin{pmatrix} x_1 \\ x_2 \\ x_3 \end{pmatrix} = \begin{pmatrix} 1 & -\frac{1}{2} & -\frac{1}{7} \\ 0 & 1 & -\frac{5}{7} \\ 0 & 0 & 1 \end{pmatrix} \begin{pmatrix} y_1 \\ y_2 \\ y_3 \end{pmatrix}。$$

所以,二次型的标准型为 $f = y_1^2 + \frac{7}{4}y_2^2 + \frac{13}{7}y_3^2$,可逆变换矩阵为

$$\mathbf{C} = \begin{pmatrix} 1 & -\frac{1}{2} & -\frac{1}{7} \\ 0 & 1 & -\frac{5}{7} \\ 0 & 0 & 1 \end{pmatrix}。$$

例 6.1.6 化二次型 $f = x_1x_2 + x_1x_3 - 3x_2x_3$ 为标准型,并求所用的可变

换矩阵。

解:由于该二次型没有纯平方项,只有混合项,所以先做变换

$$\begin{cases}x_1=y_1+y_2\\x_2=y_1-y_2\\x_3=y_3\end{cases}\Rightarrow\begin{pmatrix}x_1\\x_2\\x_3\end{pmatrix}=\begin{pmatrix}1&1&0\\1&-1&0\\0&0&1\end{pmatrix}\begin{pmatrix}y_1\\y_2\\y_3\end{pmatrix}。$$

代入原二次型并整理可得

$$\begin{aligned}f&=y_1^2-y_2^2-2y_1y_3+4y_2y_3\\&=(y_1^2-2y_1y_3+y_3^2)-y_2^2-y_3^2+4y_2y_3\\&=(y_1-y_3)^2-(y_2^2-4y_2y_3+4y_3^2)+3y_3^2\\&=(y_1-y_3)^2-(y_2-2y_3)^2+3y_3^2,\end{aligned}$$

再令

$$\begin{cases}z_1=y_1-y_3\\z_2=y_2-2y_3\\z_3=y_3\end{cases}\Rightarrow\begin{cases}y_1=z_1+z_3\\y_2=z_2+2z_3\\y_3=z_3\end{cases},$$

即$\begin{pmatrix}y_1\\y_2\\y_3\end{pmatrix}=\begin{pmatrix}1&0&1\\0&1&2\\0&0&1\end{pmatrix}\begin{pmatrix}z_1\\z_2\\z_3\end{pmatrix}$。

所以,二次型的标准型为 $f=z_1^2-z_2^2+3z_3^2$,可逆变换为

$$\mathbf{C}=\begin{pmatrix}1&1&0\\1&-1&0\\0&0&1\end{pmatrix}\begin{pmatrix}1&0&1\\0&1&2\\0&0&1\end{pmatrix}=\begin{pmatrix}1&1&3\\1&-1&-1\\0&0&1\end{pmatrix},\mathbf{x}=\mathbf{Cz}。$$

注意:通过拉格朗日配方法(可逆变换)得到的二次型的标准型的系数不一定是二次型矩阵 **A** 的特征值。

第三种　初等变换法

由于任意二次型 $f=\mathbf{x}^T\mathbf{A}\mathbf{x}(\mathbf{A}^T=\mathbf{A})$都可通过可逆变换 $\mathbf{x}=\mathbf{Cy}$ 将二次型化为标准型,即可逆矩阵 **C**,使得 $\mathbf{C}^T\mathbf{AC}$ 为对角矩阵。又知可逆矩阵可以写成若干个初等矩阵的乘积,即存在初等矩阵 $\mathbf{P}_1,\mathbf{P}_2,\cdots,\mathbf{P}_s$ 使得 $\mathbf{C}=\mathbf{P}_1\mathbf{P}_2,\cdots,\mathbf{P}_s$,并且 $\mathbf{P}_i^T(i=1,\cdots,s)$与 $\mathbf{P}_i$ 是同种初等矩阵,则

$$\mathbf{C}^T\mathbf{AC}=\mathbf{P}_s^T\cdots\mathbf{P}_2^T\mathbf{P}_1^T\mathbf{AP}_1\mathbf{P}_2\cdots\mathbf{P}_s。$$

说明可逆矩阵 **C**,使得 $\mathbf{C}^T\mathbf{AC}$ 对角矩阵,其实就是对称矩阵 **A** 相继施以初等列变换,同时再施以同种的初等行变换,可将 **A** 化为对角矩阵。

初等变换法化二次型为标准型的步骤如下:

(1) 构造 $2n\times n$ 矩阵$\begin{pmatrix}\mathbf{A}\\\mathbf{E}\end{pmatrix}$,对 **A** 每实施一次初等行变换,就对$\begin{pmatrix}\mathbf{A}\\\mathbf{E}\end{pmatrix}$实施同种的初等列变换;

(2) 当 **A** 化为对角矩阵时,**E** 将化为所需的可逆矩阵 **C**;

(3) 得到可逆变换 $\mathbf{x}=\mathbf{Cy}$ 以及二次型的标准型。

注意:这种方法生成的对角矩阵的主对角线上的元素未必是矩阵 **A** 的特征值,可逆矩阵 **C** 的列向量也未必是特征向量。

例 6.1.7 用初等变换法将二次型

$$f(x_1,x_2,x_3)=x_1^2-x_3^2+2x_1x_2-2x_1x_3-2x_2x_3$$

化为标准型,并求所做的可逆变换。

解:二次型矩阵为 $\mathbf{A}=\begin{pmatrix}1&1&-1\\1&0&-1\\-1&-1&-1\end{pmatrix}$,

于是,

$$\begin{pmatrix}\mathbf{A}\\\mathbf{E}\end{pmatrix}=\begin{pmatrix}1&1&-1\\1&0&-1\\-1&-1&-1\\1&0&0\\0&1&0\\0&0&1\end{pmatrix}\rightarrow\begin{pmatrix}1&1&0\\1&0&0\\0&0&-2\\1&0&1\\0&1&0\\0&0&1\end{pmatrix}\rightarrow\begin{pmatrix}1&0&0\\0&-1&0\\0&0&-2\\1&-1&1\\0&1&0\\0&0&1\end{pmatrix},$$

令 $\mathbf{C}=\begin{pmatrix}1&-1&1\\0&1&0\\0&0&1\end{pmatrix}$,$\mathbf{x}=\mathbf{Cy}$,二次型化为标准型 $f=y_1^2-y_2^2-2y_3^2$。

命题 6.1.1 任意一个 n 阶实对称矩阵 **A**,通过一组相同类型的初等行及列变换后的矩阵仍是对称矩阵。

所谓相同类型的初等行、列变换是指对矩阵 **A** 施行一种初等行变换,然后相应的再施相同的列变换。例如,将 **A** 的第 i 行和第 j 行对换,然后同时再将 **A** 的第 i 列与第 j 列对换,用初等矩阵可表示为 $\mathbf{P}^T\mathbf{AP}$。

定理 6.1.2 对于任意一个 n 阶实对称矩阵 **A**,存在可逆矩阵 **C**,使得

$$\mathbf{C}^T\mathbf{AC}=\begin{pmatrix}d_1&&&\\&d_2&&\\&&\ddots&\\&&&d_n\end{pmatrix}$$

即任意实对称矩阵 **A** 与对角矩阵合同。

利用命题 6.1.1 和数学归纳法可以证明定理 6.1.2，本书略去，请读者自行练习。

四、惯性定理

通过前面的学习，我们发现一个实二次型，既可以通过正交变换化为标准型，也可以通过拉格朗日配方法或初等变换法用可逆变换化为标准型。显然，同一个二次型的标准是不唯一的，但万变不离其宗。对于同一个二次型的不同标准型中所含的项数是确定的，所含的正系数个数和负系数个数也是确定的，我们通过下面的定理来说明这一论断。

定理 6.1.3（惯性定理） 设 n 元实二次型 $f=\mathbf{x}^T\mathbf{A}\mathbf{x}$ 的秩为 r，无论通过何种可逆变换使之化为标准型，其标准型中的平方项项数为 r，正平方项项数 p 和负平方项项数 q 都是唯一确定的。或者说，对于一个 n 阶实对称矩阵，不论选取怎样的可逆矩阵 **C**，只要使

$$\mathbf{C}^T\mathbf{A}\mathbf{C}=\begin{pmatrix} d_1 & & & & & & & & \\ & \ddots & & & & & & & \\ & & d_p & & & & & & \\ & & & -d_{p+1} & & & & & \\ & & & & \ddots & & & & \\ & & & & & -d_{p+q} & & & \\ & & & & & & 0 & & \\ & & & & & & & \ddots & \\ & & & & & & & & 0 \end{pmatrix}$$

其中 $d_i>0(i=1,2,\cdots p+q)$，$p+q=r$ 成立，则 p,q 是由 **A** 唯一确定的。

注意：此处的 d_i 或 $-d_i$ 不一定是 **A** 的特征值。

证明：由于 $R(\mathbf{A})=R(\mathbf{C}^T\mathbf{A}\mathbf{C})=p+q=r$，显然 $p+q$ 由 **A** 的秩唯一确定，因此，只需证明 p 是由 **A** 唯一确定的即可。

设二次型 $f=\mathbf{x}^T\mathbf{A}\mathbf{x}$ 经可逆变换 $\mathbf{x}=\mathbf{C}\mathbf{y}$，$\mathbf{x}=\mathbf{P}\mathbf{z}$①都可化为标准型，分别为

$$f=b_1y_1^2+b_2y_2^2+\cdots+b_py_p^2-b_{p+1}y_{p+1}^2-\cdots-b_ry_r^2 \quad ②$$

$$f=k_1z_1^2+k_2z_2^2+\cdots+k_tz_t^2-k_{t+1}z_{t+1}^2-\cdots-k_rz_r^2 \quad ③$$

其中，$b_i>0$，$k_i>0$，$i=1,2,\cdots,r$。欲证正平方项的数唯一确定，即证 $p=t$。

反证法。假设 $p>t$，可得

$$f=b_1y_1^2+\cdots+b_ty_t^2+b_{t+1}y_{t+1}^2+\cdots+b_py_p^2-b_{p+1}y_{p+1}^2-\cdots-b_ry_r^2$$

$$=k_1z_1^2+\cdots+k_tz_t^2-k_{t+1}z_{t+1}^2-\cdots-k_pz_p^2-k_{p+1}z_{p+1}^2-\cdots-k_rz_r^2 \quad ④$$

由于 **C**,**P** 均可逆,可得 $\mathbf{z}=\mathbf{P}^{-1}\mathbf{C}\mathbf{y}$,记 $\mathbf{D}=\mathbf{P}^{-1}\mathbf{C}$,即 $\mathbf{z}=\mathbf{D}\mathbf{y}$,因此有

$$\begin{cases} z_1=d_{11}y_1+d_{12}y_2+\cdots+d_{1n}y_n \\ \cdots\cdots \\ z_t=d_{t1}y_1+d_{t2}y_2+\cdots+d_{tn}y_n \\ \cdots\cdots \\ z_n=d_{n1}y_1+d_{n2}y_2+\cdots+d_{nn}y_n \end{cases} \quad ⑤$$

令 $z_1=z_2=\cdots=z_t=0$,$y_{p+1}=\cdots=y_n=0$,通过⑤式可得 $y_1,y_2,\cdots,y_n$ 的线性方程组

$$\begin{cases} d_{11}y_1+d_{12}y_2+\cdots+d_{1n}y_n=0 \\ \cdots\cdots \\ d_{t1}y_1+d_{t2}y_2+\cdots+d_{tn}y_n=0 \\ y_{p+1}=0 \\ \cdots\cdots \\ y_n=0 \end{cases} \quad ⑥$$

由齐次线性方程组⑥,有 n 个未知量,但有 $t+(n-p)=n-(p-t)<n$ 个方程,显然该方程组有非零解。又由于 $y_{p+1}=\cdots=y_n=0$,所以非零元素必在 $y_i,\cdots,y_p$ 中,代入④式,可得

$$f=b_1y_1^2+b_2y_2^2+\cdots+b_ty_t^2+\cdots+b_py_p^2>0 \quad ⑦$$

而此非零解代入⑤式可得 $z_1,\cdots,z_n$ 这时 $z_1=z_2=\cdots=z_t=0$,有

$$f=-k_{t+1}z_{t+1}^2-\cdots-k_pz_p^2-\cdots-k_rz_r^2\leqslant 0 \quad ⑧$$

显然⑦,⑧两式矛盾,故假设 $p>t$ 不成立。

同理可证 $p<t$ 亦不成立,故 $p=t$。又由于 $p+q=r$,$r=R(\mathbf{A})$,所以 q 亦是唯一确定的。□

定义 6.1.4 n 元实二次型 $f=\mathbf{x}^T\mathbf{A}\mathbf{x}$ 的标准型中,正平方项的项数称为二次型(或实对称矩阵 **A**)的**正惯性指数**;负平方项的项数称为二次型(或实对称矩阵 **A**)的**负惯性指数**;正、负惯性指数的差称为**符号差**。

设 n 阶实对称矩阵 **A**,$R(\mathbf{A})=r$,正惯性指数为 p,负惯性指数为 q,那么 $p+q=r$,符号差 $p-q=2p-r$。与矩阵 **A** 合同的对角矩阵对角元素为 0 的个数是 $n-r$。

推论 6.1.1 设 n 阶实对称矩阵 **A**,若其正、负惯性指数分别为 p 和 q,则矩阵 **A** 必与如下对角矩阵合同

$$\mathbf{Q}=\begin{pmatrix}1 & & & & & & & & \\ & \ddots & & & & & & & \\ & & 1 & & & & & & \\ & & & -1 & & & & & \\ & & & & \ddots & & & & \\ & & & & & -1 & & & \\ & & & & & & 0 & & \\ & & & & & & & \ddots & \\ & & & & & & & & 0\end{pmatrix}$$

其中元素 1 有 p 个,(−1)有 q 个,0 有 $n-(p+q)$个。

证明:根据定理 6.1.1 和定理 6.1.2,必存在可逆矩阵 **C**,使得

$$\mathbf{C}^T\mathbf{AC}=\begin{pmatrix}c_1 & & & & & & & & \\ & \ddots & & & & & & & \\ & & c_p & & & & & & \\ & & & -c_{p+1} & & & & & \\ & & & & \ddots & & & & \\ & & & & & -c_{p+q} & & & \\ & & & & & & 0 & & \\ & & & & & & & \ddots & \\ & & & & & & & & 0\end{pmatrix}$$

其中 $c_i>0,i=1,2,\cdots,p+q$。再取矩阵

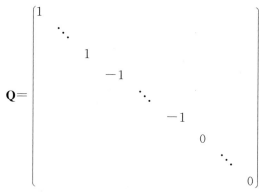

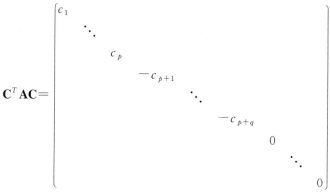

$$\mathbf{B}=\begin{pmatrix} \frac{1}{\sqrt{c_1}} & & & & & & & & \\ & \ddots & & & & & & & \\ & & \frac{1}{\sqrt{c_p}} & & & & & & \\ & & & -\frac{1}{\sqrt{c_{p+1}}} & & & & & \\ & & & & \ddots & & & & \\ & & & & & -\frac{1}{\sqrt{c_{p+q}}} & & & \\ & & & & & & 1 & & \\ & & & & & & & \ddots & \\ & & & & & & & & 1 \end{pmatrix}$$

则有

$$\mathbf{B}^T(\mathbf{C}^T\mathbf{A}\mathbf{C})\mathbf{B}=\begin{pmatrix} 1 & & & & & & & & \\ & \ddots & & & & & & & \\ & & 1 & & & & & & \\ & & & -1 & & & & & \\ & & & & \ddots & & & & \\ & & & & & -1 & & & \\ & & & & & & 0 & & \\ & & & & & & & \ddots & \\ & & & & & & & & 0 \end{pmatrix}$$

其中 1 有 p 个，(−1)有 q 个，0 有 $n-(p+q)$个。取 $\mathbf{P}=\mathbf{CB}$，显然 $\mathbf{P}$ 可逆，且 $\mathbf{P}^T\mathbf{A}\mathbf{P}=\mathbf{Q}$，即 $\mathbf{A}$ 与 $\mathbf{Q}$ 合同。□

根据推论 6.1.1，我们可以得到对 n 元二次型 $f=\mathbf{x}^T\mathbf{A}\mathbf{x}$，存在可逆变换 $\mathbf{x}=\mathbf{C}\mathbf{y}$，使得二次型的规范型化为 $f=y_1^2+\cdots+y_p^2-y_{p+1}^2-\cdots-y_{p+q}^2$。其中 p,q 分别为矩阵 $\mathbf{A}$ 的正、负惯性指数。

推论 6.1.2 两个实对称矩阵 $\mathbf{A},\mathbf{B}$ 合同的充分必要条件是 $\mathbf{A},\mathbf{B}$ 有相同的正惯性指数和相同的负惯性指数。

例 6.1.8 设二次型 $f(x_1,x_2,x_3,x_4)=x_1^2+2x_1x_2-x_2^2+4x_2x_3+3x_3^2+ax_4^2$ 的秩为 4，符号差为 2，求参数 a 及二次型的正惯性指数 p，负惯性指数 q。

解：利用配方法可将此二次型化为标准型，如下

$$f(x_1,x_2,x_3,x_4)=(x_1+x_2)^2-2(x_2-x_3)^2+5x_3^2+ax_4^2$$

作线性变换

$$\begin{cases} y_1=x_1+x_2 \\ y_2=x_2-x_3 \\ y_3=x_3 \\ y_4=x_4 \end{cases} \Rightarrow \begin{cases} x_1=y_1-y_2-y_3 \\ x_2=y_2+y_3 \\ x_3=y_3 \\ x_4=y_4 \end{cases}。$$

又知 $\mathbf{x}=\mathbf{C}\mathbf{y}$，$|\mathbf{C}|=\begin{vmatrix} 1 & -1 & -1 & 0 \\ 0 & 1 & 1 & 0 \\ 0 & 0 & 1 & 0 \\ 0 & 0 & 0 & 1 \end{vmatrix}=1\neq 0$，说明此线性变换是可逆非退化的，所得标准型为

$$f(y_1,y_2,y_3,y_4)=y_1^2-2y_2^2+5y_3^2+ay_4^2。$$

又因为二次型的秩为 4，则 $a\neq 0$，同时符号差为 2，可得 $\begin{cases} p+q=4 \\ p-q=2 \end{cases}$，解得 $\begin{cases} p=3 \\ q=1 \end{cases}$，故 $a>0$，$p=3$，$q=1$。

例 6.1.9　设二次型 $f(x_1,x_2,x_3)=x_1^2+ax_2^2+x_3^2+2x_1x_2-2ax_1x_3-2x_2x_3$ 的正惯性指数 p 与负惯性指数 q 均为 1，求参数 a 的值。

解：二次型的秩 $r=p+q=2$，即二次型矩阵 $\mathbf{A}$ 的秩也为 2，对 $\mathbf{A}$ 做初等行变换

$$\begin{pmatrix} 1 & 1 & -a \\ 1 & a & -1 \\ -a & -1 & 1 \end{pmatrix} \to \begin{pmatrix} 1 & 1 & -a \\ 0 & a-1 & a-1 \\ 0 & a-1 & 1-a^2 \end{pmatrix} \to \begin{pmatrix} 1 & 1 & -a \\ 0 & a-1 & a-1 \\ 0 & 0 & -(a-1)(a+2) \end{pmatrix}$$

故 $a=-2$。

习题 6－1

1. 将二次型

$$f(x_1,x_2,x_3)=x_1^2+2x_2^2-4x_1x_2+6x_1x_3-2x_2x_3$$

表示成矩阵的形式，并求其秩。

2. 若二次型矩阵为 $\mathbf{A}=\begin{pmatrix} 1 & \frac{1}{2} & 3 \\ \frac{1}{2} & 0 & 1 \\ 3 & 1 & 4 \end{pmatrix}$，求此二次型的表达式及其正、负惯性

指数。

3. 已知矩阵 $\mathbf{A}_1=\begin{pmatrix}3&0\\0&5\end{pmatrix}$,$\mathbf{A}_2=\begin{pmatrix}1&0\\0&4\end{pmatrix}$,$\mathbf{A}_3=\begin{pmatrix}2&0\\0&-1\end{pmatrix}$,试验证 $\mathbf{A}_1$ 与 $\mathbf{A}_2$ 合同,$\mathbf{A}_1$ 与 $\mathbf{A}_3$ 不合同。

4. 通过正交变换将二次型

$$f(x_1,x_2,x_3)=2x_1^2+2x_2^2+2x_3^2+2x_1x_2+2x_1x_3+2x_2x_3$$

化为标准型,并写出所用的变换。

5. 用配方法将二次型

$$f(x_1,x_2,x_3)=x_1^2+2x_2^2+4x_3^2-2x_1x_2+4x_1x_3-6x_2x_3$$

化为标准型,并写出所用的变换。

6. 用初等变换法将二次型

$$f(x_1,x_2,x_3)=x_1^2+2x_3^2-2x_1x_3+2x_2x_3$$

化为标准型,并写出所用的变换。

7. n 元二次型 $\mathbf{x}^T\mathbf{A}\mathbf{x}$,若存在向量 $\boldsymbol{\zeta}_1$ 和 $\boldsymbol{\zeta}_2$,使得 $\boldsymbol{\zeta}_1^T\mathbf{A}\boldsymbol{\zeta}_1>0$,$\boldsymbol{\zeta}_2^T\mathbf{A}\boldsymbol{\zeta}_2<0$,证明:必存在 $\boldsymbol{\zeta}_0$,使得 $\boldsymbol{\zeta}_0^T\mathbf{A}\boldsymbol{\zeta}_0>0$。

第二节　正定二次型

正惯性指数为 n 的 n 元二次型和 n 阶实对称矩阵 $\mathbf{A}$ 在工程技术和最优化等问题中有着广泛的应用。例如,对于二元函数

$$f(x_1,x_2)=2x_1^2+4x_1x_2+5x_2^2,$$

易知,$f(0,0)=0$,$f'_{x_1}(0,0)=0$,$f'_{x_2}(0,0)=0$,由拉格朗日判别法可知(0,0)是该二元函数的极小值,又有

$$f(x_1,x_2)=2(x_1+x_2)^2+3x_2^2=2y_1^2+3y_2^2,$$

其中$\begin{pmatrix}x_1\\x_2\end{pmatrix}=\begin{pmatrix}1&-1\\0&1\end{pmatrix}\begin{pmatrix}y_1\\y_2\end{pmatrix}$。可知当 $\mathbf{x}=\begin{pmatrix}x_1\\x_2\end{pmatrix}\neq\mathbf{0}$ 时,$f(\mathbf{x})>0$,这样的二次型就是本节将要学习的主要内容——正定二次型。

一、正定二次型的概念

定义 6.2.1　设 n 元实二次型 $f(\mathbf{x})=\mathbf{x}^T\mathbf{A}\mathbf{x}$,如果对于任何 $\mathbf{x}\neq\mathbf{0}$,都有 $f(\mathbf{x})>0$,则称 f 为**正定二次型**,并称对称矩阵 $\mathbf{A}$ 是**正定矩阵**。

说明:

(1)二次型 $f(\mathbf{y})=d_1y_1^2+d_2y_2^2+\cdots+d_ny_n^2$ 正定的充分必要条件是 $d_i>0$，$i=1,2,\cdots,n$。

充分性是显然的，必要性可用反证法证明，假设存在 $d_i\leqslant 0$，那么取 $y_i=1$，$y_j=0,j=1,\cdots,n$ 且 $j\neq i$，代入二次型有 $f(\mathbf{y})=d_i\leqslant 0$，与二次型是正定的矛盾。所以上述结论成立。

(2)任意一个 n 元二次型 $f=\mathbf{x}^T\mathbf{A}\mathbf{x}$，经过可逆变换 $\mathbf{x}=\mathbf{C}\mathbf{y}$，化为 $f=\mathbf{y}^T(\mathbf{C}^T\mathbf{A}\mathbf{C})\mathbf{y}$，其正定性保持不变。因为，对于任意的 $\mathbf{y}_0\neq\mathbf{0}$，即 $(y_1^{(0)},y_2^{(0)},\cdots,y_n^{(0)})^T\neq\mathbf{0}$，且 $\mathbf{C}$ 为可逆矩阵，所以 $\mathbf{x}=\mathbf{C}\mathbf{y}_0\neq\mathbf{0}$(若不然，$\mathbf{x}_0=\mathbf{0}$，$\mathbf{y}_0=\mathbf{C}^{-1}\mathbf{x}_0=\mathbf{0}$，与 $\mathbf{y}_0\neq\mathbf{0}$ 矛盾)。若 $\mathbf{x}^T\mathbf{A}\mathbf{x}$ 正定，则 $\mathbf{x}_0^T\mathbf{A}\mathbf{x}_0>0$，则有 $\mathbf{y}_0\neq\mathbf{0}$，$\mathbf{y}_0^T(\mathbf{C}^T\mathbf{A}\mathbf{C})\mathbf{y}_0=\mathbf{x}_0^T\mathbf{A}\mathbf{x}_0>0$，即 $\mathbf{y}^T(\mathbf{C}^T\mathbf{A}\mathbf{C})\mathbf{y}$ 亦是正定二次型，反之亦然。

例 6.2.1 判定二次型 $f(x_1,x_2,x_3)=x_1^2+5x_2^2+2x_3^2+4x_1x_1+2x_1x_3+4x_2x_3$ 是否为正定二次型。

解:对二次型进行整理，可得

$$\begin{aligned}f(x_1,x_2,x_3)&=x_1^2+5x_2^2+2x_3^2+4x_1x_2+2x_1x_3+4x_2x_3\\&=(x_1+2x_2+x_3)^2+x_2^2+x_3^2\end{aligned}$$

作线性变换

$$\begin{cases}y_1=x_1+2x_2+x_3\\y_2=x_2\\y_3=x_3\end{cases}$$

可推得，

$$\begin{cases}x_1=y_1-2y_2-y_3\\x_2=y_2\\x_3=y_3\end{cases}$$

显然，$\begin{vmatrix}1&-2&-1\\0&1&0\\0&0&1\end{vmatrix}=1\neq 0$，所以该变换为可逆变换，则二次型的标准型为

$$f(x_1,x_2,x_3)\overset{\mathbf{x}=\mathbf{C}\mathbf{y}}{=}f(y_1,y_2,y_3)=y_1^2+y_2^2+y_3^2$$

显然标准型为正定二次型。根据前面的分析，可逆变换不改变正定性，故二次型 $f(x_1,x_2,x_3)$ 为正定二次型。

二、正定二次型的判定

对于任意一个二次型 $f=\mathbf{x}^T\mathbf{A}\mathbf{x}$，通过可逆变换 $\mathbf{x}=\mathbf{C}\mathbf{y}$，将其化为标准型

$f=\mathbf{y}^T(\mathbf{C}^T\mathbf{A}\mathbf{C})\mathbf{y}=\sum_{i=1}^{n} d_i y_i^2$，即实对称矩阵 **A** 合同于对角矩阵。这样就容易判别其正定性，基于此，我们有下列重要的结果来判定二次型的正定性。

定理 6.2.1 设 **A** 是 n 阶实对称矩阵，则下列命题等价：

(1) $f=\mathbf{x}^T\mathbf{A}\mathbf{x}$ 是正定二次型(或 **A** 是正定矩阵)；

(2) **A** 的 n 个特征值 $\lambda_1,\lambda_2,\cdots,\lambda_n$ 全大于零；

(3) f 的标准型的 n 个系数全为正数；

(4) f 的正惯性指数为 n；

(5) 矩阵 **A** 与单位矩阵 **E** 正合同；

(6) 存在可逆矩阵 **P**，使得 $\mathbf{A}=\mathbf{P}^T\mathbf{P}$。

证明：(1)⇒(2)因实二次型可通过正交变换 $\mathbf{x}=\mathbf{P}\mathbf{y}$ 化为标准型，并且以特征值 $\lambda_1,\lambda_2,\cdots,\lambda_n$ 为系数，即 $f=\lambda_1 y_1^2+\lambda_2 y_2^2+\cdots+\lambda_n y_n^2$，取 $\mathbf{y}=\begin{pmatrix}1\\0\\\vdots\\0\end{pmatrix},\begin{pmatrix}0\\1\\\vdots\\0\end{pmatrix},\cdots,\begin{pmatrix}0\\0\\\vdots\\1\end{pmatrix}$。相应的 $\mathbf{x}=\mathbf{P}\mathbf{y}\neq\mathbf{0}$，二次型 $f=\lambda_1\cdot\lambda_2\cdot\cdots\cdot\lambda_n$。又因为 f 是正定二次型，所以 $\lambda_i>0,i=1,2,\cdots,n$。

(2) ⇒ (3) ⇒ (4) ⇒ (5)显然。

(5) ⇒ (6) 若 **A** 与单位矩阵 **E** 合同，则存在可逆矩阵 **C**，使得

$$\mathbf{C}^T\mathbf{A}\mathbf{C}=\mathbf{E},$$

即有

$$\mathbf{A}=(\mathbf{C}^T)^{-1}\mathbf{E}\mathbf{C}^{-1}=(\mathbf{C}^{-1})^T\mathbf{C}^{-1}。$$

取 $\mathbf{P}=\mathbf{C}^{-1}$，有 $\mathbf{A}=\mathbf{P}^T\mathbf{P}$。

(6) ⇒ (1) 已知存在可逆矩阵 **P**，使得 $\mathbf{A}=\mathbf{P}^T\mathbf{P}$，有

$$f=\mathbf{x}^T\mathbf{A}\mathbf{x}=\mathbf{x}^T\mathbf{P}^T\mathbf{P}\mathbf{x}=(\mathbf{P}\mathbf{x})^T\mathbf{P}\mathbf{x}$$

$$\overset{\mathbf{y}=\mathbf{P}\mathbf{x},\mathbf{x}=\mathbf{P}^{-1}\mathbf{y}}{=}\mathbf{y}^T\mathbf{y}=y_1^2+y_2^2+\cdots+y_n^2。$$

说明通过正定变换二次型化为标准型系数全为 1，显然是一个正定二次型，可逆变换保持正定性，故二次型 $f=\mathbf{x}^T\mathbf{A}\mathbf{x}$ 是正定的。

进一步，我们可以得到一系列与正定矩阵 **A** 有关的结论：

(1)若 n 阶实对称矩阵 **A** 正定，则 $\mathbf{A}^{-1},\mathbf{A}^*,\mathbf{A}^T,k\mathbf{A}(k>0),\mathbf{A}^m$ (m 为正整

数)均为正定矩阵。

(2)正定矩阵 $\mathbf{A}$ 一定是可逆矩阵。

(3)正定矩阵 $\mathbf{A}$ 的行列式大于零。由定理 6.2.1 的第 6 条可知,正定矩阵 $\mathbf{A}$ 存在可逆矩阵 $\mathbf{P}$,使得 $\mathbf{A}=\mathbf{P}^T\mathbf{P}$,有 $|\mathbf{A}|=|\mathbf{P}^T\mathbf{P}|=|\mathbf{P}^T|\cdot|\mathbf{P}|=|\mathbf{P}|^2>0$。

(4)若 n 阶对称矩阵 $\mathbf{A}$ 为正定矩阵,则 $\mathbf{A}$ 的主对角线元素 $a_{ii}>0,i=1,2,\cdots,n$。因为 $f=\mathbf{x}^T\mathbf{A}\mathbf{x}$ 为正定二次型,取 $\mathbf{x}_i=(0,\cdots,0,1,0,\cdots,0)^T\neq\mathbf{0}$(其中第 i 个分量 $x_i=1$,其余全为 0),则有 $f(\mathbf{x}_i)=\mathbf{x}_i^T\mathbf{A}\mathbf{x}_i=a_{ii}\mathbf{x}_i^2=a_{ii}>0(i=1,2,\cdots,n)$。

(5)若 $\mathbf{A}$、$\mathbf{B}$ 为 n 正定矩阵,则 $\mathbf{A}+\mathbf{B}$ 和 $\begin{pmatrix}\mathbf{A} & \mathbf{0}\\ \mathbf{0} & \mathbf{B}\end{pmatrix}$ 均为正定矩阵。

例 6.2.2　判断实二次型 $f(x_1,x_2,x_3)=10x_1^2-2x_2^2+3x_3^2+4x_1x_2+4x_1x_3$ 是否为正定二次型。

解:二次型矩阵 $\mathbf{A}=\begin{pmatrix}10 & 2 & 2\\ 2 & -2 & 0\\ 2 & 0 & 3\end{pmatrix}$,因为 $|\mathbf{A}|=-64<0$,所以该二次型不是正定二次型。不仅如此, $a_{22}=-2<0$,也说明二次型不是正定的。

例 6.2.3　判断二次型

$$f(x_1,x_2,x_3)=2x_1^2+5x_2^2+5x_3^2+4x_1x_2-4x_1x_3-8x_2x_3$$

的正定性。

解:二次型矩阵 $\mathbf{A}=\begin{pmatrix}2 & 2 & -2\\ 2 & 5 & -4\\ -2 & -4 & 5\end{pmatrix}$,$\mathbf{A}$ 的特征方程为

$$|\mathbf{A}-\lambda\mathbf{E}|\begin{vmatrix}2-\lambda & 2 & -2\\ 2 & 5-\lambda & -4\\ -2 & -4 & 5-\lambda\end{vmatrix}=-(\lambda-1)^2(\lambda-10)。$$

有 $\lambda_1=\lambda_2=1,\lambda_3=10$,特征根均大于零,所以 f 为正定二次型。

定义 6.2.2　设 n 阶矩阵 $\mathbf{A}=(a_{ij})_{n\times n}$,则

$$|\mathbf{A_k}|=\begin{pmatrix}a_{11} & a_{12} & \cdots & a_{1k}\\ a_{21} & a_{22} & \cdots & a_{2k}\\ \vdots & \vdots & & \vdots\\ a_{k1} & a_{k2} & \cdots & a_{kk}\end{pmatrix},k=1,2,\cdots,n,$$

称为 n 阶矩阵 $\mathbf{A}$ 的 k 阶**顺序主子式**,显然 $\mathbf{A}$ 有 n 个顺序主子式。

定理 6.2.2　n 元二次型 $f=\mathbf{x}^T\mathbf{A}\mathbf{x}$ 正定的充分必要条件是 $\mathbf{A}$ 的 n 个顺序主子式全都大于零。

证明:"$\Rightarrow$"取 $\mathbf{x}_k=\begin{pmatrix}x_1\\x_2\\\vdots\\x_k\end{pmatrix}\neq\mathbf{0}$, $x=\begin{pmatrix}x_1\\\vdots\\x_k\\0\\\vdots\\0\end{pmatrix}\neq\mathbf{0}$,记 $\mathbf{x}=\begin{pmatrix}\mathbf{x}_k\\\mathbf{0}\end{pmatrix}$,有

$$\mathbf{x}^T\mathbf{A}\mathbf{x}=(\mathbf{x}_k,\mathbf{0})\begin{pmatrix}\mathbf{A}_k & *\\ * & *\end{pmatrix}\begin{pmatrix}\mathbf{x}_k\\\mathbf{0}\end{pmatrix}=(\mathbf{x}_k^T\mathbf{A}_k,*)\begin{pmatrix}\mathbf{x}_k\\\mathbf{0}\end{pmatrix}=\mathbf{x}_k^T\mathbf{A}\mathbf{x}_k>0。$$

对于一切 $\mathbf{x}_k\neq\mathbf{0}$ 都成立,故 $x_1,\cdots,x_k$ 构成的 k 元二次型 $\mathbf{x}_k^T\mathbf{A}\mathbf{x}_k$ 是正定的。由前述结论(3),必有 $|\mathbf{A}_k|>0,k=1,2,\cdots,n$。

"$\Leftarrow$"利用数学归纳法。当 $n=1$ 时,$a_{11}>0$,$\mathbf{x}^T\mathbf{A}\mathbf{x}=a_{11}x_1^2>0$,$\forall x_1\neq0$,即充分性成立。

假设充分性对 $n-1$ 元二次型成立,将 $\mathbf{A}$ 分块为 $\mathbf{A}=\begin{pmatrix}\mathbf{A}_{n-1} & \boldsymbol{\alpha}\\\boldsymbol{\alpha}^T & a_{nn}\end{pmatrix}$,其中 $\boldsymbol{\alpha}=\begin{pmatrix}a_{n1}\\a_{n2}\\\vdots\\a_{n,n-1}\end{pmatrix}$。下面证明 $\mathbf{A}$ 与单位矩阵 $\mathbf{E}$ 合同,构造可逆矩阵 $\mathbf{C}$,

$$\mathbf{C}=\begin{pmatrix}\mathbf{E}_{n-1} & -\mathbf{A}_{n-1}^{-1}\boldsymbol{\alpha}\\\mathbf{0} & 1\end{pmatrix},$$

有

$$\mathbf{C}^T=\begin{pmatrix}\mathbf{E}_{n-1} & \mathbf{0}\\-\boldsymbol{\alpha}^T\mathbf{A}_{n-1}^{-1} & 1\end{pmatrix},$$

计算

$$\mathbf{C}^T\mathbf{A}\mathbf{C}=\begin{pmatrix}\mathbf{A}_{n-1} & \mathbf{0}\\\mathbf{0} & a_{nn}-\boldsymbol{\alpha}^T\mathbf{A}_{n-1}^{-1}\boldsymbol{\alpha}\end{pmatrix}\overset{\triangle}{=}\begin{pmatrix}\mathbf{A}_{n-1} & \mathbf{0}\\\mathbf{0} & a\end{pmatrix}。$$

令 $a=a_{nn}-\boldsymbol{\alpha}^T\mathbf{A}_{n-1}^{-1}\boldsymbol{\alpha}$,又知 $|\mathbf{A}|>0$,$|\mathbf{A}_{n-1}|>0$,由上式易得 $a>0$。根据归纳法假设 $\mathbf{A}_{n-1}$ 正定,故存在 $n-1$ 阶可逆矩阵 $\mathbf{G}$,使得 $\mathbf{G}^{-1}\mathbf{A}_{n-1}\mathbf{G}=\mathbf{E}_{n-1}$,再取

$$\mathbf{B}=\begin{pmatrix}\mathbf{G} & \mathbf{0}\\\mathbf{0} & \frac{1}{\sqrt{a}}\end{pmatrix},$$

有

$$\mathbf{B}^T=\begin{pmatrix}\mathbf{G}^T & \mathbf{0}\\ \mathbf{0} & \dfrac{1}{\sqrt{a}}\end{pmatrix}$$

由此可得 $\mathbf{B}^T(\mathbf{C}^T\mathbf{A}\mathbf{C})\mathbf{B}=(\mathbf{C}\mathbf{B})^T\mathbf{A}(\mathbf{C}\mathbf{B})=\mathbf{E}_n$，故矩阵 $\mathbf{A}$ 与单位矩阵 $\mathbf{E}$ 正合同，即二次型 $f=\mathbf{x}^T\mathbf{A}\mathbf{x}$ 正定。□

例 6.2.4 利用定理 6.2.2 判断例 6.2.3。

解：二次型矩阵 $\mathbf{A}=\begin{pmatrix}2 & 2 & -2\\ 2 & 5 & -4\\ -2 & -4 & 5\end{pmatrix}$，其顺序主子式为

$$|\mathbf{A}_1|=2>0,|\mathbf{A}_2|=\begin{vmatrix}2 & 2\\ 2 & 5\end{vmatrix}=6>0,|\mathbf{A}|=\begin{vmatrix}2 & 2 & -2\\ 2 & 5 & -4\\ -2 & -4 & 5\end{vmatrix}=10>0,$$

所以 f 是正定二次型。

例 6.2.5 已知二次型

$$f(x_1,x_2,x_3)=x_1^2+4x_2^2+x_3^2+2tx_1x_2+10x_1x_3+6x_2x_3$$

问 t 取何值时，二次型是正定的？

解：二次型矩阵 $\mathbf{A}=\begin{pmatrix}1 & t & 5\\ t & 4 & 3\\ 5 & 3 & 1\end{pmatrix}$，又知 $\mathbf{A}$ 是正定的，所以顺序主子式 $|\mathbf{A}_1|=1>0$，

$$|\mathbf{A}_2|=\begin{vmatrix}1 & t\\ t & 4\end{vmatrix}=4-t^2>0,\ |\mathbf{A}|=\begin{vmatrix}1 & t & 5\\ t & 4 & 3\\ 5 & 3 & 1\end{vmatrix}=-t^2+30t-105>0。$$

解不等式组 $\begin{cases}4-t^2>0\\ t^2-30t+105<0\end{cases}$，得 $\begin{cases}-2<t<2\\ 15-2\sqrt{30}<t<15+2\sqrt{30}\end{cases}$，解为空集。故对任意 t，二次型 f 都不可能是正定的。

例 6.2.6 设矩阵 $\mathbf{A}$ 为 $m\times n$ 型，若 $R(\mathbf{A})=n$，证明：$\mathbf{A}^T\mathbf{A}$ 为正定矩阵。

证明：因为 $(\mathbf{A}^T\mathbf{A})^T=\mathbf{A}^T(\mathbf{A}^T)^T=\mathbf{A}^T\mathbf{A}$，所以 $\mathbf{A}^T\mathbf{A}$ 是对称矩阵，又因为 $R(\mathbf{A})=n$，对于任意给定 n 维向量 $\mathbf{x}\neq\mathbf{0}$，有 $\mathbf{A}\mathbf{x}\neq\mathbf{0}$，于是有

$$\mathbf{x}^T(\mathbf{A}^T\mathbf{A})\mathbf{x}=(\mathbf{A}^T\mathbf{x})^T\mathbf{A}\mathbf{x}=\|\mathbf{A}\mathbf{x}\|^2>0$$

所以二次型 $f=\mathbf{x}^T(\mathbf{A}^T\mathbf{A})\mathbf{x}$ 是正定的，即矩阵 $\mathbf{A}^T\mathbf{A}$ 是正定的。

三、其他有定二次型

对于二次型，除了正定二次型以外还有其它类型的二次型。下面我们一一

进行介绍，以及相关的判定方法。

定义 6.2.3 如果对于任意 $\mathbf{x}=\begin{pmatrix} x_1 \\ x_2 \\ \vdots \\ x_n \end{pmatrix} \neq \mathbf{0}$，$n$ 元二次型 $f=\mathbf{x}^T\mathbf{A}\mathbf{x}$，有

(1) $f=\mathbf{x}^T\mathbf{A}\mathbf{x}\geqslant 0$ 且至少存在一个，$\mathbf{x}_0\neq\mathbf{0}$ 使得 $\mathbf{x}^T\mathbf{A}\mathbf{x}=0$，则称二次型 $f=\mathbf{x}^T\mathbf{A}\mathbf{x}$ 是半正定二次型，$\mathbf{A}$ 称为**半正定矩阵**；

(2) $f=\mathbf{x}^T\mathbf{A}\mathbf{x}<0$，则称二次型 f 是负定二次型，$\mathbf{A}$ 称为**负定矩阵**；

(3) $f=\mathbf{x}^T\mathbf{A}\mathbf{x}\leqslant 0$，且至少存在一个 $\mathbf{x}_0\neq\mathbf{0}$ 使得 $\mathbf{x}^T\mathbf{A}\mathbf{x}=0$，则称二次型 $f=\mathbf{x}^T\mathbf{A}\mathbf{x}$ 是半负定二次型，$\mathbf{A}$ 称为**半负定矩阵**。

正定二次型、半正定二次型、负定二次型和半负定二次型，统称为**有定二次型**。对于一个二次型，它不是有定的就是不定的，例如，$f(x_1,x_2,x_3)=x_1^2+x_2^2-x_3^2$ 就是不定二次型，从函数的角度来看，该三元函数值有一部分大于零，一部分小于零，与正定二次型类似，我们可以得到如下一系列判断负定（半负定）二次型以及半正正定二次型的判断方法，由于证明方法与正定二次型类似，本书不再赘述，有兴趣的读者可以自行证明。

定理 6.2.3 设 $\mathbf{A}$ 是 n 阶实对称矩阵，则下列命题等价：

(1) $f=\mathbf{x}^T\mathbf{A}\mathbf{x}$ 是半正定二次型（或 $\mathbf{A}$ 为半正定矩阵）；

(2) $\mathbf{A}$ 的 n 个特征值 $\lambda_1,\lambda_2,\cdots,\lambda_n$ 都大于等于零，且至少有一个等于零；

(3) f 的标准型的 n 个系数全都大于等于零，且至少有一个系数为零；

(4) $\mathbf{A}$ 的正惯性指数 p，$p=R(\mathbf{A})=r<n$，负惯性指数 $q=0$，符号差为 p；

(5) 矩阵 $\mathbf{A}$ 与矩阵 $\mathbf{C}=\begin{pmatrix} 1 & & & & & \\ & \ddots & & & & \\ & & 1 & & & \\ & & & 0 & & \\ & & & & \ddots & \\ & & & & & 0 \end{pmatrix}$ 合同，其中 $R(\mathbf{A})=r<n$，1 有 r 个，0 有 $n-r$ 个；

(6) 存在非满秩矩阵 $\mathbf{P}$，使得 $\mathbf{A}=\mathbf{P}^T\mathbf{P}$；

(7) $\mathbf{A}$ 的各阶顺序主子式大于等于零，且至少有一个顺序主子式等于零。

定理 6.2.4 设 $\mathbf{A}$ 是 n 阶实对称矩阵，则下列命题等价：

(1) $f=\mathbf{x}^T\mathbf{A}\mathbf{x}$ 是负定二次型（或 $\mathbf{A}$ 为负定矩阵）；

(2) $\mathbf{A}$ 的 n 个特征值 $\lambda_1,\lambda_n,\cdots,\lambda_n$ 都小于零；

(3) f 的标准型的 n 个系数全为负数；

(4) $\mathbf{A}$ 的负惯性指数 $q=n$；

(5) 矩阵 $\mathbf{A}$ 与矩阵 $-\mathbf{E}$ 合同；

(6) 存在可逆矩阵 $\mathbf{P}$，使得 $\mathbf{A}=-\mathbf{P}^T\mathbf{P}$；

(7) $\mathbf{A}$ 的奇数阶顺序主子式小于零，偶数阶顺序主子式大于零。

与正定矩阵类似，若 $\mathbf{A}$ 是 n 阶实对称矩阵且为负定的，则 $\mathbf{A}^{-1}$ 和 $\mathbf{A}^T$ 也是负定矩阵，但 $\mathbf{A}^*$ 不一定是负定的。负定矩阵一定是可逆矩阵。半正定矩阵和半负定矩阵的行列式为零，反之不成立。关于半负定的相应的定理，请读者完成。

例 6.2.7　证明 $f(x_1,x_2,\cdots,x_n)=n\sum\limits_{i=1}^{n}x_i^2-\left(\sum\limits_{i=1}^{n}x_i\right)^2$ 是半正定二次型。

证明：对二次型进行整理，可得

$f(x_1,x_2,\cdots,x_n)=(n-1)(x_1^2+\cdots+x_n^2)-2(x_1x_2+x_1x_3+\cdots+x_1x_n+x_2x_3+\cdots+x_{n-1}x_n)$

方法 1(**配方法**)

$$\begin{aligned}f(x_1,x_2,\cdots,x_n)&=(x_1^2-2x_1x_2+x_2^2)+(x_1^2-2x_1x_3+x_3^2)+\cdots+(x_{n-1}^2-2x_{n-1}x_n+x_n^2)\\&=(x_1-x_2)^2+(x_1-x_3)^2+\cdots+(x_{n-1}-x_n)^2\geqslant 0\end{aligned}$$

显然，取 $\mathbf{x}_0=\begin{pmatrix}1\\1\\\vdots\\1\end{pmatrix}\neq\mathbf{0}$，有 $\mathbf{x}_0^T\mathbf{A}\mathbf{x}_0=0$，所以 f 为半正定二次型。

方法 2(**特征值法**)

二次型矩阵 $\mathbf{A}=\begin{pmatrix}n-1&-1&\cdots&-1\\-1&n-1&\cdots&-1\\\vdots&\vdots&&\vdots\\-1&-1&\cdots&n-1\end{pmatrix}=n\,\mathbf{E}-\mathbf{B}$，其中 $\mathbf{B}=\begin{pmatrix}1&1&\cdots&1\\1&1&\cdots&1\\\vdots&\vdots&&\vdots\\1&1&\cdots&1\end{pmatrix}$，

而且 $|n\mathbf{E}-\mathbf{B}|=\lambda^n-n\lambda^{n-1}=(\lambda-n)\lambda^{n-1}$，所以 $\lambda_1=n,\lambda_2=\lambda_3=\cdots=\lambda_n=0$ 是 $\mathbf{B}$ 的特征值，$\mathbf{A}$ 的特征值为

$$\mu_1=0,\mu_2=\mu_3=\cdots=\mu_4=n,$$

即 $\mathbf{A}$ 的特征值非负，所以 f 为半正定二次型。

例 6.2.8 判断二次型

$$f(x_1,x_2,x_3)=x_1^2+2x_2^2+4x_3^2+2x_1x_2-4x_2x_3,$$

是否为有定二次型？若是，是哪一种？

解：整理二次型为

$$\begin{aligned}f(x_1,x_2,x_3)&=x_1^2+2x_2^2+4x_3^2+2x_1x_2-4x_2x_3\\&=(x_1+x_2)^2+(x_2-2x_3)^2\end{aligned}$$

做线性变换$\begin{cases}y_1=x_1+x_2\\y_2=x_2-2x_3\\y_3=x_3\end{cases}$，可得$\begin{cases}x_1=y_1-y_2-2y_3\\x_2=y_2+2y_3\\x_3=y_3\end{cases}$，即$\begin{vmatrix}1&-1&-2\\0&1&2\\0&0&1\end{vmatrix}=1\neq0$。

因此二次型的标准型为 $f(y_1,y_2,y_3)=y_1^2+y_2^2$。根据定理 6.2.3，该二次型为半正定二次型。

习题 6－2

1. 判断二次型

$$f(x_1,x_2,x_3)=x_1^2+2x_2^2+3x_3^2-5x_1x_3+2x_2x_3$$

的正定性。

2. 判断二次型

$$f(x_1,x_2,x_3)=x_1^2+4x_3^2+x_1x_2-3x_1x_3+4x_2x_3$$

的正定性。

3. 已知二次型

$$f(x_1,x_2,x_3)=x_1^2+x_2^2+2tx_1x_2+2x_1x_3+2x_2x_3$$

试问 t 取何值时，该二次型是正定二次型？

4. 已知 $\mathbf{A},\mathbf{B}$ 均为 n 阶正定矩阵，证明：$\mathbf{A}\cdot\mathbf{B}$ 是正定矩阵的充分必要条件是 $\mathbf{A}\cdot\mathbf{B}=\mathbf{B}\cdot\mathbf{A}$。

5. 已知 $\mathbf{A}$ 是正定矩阵，证明：$\mathbf{A}^{-1}$ 也是正定矩阵。

6. 已知 $\mathbf{A}$ 是正定矩阵，证明：存在正定矩阵 $\mathbf{B}$，使得 $\mathbf{A}=\mathbf{B}^2$。

第三节　线性代数在金融数学中的应用

在金融（经济）分析中，我们常常借助线性代数的相关知识进行量化分析。因为，线性代数有利于简化多变量问题以及多元优化问题的表达方式及其繁琐的运算过程。比如，哈里·马可维茨（Harry M. Markowitz）在 1952 年研究证券投资组合时，为了深入研究不同运动方向、不同类别证券之间的内在联系，大量地使用了线性代数和概率论的数学理论，最终构建了现代资产组合理论。本节，我们将线性代数作为基本工具对多项有价证券的投资组合问题进行分析。

投资组合管理在金融实操中是非常常见的内容，一般来讲是按照一定的资产选择与投资组合对资产进行多元化管理的过程。例如，基金经理一方面可以通过组合投资的方法来减少系统风险，另一方面可以通过各种风险管理措施来对基金投资的系统风险进行对冲，从而有效降低投资风险。在设计投资组合时，一般依据两个基本原则：在风险一定的条件下，保证组合收益的最大化；在一定的收益条件下，保证组合风险的最小化。那么如何设计适当的投资组合方案成为基金经理最为关注的问题。

这里，我们用数学期望和标准差来刻画风险资产的预期收益率（简称“收益率”）和风险，分别用 $\mathbf{K}$ 和 σ 来表示。

假定 $V=\{(x_i,S_i)\mid i=1,2,\cdots,n\}$ 是由 n 种不同的风险资产（下面我们用“有价证券”作为风险资产的代表）构成的投资组合，其中 x_i 表示第 i 种有价证券 S_i 的持有份数，$S_i(0)$ 表示 $t=0$ 时刻第种有价证券的单份价格。显然 $V(0)=\sum\limits_{i=1}^{n} x_iS_i(0)$。令

$$w_i=\frac{x_iS_i(0)}{V(0)},\quad i=1,2,\cdots,n。$$

那么，可以得到 $t=0$ 时该项证券组合的权系数向量为 $\mathbf{w}=\begin{pmatrix} w_1 \\ w_2 \\ \vdots \\ w_n \end{pmatrix}$。一个可行集，也被称为可行组合，是指由投资组合的权系数 $\mathbf{w}$ 构成的集合，并且满足 $(\mathbf{u},\mathbf{w})=\mathbf{u}^T\mathbf{w}=1$，记 $\mathbf{u}=\begin{pmatrix} 1 \\ 1 \\ \vdots \\ 1 \end{pmatrix}$，即 $\sum\limits_{i=1}^{n} w_i=1$。

设有价证券 S_i 的收益率为 K_i，且 $\mu_i=E(K_i)$，$i=1,2,\cdots,n$。我们用向量 $\mathbf{m}$ 表示投资组合中每项有价证券的收益率

$$\mathbf{m}=\begin{pmatrix} \mu_1 \\ \mu_2 \\ \vdots \\ \mu_n \end{pmatrix}$$

用 $c_{ij}=\mathrm{cov}(K_i,K_j)$表示两只有价证券 S_i 和 S_j 的回报率间的协方差，那么该投资组合各项收益率的协方差矩阵为

$$\mathbf{C}=\begin{bmatrix} c_{11} & c_{12} & \cdots & c_{1n} \\ c_{21} & c_{22} & \cdots & c_{2n} \\ \vdots & \vdots & \ddots & \vdots \\ c_{n1} & c_{n2} & \cdots & c_{nn} \end{bmatrix}。$$

显然，$c_{ii}=\sigma_i^2=\mathrm{var}(K_i)$，　$c_{ij}=\sigma_i\sigma_j\rho_{ij}$，此处 ρ_{ij} 是相关系数。我们知道 **C** 是一个对称正定矩阵，并且它的逆矩阵 C^{-1} 存在。那么，一个做投资组合的基金经理人最为关注的问题——收益与风险，就可以通过下面的定理实现。

定理 6.3.1　假定投资组合 V 的权系数为 $\mathbf{w}=\begin{pmatrix} w_1 \\ w_2 \\ \vdots \\ w_n \end{pmatrix}$，则

$$\mu_V=E(K_V)=\mathbf{m}^T\mathbf{w},\quad \sigma_V^2=\mathrm{var}(K_V)=\mathbf{w}^T\mathbf{C}\mathbf{w}。$$

证明：由于 $K_V=w_1K_1+\cdots+w_nK_N$，根据数学期望、方差与向量运算的相关性质，我们可以得到投资组合的期望与方差分别为

$$\mu_V=E(K_V)=E\left(\sum_{i=1}^n w_iK_I\right)=\sum_{i=1}^n E(w_iK_i)=\sum_{i=1}^n \mu_iw_i=\mathbf{m}^T\mathbf{w},$$

$$\sigma_V^2=\mathrm{var}(K_V)=\mathrm{var}\left(\sum_{i=1}^n w_iK_I\right)=\mathrm{cov}\left(\sum_{i=1}^n w_iK_i,\sum_{j=1}^n w_jK_j\right)。$$

$$=\sum_{i,j=1}^n w_iw_j\,\mathrm{cov}(K_i,K_j)=\sum_{i,j=1}^n w_iw_jc_{ij}=\mathbf{w}^T\mathbf{C}\mathbf{w}。\square$$

读者可以看到，对于多项有价证券而言，组合的收益率就是每一只证券的收益率向量与相应权重向量的内积，而风险恰为该权重向量的“二次型”形式。投资组合方案各式各样，但在现实操作中，基金经理努力的方向一定是在风险一定的条件下找到预期收益率最大的投资组合方案，或者在预期收益率一定的投资组合中找到风险最小的方案。下面这个定理可以帮助基金经理在所有的方案中找到最小风险的投资组合方案。这里，我们需要明确一下，当资产总额一定的时候，选择某一种投资组合方案实质上是指资产按照相应的比例进行配置，权系数向量为 **w** 与之一一对应。从另一个角度来看，投资组合的预期收益和方差其实就是关于权系数向量的多元线性函数和二次型。

定理 6.3.2　最小方差投资组合(Minimum Variance Portfolio) 在可能的投资组合中，方差最小投资组合的权系数为：

$$\mathbf{w}=\frac{1}{\mathbf{u}^T\mathbf{C}^{-1}\mathbf{u}}\mathbf{C}^{-1}\mathbf{u}。$$

证明:我们需要找到 $\sigma^2=\mathbf{w}^T\mathbf{C}\mathbf{w}$ 在 $\mathbf{u}^T\mathbf{w}=1$ 的条件下的最小值。利用拉格朗日乘数进行分析,设函数

$$F(\mathbf{w},\lambda)=\mathbf{w}^T\mathbf{C}\mathbf{w}-\lambda\mathbf{u}^T\mathbf{w}$$

由于

$$\nabla F=\left(\frac{\partial F}{\partial w_1},\frac{\partial F}{\partial w_2},\cdots,\frac{\partial F}{\partial w_n}\right)=2\mathbf{w}^T\mathbf{C}-\lambda\mathbf{u}^T,$$

我们知道,$\nabla F=\mathbf{0}$,等价地,$\frac{\partial F}{\partial w_i}=0,i=1,2,\cdots,n$,又 $\mathbf{C}$ 为对称正定矩阵,可得

$$\mathbf{w}=\frac{\lambda}{2}\mathbf{C}^{-1}\mathbf{u}。$$

这便是唯一的临界点。因为 $\mathbf{u}^T\mathbf{w}=\mathbf{w}^T\mathbf{u}=1$,则有

$$1=\mathbf{u}^T\mathbf{w}=\frac{\lambda}{2}\mathbf{u}^T\mathbf{C}^{-1}\mathbf{u},$$

等价地

$$\frac{\lambda}{2}=\frac{1}{\mathbf{u}^T\mathbf{C}^{-1}\mathbf{u}},$$

因此

$$\mathbf{w}=\frac{1}{\mathbf{u}^T\mathbf{C}^{-1}\mathbf{u}}\mathbf{C}^{-1}\mathbf{u}。$$

易见,具有上述加权系数的投资组合具有最小方差。□

请读者注意,这种方法可以确定一种风险最小的投资组合方案,但是这种方案的收益率未必是最大的。通常来讲,高风险高收益,低风险相应的收益也较低。不过了解更多的专业知识,可以帮助我们分辨不合理的现象或论断。下面的定理帮助我们了解,在预期收益一定的条件下,风险最小的投资组合方案如何确定。

定理 6.3.3　最小方差线(Minimum Variance Line)在所有可能的投资组合中,预期收益率为 μ 的方差最小投资组合的权系数为

$$\mathbf{w}=\frac{\begin{vmatrix}1 & \mathbf{u}\mathbf{C}^{-1}\mathbf{m}^{\mathrm{T}}\\ \mu & \mathbf{m}\mathbf{C}^{-1}\mathbf{m}^{\mathrm{T}}\end{vmatrix}\mathbf{u}\mathbf{C}^{-1}+\begin{vmatrix}\mathbf{u}\mathbf{C}^{-1}\mathbf{u}^{\mathrm{T}} & 1\\ \mathbf{m}\mathbf{C}^{-1}\mathbf{u}^{\mathrm{T}} & \mu\end{vmatrix}\mathbf{m}\mathbf{C}^{-1}}{\begin{vmatrix}\mathbf{u}\mathbf{C}^{-1}\mathbf{u}^{\mathrm{T}} & \mathbf{u}\mathbf{C}^{-1}\mathbf{m}^{\mathrm{T}}\\ \mathbf{m}\mathbf{C}^{-1}\mathbf{u}^{\mathrm{T}} & \mathbf{m}\mathbf{C}^{-1}\mathbf{m}^{\mathrm{T}}\end{vmatrix}}。$$

证明:我们需要找到满足条件 $\mathbf{u}\mathbf{w}^T=1$ 和 $\mathbf{m}\mathbf{w}^T=\mu$ 使得 $\sigma^2=\mathbf{w}\mathbf{C}\mathbf{w}^{\mathrm{T}}$ 的最小

值。与命题 6.3.2 的证明过程相类似，我们依然使用拉格朗日乘数法，令

$$G(\mathbf{w},\lambda,\eta)=\mathbf{wCw}^T-\lambda\mathbf{uw}^T-\eta\mathbf{mw}^T$$

这里，λ 和 η 为拉格朗日乘数。接下来，我们对函数 G 求关于 w_i 的偏导数，并令其偏导数等于 0（即 $\nabla G=\mathbf{0}$），可得

$$\mathbf{w}=\frac{\lambda}{2}\mathbf{uC}^{-1}+\frac{\eta}{2}\mathbf{mC}^{-1}。$$

这是唯一的临界点。结合上面两个约束条件，我们有

$$1=\frac{\lambda}{2}\mathbf{uC}^{-1}\mathbf{u}^T+\frac{\eta}{2}\mathbf{mC}^{-1}\mathbf{m}^T,$$

$$\mu=\frac{\lambda}{2}\mathbf{mC}^{-1}\mathbf{u}^T+\frac{\eta}{2}\mathbf{mC}^{-1}\mathbf{m}^T。$$

用矩阵表示上述方程组，则有

$$\begin{bmatrix}\mathbf{uC}^{-1}\mathbf{u}^T & \mathbf{uC}^{-1}\mathbf{m}^T\\ \mathbf{mC}^{-1}\mathbf{u}^T & \mathbf{mC}^{-1}\mathbf{m}^T\end{bmatrix}\begin{bmatrix}\lambda/2\\ \eta/2\end{bmatrix}=\begin{bmatrix}\mathbf{u}\\ \mathbf{m}\end{bmatrix}\mathbf{C}^{-1}\begin{bmatrix}\mathbf{u}^T & \mathbf{m}^T\end{bmatrix}\begin{bmatrix}\lambda/2\\ \eta/2\end{bmatrix}=\begin{bmatrix}1\\ \mu\end{bmatrix}$$

利用 Cramer 法则，可求出 $\lambda/2$ 和 $\eta/2$ 的值，即

$$\frac{\lambda}{2}=\frac{\begin{vmatrix}1 & \mathbf{uC}^{-1}\mathbf{m}^T\\ \mu & \mathbf{mC}^{-1}\mathbf{m}^T\end{vmatrix}}{\begin{vmatrix}\mathbf{uC}^{-1}\mathbf{u}^T & \mathbf{uC}^{-1}\mathbf{m}^T\\ \mathbf{mC}^{-1}\mathbf{u}^T & \mathbf{mC}^{-1}\mathbf{m}^T\end{vmatrix}}$$

$$\frac{\eta}{2}=\frac{\begin{vmatrix}\mathbf{uC}^{-1}\mathbf{u}^T & 1\\ \mathbf{mC}^{-1}\mathbf{u}^T & \mu\end{vmatrix}}{\begin{vmatrix}\mathbf{uC}^{-1}\mathbf{u}^T & \mathbf{uC}^{-1}\mathbf{m}^T\\ \mathbf{mC}^{-1}\mathbf{u}^T & \mathbf{mC}^{-1}\mathbf{m}^T\end{vmatrix}}$$

从而原命题得证。□

例 6.3.1　投资组合由具有如下性质的三种股票组成：

$$\mu_1=10\%\quad \mu_2=7\%\quad \mu_3=9\%$$

$$\sigma_1=0.25\quad \sigma_2=0.28\quad \sigma_3=0.20$$

$$\rho_{12}=0.3\quad \rho_{23}=0.0\quad \rho_{31}=0.10$$

(1)求最小方差投资组合（投资组合的权系数），并计算该投资组合的预期收益和风险（标准差）。

(2)求预期收益率为 $\mu_V=9\%$ 的最小方差投资组合的权系数和风险。

解：利用命题 6.3.2 和 6.3.3 解从略。

定理 6.3.4　假设 $\mathbf{w}'$ 和 $\mathbf{w}''$ 是最小方差线上的两种不同的投资组合，则最小方差线由权系数为 $s\mathbf{w}'+(1-s)\mathbf{w}''(s\in\mathbb{R})$ 的投资组合唯一构成。

定理 6.3.5　存在实数 $\gamma>0$ 和 μ 使得有效边界投资组合(除了最小方差投资组合)的权系数 w 满足条件:

$$\gamma \mathbf{Cw}=\mathbf{m}-\mu\mathbf{u}。$$

证明:令 $\mathbf{w}_V$ 为有效边界投资组合 V,却不是最小方差投资组合的权系数,则 μ_V 和 σ_V 满足条件:

$$\mu_V=\mathbf{m}^T\mathbf{w}_V \quad 和 \quad \sigma_V=\sqrt{\mathbf{w}_V^T\mathbf{Cw}}$$

令 L 表示 $\sigma\mu$—平面上通过点(σ_V,μ_V)且与有效边界相切的直线。假定该直线与 μ—轴的交点为 μ_0,那么 L 的斜率为满足条件 $g(\mathbf{w})=\mathbf{u}^T\mathbf{w}-1=0$ 的函数

$$f(\mathbf{w})=\frac{\mu-\mu_0}{\sigma}=\frac{\mathbf{m}^T\mathbf{w}-\mu_0}{\sqrt{\mathbf{w}^T\mathbf{Cw}}}$$

的最大值。

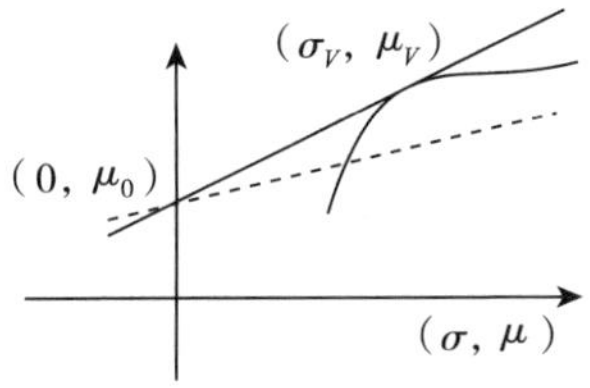

图 6—1

由于

$$\nabla f(\mathbf{w})=\frac{\sqrt{\mathbf{w}^T\mathbf{Cw}}\,\mathbf{m}^T-(\mathbf{m}^T\mathbf{w}-\mu_0)\dfrac{\mathbf{Cw}}{\sqrt{\mathbf{w}^T\mathbf{Cw}}}}{\mathbf{w}^T\mathbf{Cw}}=\frac{\sigma\mathbf{m}^T-(\mathbf{m}^T\mathbf{w}-\mu_0)\mathbf{Cw}}{\sigma^3},$$

$\nabla g(\mathbf{w})=\mathbf{u}$,

利用拉格朗日乘数法,我们知道存在一个实数 λ 满足条件

$$\nabla f(\mathbf{w}_V)=\lambda\nabla g(\mathbf{w}_V)$$

即

$$\sigma_V^2\mathbf{m}-(\mu_V-\mu_0)\mathbf{w}_V\mathbf{C}=\lambda\sigma_V^3\mathbf{u}$$

两边同除以 σ_V^2,等价地可得

$$\mathbf{m}-\lambda\sigma_V\mathbf{u}=\frac{\mu_V-\mu_0}{\sigma_V^2}\mathbf{w}_V\mathbf{C}$$

对上式右乘以 $\mathbf{w}_V^T$ 可得

$$\lambda\sigma_V=\mu_0。$$

与此同,令 $\gamma=\dfrac{\mu_V-\mu_0}{\sigma_V^2}$,那么上式可写为

$$\gamma \mathbf{w}_V \mathbf{C}=\mathbf{m}-\mu_0 \mathbf{u}。$$

因此,命题得证。□

如果我们知道一个有效边界投资组合 V(方差不是最小),即 $\mathbf{w}_V$ 已知,那么如何计算 γ 和 μ 呢?

分别用$\mathbf{C}^{-1}\mathbf{u}^T$ 和 $\mathbf{C}^{-1}\mathbf{m}^T$ 右乘以等式$\gamma \mathbf{w}_V \mathbf{C}=\mathbf{m}-\mu \mathbf{u}$,可得

$$\gamma=\mathbf{m}\mathbf{C}^{-1}\mathbf{u}^T-\mu \mathbf{u}\mathbf{C}^{-1}\mathbf{u}^T \text{ 和 } \gamma\mu_V=\mathbf{m}\mathbf{C}^{-1}\mathbf{m}^T-\mu \mathbf{u}\mathbf{C}^{-1}\mathbf{m}^T。$$

等价地,

$$\mu \mathbf{u}\mathbf{C}^{-1}\mathbf{u}^T+\gamma=\mathbf{u}\mathbf{C}^{-1}\mathbf{m}^T,$$

$$\mu \mathbf{u}\mathbf{C}^{-1}\mathbf{u}^T+\mu_V\gamma=\mathbf{m}\mathbf{C}^{-1}\mathbf{m}^T,$$

利用 Cramer 法则,可得

$$\mu=\frac{\begin{vmatrix}\mathbf{u}\mathbf{C}^{-1}\mathbf{m}^T & 1\\ \mathbf{m}\mathbf{C}^{-1}\mathbf{m}^T & \mu_V\end{vmatrix}}{\begin{vmatrix}\mathbf{u}\mathbf{C}^{-1}\mathbf{u}^T & 1\\ \mathbf{m}\mathbf{C}^{-1}\mathbf{u}^T & \mu_V\end{vmatrix}} \quad \text{和} \quad \gamma=\frac{\begin{vmatrix}\mathbf{u}\mathbf{C}^{-1}\mathbf{u}^{\mathrm{T}} & \mathbf{u}\mathbf{C}^{-1}\mathbf{m}^{\mathrm{T}}\\ \mathbf{m}\mathbf{C}^{-1}\mathbf{u}^{\mathrm{T}} & \mathbf{m}\mathbf{C}^{-1}\mathbf{m}^{\mathrm{T}}\end{vmatrix}}{\begin{vmatrix}\mathbf{u}\mathbf{C}^{-1}\mathbf{u}^{\mathrm{T}} & 1\\ \mathbf{m}\mathbf{C}^{-1}\mathbf{u}^{\mathrm{T}} & \mu_V\end{vmatrix}}$$

接下来一个问题,如果我们已知 μ,如何计算 $\mathbf{w}_V$? 如前所述,我们知道 $\gamma \mathbf{w}_V \mathbf{C}=\mathbf{m}-\mu \mathbf{u}$ 时,可推导出 $\gamma=(\mathbf{m}-\mu \mathbf{u})\mathbf{C}^{-1}\mathbf{u}^T$,因此

$$\mathbf{w}_V=\frac{(\mathbf{m}-\mu \mathbf{u})\mathbf{C}^{-1}}{\gamma}=\frac{(\mathbf{m}-\mu \mathbf{u})\mathbf{C}^{-1}}{(\mathbf{m}-\mu \mathbf{u})\mathbf{C}^{-1}\mathbf{u}^T}。$$

第四节 线性代数在其他领域中的应用

随着社会的发展,无论在自然科学领域,还是在人文社会科学领域,数学的地位日益提高。线性代数以其优美简洁的符号,批量处理数据的能力等优势,已深入各个行业的实际应用中。鉴于本书内容有限,我们仅以人口模型、投入产出模型以及信息加密作为线性代数实际应用的案例加以介绍。

一、人口模型

人口是一个社会发展的重要资源,关系国计民生。为了对人口的变化进行预测并合理调控人口变化,从 18 世纪以来,世界各地的人口学家、数学家不断深入研究人口模型,他们创造的模型有确定的、随机的、连续的、离散的,使用的数学方法也多种多样。其中,1945 年由澳大利亚学者 Leslie 首次提出的基于矩阵机理的离散化随机模型——Leslie 模型是一种经典的离散人口模型。该模型通过分析各个年龄阶段人口数量、生育率、老龄化等建立 Leslie 矩阵,进而实现

对人口在一段时间内的规模、结构水平和趋势进行预测。本书将对该模型进行初步介绍，但在实际应用中还需要根据现实情况对模型加以改进。

Leslie 模型的构建原理是按照性别分组，以女性某一初始时期的分年龄组人口数作为一个向量，通过不同年龄组的生育率、死亡率构建矩阵，左乘以年龄组人口数的列向量，得到新的列向量即为预测的女性人口，再通过男女性别比例推算总人口规模。

在不考虑大规模人口迁移或不可抗力造成的人口数量突变的情况下，用 $x_i(n)$ 表示第 n 年第 i 年龄组的女性人口数，其中 $i=0,1,2,\cdots,m$；$b_i(n)$表示第 n 年第 i 年龄组的女性生育率，$i=15,\cdots,49$ 时取值非零，其余取值均为 0；$d_i(n)$；表示第 n 年第 i 年龄组的女性死亡率；$s_i(n)$表示第 n 年第 i 年龄组的女性死亡率，显然 $s_i(n)=1-d_i(n)$；$w(n)$表示第 n 年出生人口中女性新生儿所占比例，则第 $n+1$ 年第 1 年龄组的女性人数为：

$$x_1(n+1)=\sum_{i=1}^{m} b_i(n)w(n)x_i(n)$$

第 $n+1$ 年第 $i+1$ 年龄组的女性人口数是第 n 年第 i 年龄组中存活下来的人数为

$$x_{i+1}(n+1)=s_i(n)x_i(n),\quad i=1,2,\cdots,m-1,n=0,1,2,\cdots,$$

整合上述信息，构造 *Leslie* 矩阵

$$\mathbf{L}=\begin{pmatrix} wb_1 & wb_2 & \cdots & wb_{m-1} & wb_m \\ s_1 & 0 & \cdots & 0 & 0 \\ 0 & s_2 & \cdots & 0 & 0 \\ \vdots & \vdots & & \vdots & \vdots \\ 0 & 0 & \cdots & s_{m-1} & 0 \end{pmatrix}。$$

根据线性代数的知识，我们可以得到递推模型

$$\mathbf{x}(n+1)=\mathbf{L}\mathbf{x}(n),$$

其中 $\mathbf{x}(t)=(x_1(t),x_2(t),\cdots,x_m(t))^T$。进一步地推公式可以得到 Leslie 矩阵的预测模型

$$\mathbf{x}(n)=\mathbf{L}^n\mathbf{x}(0)。$$

当我们已知初始状态女性人口分布情况 $\mathbf{x}(0)$，就可以求出第 n 年女性人口的分布数量，进而根据男女比例推算人口的各项指标。人口状况未来是否会趋于稳定，最关键的因素就是 Leslie 矩阵中的各项参数值。通过国家政策或医疗水平的进步都会对出生率及死亡率施加影响，使得人口变化保持稳定，避免失衡。有兴趣的读者可以进一步参看相关的研究书籍。

二、投入产出模型

在经济学中，人们常常会利用投入产出模型来综合分析经济活动中投入与产出之间数量依存关系，特别是分析和考察国民经济各部门在产品生产与消耗之间的数量依存关系，重点研究一个经济系统中“投入”与“产出”的平衡关系。每一个经济活动参与者既是生产者，又是消耗者。生产的产品提供系统内外的需求，而消耗系统内各部门资源(包括人力资源)。当然，消耗是为了生产，生产的结果是创造价值，用以支付生产成本并获得生产利润。对于每一个经济活动的参与者，在人力物力方面的消耗与新创造的价值等于其总产品的价值，这个就是“投入”与“产出”的平衡关系。

假设有一个经济活动系统，其中有 n 个参与者(或者称为“部门”)，记一定时期内第 i 个参与者的总产出为 x_i，其中对第 j 个参与者的投入为 c_{ij}，外部需求为 d_i，则有

$$x_i = \sum_{j=1}^{n} c_{ij} + d_i, i=1,2,\cdots,n,$$

这里，c_{ij} 也表示第 j 个参与者的总产出中对第 i 个参与者的直接消耗。定义直接消耗系数为

$$a_{ij} = \frac{c_{ij}}{x_j}, i,j=1,2,\cdots,n$$

即为第 j 个参与者的总产出中对第 i 个参与者的直接消耗。又知，每个参与者的总产出等于总投入，所以 x_i 也是第 j 个参与者的总投入，可得

$$x_i = \sum_{j=1}^{n} a_{ij}x_j + d_i, \quad i=1,2,\cdots,n 。$$

利用线性代数的知识，我们可以将上述线性关系式整合为矩阵向量的乘积来表达。记直接消耗系数矩阵 $\mathbf{A}=(a_{ij})_{n\times n}$，产出向量 $\mathbf{x}=\begin{pmatrix} x_1 \\ x_2 \\ \vdots \\ x_n \end{pmatrix}$，外部需求向量 $\mathbf{d}=\begin{pmatrix} d_1 \\ d_2 \\ \vdots \\ d_n \end{pmatrix}$，得

$$\mathbf{x}=\mathbf{A}\mathbf{x}+\mathbf{d}。$$

显然，有

$$(\mathbf{E}-\mathbf{A})\mathbf{x}=\mathbf{d}。$$

当$(\mathbf{E}-\mathbf{A})$可逆时，我们就可以求得 $\mathbf{x}=(\mathbf{E}-\mathbf{A})^{-1}\mathbf{d}$，表明总产出 $\mathbf{x}$ 与外部需求 $\mathbf{d}$ 之间是线性关系，当 $\mathbf{d}$ 增加 1 个单位（记作$\triangle\mathbf{d}$）时，$\mathbf{x}$ 的增量为$\triangle\mathbf{x}=(\mathbf{E}-\mathbf{A})^{-1}\triangle\mathbf{d}$。这些信息可以称为经济参与者间的关联系数，在分析生产对于需求变化的灵敏性时是十分有用的。

三、矩阵在密码学中的应用

这里我们只介绍一下可逆矩阵在加密及解密过程中的应用。举例来说，假设给 26 个英文字母以及空格分别与整数有如下对应关系：

字母	A	B	C	D	E	F	G	H	I	G	K	L	M
对应数字	1	2	3	4	5	6	7	8	9	10	11	12	13
字母	N	O	P	Q	R	S	T	U	V	W	X	Y	Z
对应数字	14	15	16	17	18	19	20	21	22	23	24	25	26

如果发信息“DOG”，对应上述代码就可以构成一个向量 $\mathbf{b}=\begin{pmatrix}4\\15\\7\end{pmatrix}$。然后任选一个加密矩阵，例如 $\mathbf{A}=\begin{pmatrix}1&2&3\\1&1&2\\0&1&2\end{pmatrix}$，对原文进行加密，有

$$\mathbf{Ab}=\begin{pmatrix}1&2&3\\1&1&2\\0&1&2\end{pmatrix}\cdot\begin{pmatrix}4\\15\\7\end{pmatrix}=\begin{pmatrix}55\\33\\29\end{pmatrix}。$$

那么，向对方发送明码$\begin{pmatrix}55\\33\\29\end{pmatrix}$。按照事前约定的加密矩阵的逆矩阵进行解密，取 $\mathbf{A}^{-1}=\begin{pmatrix}0&1&-1\\2&-2&-1\\-1&1&1\end{pmatrix}$，进而回复源代码为

$$\mathbf{A}^{-1}\begin{pmatrix}55\\33\\29\end{pmatrix}=\begin{pmatrix}0&1&-1\\2&-2&-1\\-1&1&1\end{pmatrix}\begin{pmatrix}55\\33\\29\end{pmatrix}=\begin{pmatrix}4\\15\\7\end{pmatrix},$$

最后,按照字母表格中字母与数字的对应关系就可以找到源码词组了。

由此,我们不难看到,利用可逆矩阵是一种十分有用的加密手段,最为重要的原因在于其能够将密文转换为明文发送,使得相关使用者在较短时间内得到信息,并能够保证信息传递的安全性。因此,即便有人截获明文,就算利用计算机来推算加密矩阵也绝不是一件很容易的事情。当然,本书介绍的例子是十分简单的,目的在于让读者体会线性代数中可逆矩阵在保密和解码中的作用。在当今信息爆炸的时代,人们对于隐私的保护越来越关注,为保障通信安全促成科研工作者对于网络安全的深入研究,这些都离不开线性代数作为研究的基本数学工具。

附录一

作为 n 阶行列式第二定义的准备，首先介绍一个预备知识——排列。

定义 1.1 由 $1,2,\cdots,n$ 组成的一个有序数组称为 n 个元素的**全排列**（或排列）。

通常，我们规定各元素之间有一个标准次序，n 个不同的自然数按由小到大的次序为标准次序。

定义 1.2 在一个排列 $(i_1,i_2,\cdots,i_t,\cdots,i_s,\cdots,i_n)$ 中，若数 $i_t>i_s$，则称这两个数组成一个**逆序**。

定义 1.3 一个排列中所有逆序的总数称为此排列的**逆序数**，记作 τ。

计算排列逆序数的方法，一般有如下两种：

方法 1.1 分别计算出排在 $1,2,\cdots,n$ 前面比它大的数码之和即分别算出 $1,2,\cdots,n$ 这 n 个元素的逆序数，所有元素的逆序数的总和为排列的逆序数。

方法 1.2 分别计算排列中每一个元素前面比它大的数码个数之和，即每个元素的逆序数，所有元素的逆序数的总和为排列的逆序数。

例 1.1 计算排列 32514 的逆序数。

解：方法 1

1 的前面比 1 大的有三个：3，2，5，故逆序数为 3；

2 的前面比 2 大的有一个：3，故逆序数为 1；

3 的前面比 3 大的没有，故逆序数为 0；

4 的前面比 4 大的有一个：5，故逆序数为 1；

5 的前面比 5 大的没有，故逆序数为 0。

所以，排列的逆序数为 $3+1+0+1+0=5$。

方法 2

3 排在首位，逆序数为 0；

2 的前面比 2 大的有一个：3，故逆序数为 1；

5 是排列中的最大数，故逆序数为 0；

1 的前面比 1 大的有三个：3，2，5，故逆序数为 3；

4 的前面比 4 大的有一个:5,故逆序数为 1。

所以,排列的逆序数为 0+1+0+3+1=5。

定义 1.4 逆序数为奇数的排列称为**奇排列**;逆序数为偶数的排列称为**偶排列**。

定义 1.5 把一个排列中某两个数的位置互换,而其余的数不动,得到一个新的排列,这样的一个变换称为**对换**。相邻两数的对换,叫做相邻对换。

定理 1.1 一个排列对换一次,则排列的奇偶性改变一次。

推论 1.1 在 n 个元素的所有排列中,奇偶排列的个数相等,各有$\frac{n!}{2}$个。

推论 1.2 奇排列变成自然排列的对换次数为奇数,偶排列变成自然排列的对换次数为偶数。

定义 1.6(行列式第二定义) n 阶方阵 $\mathbf{A}=\begin{pmatrix} a_{11} & a_{12} & \cdots & a_{1n} \\ a_{21} & a_{22} & \cdots & a_{2n} \\ \vdots & \vdots & & \vdots \\ a_{n1} & a_{n2} & \cdots & a_{nn} \end{pmatrix}$ 的**行列式**表示如下形式的一个代数和

$$|\mathbf{A}|=\begin{vmatrix} a_{11} & a_{12} & \cdots & a_{1n} \\ a_{21} & a_{22} & \cdots & a_{2n} \\ \vdots & \vdots & & \vdots \\ a_{n1} & a_{n2} & \cdots & a_{nn} \end{vmatrix}=\sum_{p_1p_2\cdots p_n}(-1)^{\tau(p_1p_2\cdots p_n)}a_{1p_1}a_{2p_2}\cdots a_{np_n}$$

其中 $\tau(p_1p_2\cdots p_n)$是 $1,2,\cdots,n$ 某个排列的逆序数,$\sum$表示 $1,2,\cdots,n$ 的所有排列 $p_1,p_2,\cdots,p_n$ 对应代数形式的和。换句话说,行列式$|\mathbf{A}|$表示矩阵 $\mathbf{A}$ 中所有取自不同行且不同列的 n 个元素乘积的代数和,每个乘积的正负由其元素在行角标按自然序排,列角标排列的逆序数决定,奇排列取负,偶排列取正。行列式的这种算法规则在高斯消元法求解线性方程组的过程中表现出来,由于本书篇幅所限,此处不再赘述。下面,我们重点证明行列式第一定义与第二定义是等价的。

证明:利用数学归纳法。

$$|\mathbf{A}|=\begin{vmatrix} a_{11} & a_{12} & \cdots & a_{1n} \\ a_{21} & a_{22} & \cdots & a_{2n} \\ \vdots & \vdots & & \vdots \\ a_{n1} & a_{n2} & \cdots & a_{nn} \end{vmatrix}$$

$$=a_{11}A_{11}+a_{12}A_{12}+\cdots+a_{1n}A_{1n}$$

$$=\sum_{p_1p_2\cdots p_n}(-1)^{\tau(p_1p_2\cdots p_n)}a_{1p_1}a_{2p_2}\cdots a_{np_n}$$

$n=1$ 时，$|\mathbf{A}|=a_{11}$，结论成立。

假设结论对 $n-1$ 的情形成立，已知

$$|\mathbf{A}|=a_{11}A_{11}+a_{12}A_{12}+\cdots+a_{1n}A_{1n}$$
$$=a_{11}M_{11}-a_{12}M_{12}+\cdots+(-1)^{1+i}a_{1i}M_{1i}+\cdots+(-1)^{1+n}a_{1n}M_{1n}。$$

由假设可知

$$M_{ij}=\sum(-1)^{\tau(p_1\cdots p_{j-1}p_{j+1}\cdots p_n)}a_{2p_1}\cdots a_{jp_{j-1}}a_{j+1p_{j+1}}\cdots a_{np_n},$$

其中 $p_1\cdots p_{j-1}p_{j+1}\cdots p_n$ 是 $2,3,\cdots,n$ 的一个排列，于是有

$$(-1)^{1+i}a_{1i}M_{1i}=\sum(-1)^{1+i}(-1)^{\tau(p_1\cdots p_{j-1}p_{j+1}\cdots p_n)}a_{1i}a_{2p_1}\cdots a_{ip_{i-1}}a_{i+1p_{i+1}}\cdots a_{np_n}$$
$$=\sum(-1)^{\tau(p_1p_2\cdots p_n)}a_{1p_1}a_{2p_2}\cdots a_{np_n}$$

所以

$$|\mathbf{A}|=\sum_{p_1p_2\cdots p_n}(-1)^{\tau(p_1p_2\cdots p_n)}a_{1p_1}a_{2p_2}\cdots a_{np_n}$$

其中 $p_1,p_2,\cdots,p_n$ 是 $1,2,\cdots,n$ 的一个排列。反之亦然，故行列式第一定义与第二定义等价。□

附录二

性质 2.3.1 方阵 $\mathbf{A}$ 与其转置矩阵 $\mathbf{A}^T$ 的行列式相等,即 $|\mathbf{A}|=|\mathbf{A}^T|$。

证明:利用数学归纳法证明。

当 $n=2$ 时,$|\mathbf{A}|=\begin{vmatrix} a_{11} & a_{12} \\ a_{21} & a_{22} \end{vmatrix}$,$|\mathbf{A}^T|=\begin{vmatrix} a_{11} & a_{12} \\ a_{21} & a_{22} \end{vmatrix}$,显然有 $|\mathbf{A}|=|\mathbf{A}^T|$。

假设结论对于一切 $n-1$ 阶方阵 $\mathbf{A}$ 都成立,下面考虑 n 阶的情况根据行列式定义,有

$$|\mathbf{A}|=a_{11}A_{11}+a_{12}A_{12}+\cdots+a_{1n}A_{1n}$$

$$|\mathbf{A}|^T=a_{11}A'_{11}+a_{21}A'_{21}+\cdots+a_{n1}A'_{n1}$$

证明中所出现的元素 a_{ij} 的角标均是在矩阵 $\mathbf{A}$ 中的行及列位置的素,但在 $\mathbf{A}^T$ 的转置中放在第 j 行第 i 列。

$$|\mathbf{A}^T|=a_{11}A_{11}+(-1)^{1+2}a_{21}\begin{vmatrix} a_{12} & a_{32} & \cdots & a_{n2} \\ a_{13} & a_{33} & \cdots & a_{n3} \\ \vdots & \vdots & & \vdots \\ a_{1n} & a_{3n} & \cdots & a_{nn} \end{vmatrix}+(-1)^{1+3}a_{31}$$

$$\begin{vmatrix} a_{12} & a_{22} & a_{42} & \cdots & a_{n2} \\ a_{13} & a_{23} & a_{43} & \cdots & a_{n3} \\ \vdots & \vdots & \vdots & & \vdots \\ a_{1n} & a_{2n} & a_{4n} & \cdots & a_{nn} \end{vmatrix}+\cdots+(-1)^{1+n}a_{n1}\begin{vmatrix} a_{12} & a_{22} & \cdots & a_{(n-1)2} \\ a_{13} & a_{23} & \cdots & a_{(n-1)3} \\ \vdots & \vdots & & \vdots \\ a_{1n} & a_{2n} & \cdots & a_{(n-1)n} \end{vmatrix},$$

上面式子中右侧的行列式均为 $n-1$ 阶,共计 $n-1$ 个,然后对这 $n-1$ 个 $n-1$ 阶行列式重新进行整理,对这 $n-1$ 个行列式,每一个都按照第一列展开,将含有 a_{12} 的项全部合并在一起可得

$$(-1)^{1+2}a_{21}a_{12}\begin{vmatrix} a_{33} & \cdots & a_{n3} \\ \vdots & & \vdots \\ a_{3n} & \cdots & a_{nn} \end{vmatrix}+(-1)^{1+2}a_{31}a_{12}\begin{vmatrix} a_{23} & a_{43} & \cdots & a_{n3} \\ \vdots & \vdots & & \vdots \\ a_{2n} & a_{4n} & \cdots & a_{nn} \end{vmatrix}$$

$$+\cdots+(-1)^{1+2}a_{n1}a_{12}\begin{vmatrix} a_{23} & \cdots & a_{(n-1)3} \\ \vdots & & \vdots \\ a_{2n} & \cdots & a_{(n-1)n} \end{vmatrix}$$

$$=(-1)^{1+2}a_{12}\left(\begin{vmatrix} a_{21} & 0 & \cdots & 0 \\ 0 & a_{33} & \cdots & a_{n3} \\ \vdots & \vdots & & \vdots \\ 0 & a_{3n} & \cdots & a_{nn} \end{vmatrix}+\begin{vmatrix} 0 & a_{31} & 0 & \cdots & 0 \\ a_{23} & 0 & a_{33} & \cdots & a_{n3} \\ \vdots & \vdots & \vdots & & \vdots \\ a_{2n} & 0 & a_{4n} & \cdots & a_{nn} \end{vmatrix}\right.$$

$$\left.+\cdots+\begin{vmatrix} 0 & \cdots & 0 & a_{n1} \\ a_{23} & \cdots & a_{(n-1)3} & 0 \\ \vdots & \vdots & \vdots & \vdots \\ a_{2n} & \cdots & a_{(n-1)n} & 0 \end{vmatrix}\right)$$

$$=(-1)^{1+2}a_{12}\begin{vmatrix} a_{21} & a_{31} & \cdots & a_{n1} \\ a_{23} & a_{33} & \cdots & a_{n3} \\ \vdots & \vdots & & \vdots \\ a_{2n} & a_{3n} & \cdots & a_{nn} \end{vmatrix}=a_{12}A'_{12}=a_{12}A_{12}$$

依次类推，公式含 a_{13} 的项合并之后的值为 $a_{13}A_{13},\ldots,a_{1n}$ 合并之后的值为 $a_{1n}A_{1n}$，那么 $|\mathbf{A}^T|=a_{11}A_{11}+a_{21}A_{21}+\cdots+a_{n1}A_{n1}=|\mathbf{A}|$。□

此性质若使用行列式第二定义，证明将极其简单，只需利用排列中的任意两个元素对换，排列改变一次奇偶性，便可完成。

附录三

性质 2.3.2 方阵 $\mathbf{A}$ 的行列式可以按任一行元素展开，即

$$|\mathbf{A}|=a_{i1}A_{i1}+a_{i2}A_{i2}+\cdots+a_{in}A_{in}=\sum_{k=1}^{n}a_{ik}A_{ik}\text{。}$$

为证明性质 2.3.2，我们首先介绍并证明一个引理。

引理 3.1 一个 n 阶方阵 $\mathbf{A}$，若第 i 行所有元素除 a_{ij} 以外都为零，那么，$|\mathbf{A}|=a_{ij}A_{ij}$，其中 A_{ij} 是 a_{ij} 在 $|\mathbf{A}|$ 中的代数余子式。

证明：当 a_{ij} 位于第一行第一列时，根据行列式定义 2.3.1 可知

$$|\mathbf{A}|=\sum_{j=1}^{n}a_{1j}A_{1j}=a_{11}A_{11}+0\cdot A_{12}+\cdots+0\cdot A_{1n}=a_{11}A_{11}$$

当 a_{ij} 位于第 i 行第 j 列时，其中 i,j 不同时为 1，即

$$|\mathbf{A}|=\begin{vmatrix} a_{11} & \cdots & a_{ij} & \cdots & a_{1n} \\ \vdots & & \vdots & & \vdots \\ 0 & \cdots & a_{ij} & \cdots & 0 \\ \vdots & & \vdots & & \vdots \\ a_{n1} & \cdots & a_{nj} & \cdots & a_{nn} \end{vmatrix}\text{。}$$

把第 i 行与第 $i-1$ 行，第 $i-2$ 行，…，第 1 行进行依次对调，得

$$|\mathbf{A}'|=(-1)^{i-1}\begin{vmatrix} 0 & \cdots & a_{ij} & \cdots & 0 \\ a_{11} & \cdots & a_{1j} & \cdots & a_{1n} \\ \vdots & & \vdots & & \vdots \\ a_{(i-1)1} & \cdots & a_{(i-1)j} & \cdots & a_{(i-1)n} \\ a_{(i+1)1} & \cdots & a_{(i+1)j} & \cdots & a_{(i+1)n} \\ \vdots & & \vdots & & \vdots \\ a_{n1} & \cdots & a_{nj} & \cdots & a_{nn} \end{vmatrix}\text{。}$$

再将 $|\mathbf{A}'|$ 的第 j 列与第 $j-1$ 列，第 $j-2$ 列，…，第 1 列进行依次对调，可得

$$|\mathbf{A}''|=(-1)^{i-1}(-1)^{j-1}\begin{vmatrix} a_{ij} & 0 & \cdots & 0 & 0 & \cdots & 0 \\ a_{1j} & a_{11} & \cdots & a_{1(j-1)} & a_{1(j+1)} & \cdots & a_{1n} \\ \vdots & \vdots & & \vdots & \vdots & & \vdots \\ a_{(i-1)j} & a_{(i-1)1} & \cdots & a_{(i-1)(j-1)} & a_{(i-1)(j+1)} & \cdots & a_{(i-1)n} \\ a_{(i+1)j} & a_{(i+1)1} & \cdots & a_{(i+1)(j-1)} & a_{(i+1)(j+1)} & \cdots & a_{(i+1)n} \\ \vdots & \vdots & & \vdots & \vdots & & \vdots \\ a_{n1} & a_{n1} & \cdots & a_{n(j-1)} & a_{n(j+1)} & \cdots & a_{nn} \end{vmatrix}$$

$$=(-1)^{i+j-2}a_{ij}M_{ij}=a_{ij}A_{ij}$$

其中 A_{ij} 是 a_{ij} 在$|\mathbf{A}|$中的代数余子式，M_{ij} 是 a_{ij} 在$|\mathbf{A}|$中的余子式。□

下面我们利用此引理证明性质 2.3.2.

证明：利用性质 2.3.3(2)和引理结论，将$|\mathbf{A}|$的第 i 行改写得

$$|\mathbf{A}|=\begin{vmatrix} a_{11} & a_{12} & \cdots & a_{1n} \\ \vdots & \vdots & & \vdots \\ a_{i1}+0+\cdots+0 & 0+a_{i2}+\cdots+0 & \cdots & 0+0+\cdots+a_{in} \\ \vdots & \vdots & & \vdots \\ a_{n1} & a_{n2} & \cdots & a_{nn} \end{vmatrix}$$

$$=\begin{vmatrix} a_{11} & a_{12} & \cdots & a_{1n} \\ \vdots & \vdots & & \vdots \\ a_{i1} & 0 & \cdots & 0 \\ \vdots & \vdots & & \vdots \\ a_{n1} & a_{n2} & \cdots & a_{nn} \end{vmatrix}+\begin{vmatrix} a_{11} & a_{12} & \cdots & a_{1n} \\ \vdots & \vdots & & \vdots \\ 0 & a_{i2} & \cdots & 0 \\ \vdots & \vdots & & \vdots \\ a_{n1} & a_{n2} & \cdots & a_{nn} \end{vmatrix}+\cdots+\begin{vmatrix} a_{11} & a_{12} & \cdots & a_{1n} \\ \vdots & \vdots & & \vdots \\ 0 & 0 & \cdots & a_{in} \\ \vdots & \vdots & & \vdots \\ a_{n1} & a_{n2} & \cdots & a_{nn} \end{vmatrix}$$

$$=a_{i1}A_{i1}+a_{i2}A_{i2}+\cdots+a_{in}A_{in}=\sum_{j=1}^{n}a_{ij}A_{ij}\text{。}\square$$

参考书目

1. 北京大学数学系几何与代数教研室:《高等代数》,高等教育出版社 2011 年版。

2. 张禾瑞、郝鈵新:《高等代数》,高等教育出版社 2010 年版。

3. 吴传生:《线性代数》,高等教育出版社 2011 年版。

4. 居于马:《线性代数》,清华大学出版社 2008 年版。

5. 李永乐、周耀耀:《线性代数辅导》,国家行政学院出版社 2004 年版。

6. 陈维新:《线性代数专题剖析》,学苑出版社 2004 年版。

7. 吴志坚、肖滢:《金融数学入门》,中国政法大学出版社 2017 年版。

8. 李乃华等:《线性代数及其应用》,高等教育出版社 2016 年版。

9. 王萼芳:《线性代数》,清华大学出版社 2007 年版。

10. 姜启源、谢金星、叶俊:《数学模型》,高等教育出版社 2018 年版。

11. 陈志强、黄靖贵、韦师:《基于 Leslie 模型的广西人口预测研究》,《统计学与应用》2016 年第 3 期。